"城镇碳汇保护和提升关键技术集成研究与示范（2011BAJ07B05）"资助

低碳城镇：
碳汇保护与提升技术模式

吴永常　韦文珊　陈学渊　著

中国农业科学技术出版社

图书在版编目（CIP）数据

低碳城镇：碳汇保护与提升技术模式 / 吴永常，韦文珊，陈学渊著.
—北京：中国农业科学技术出版社，2015.5
ISBN 978 - 7 - 5116 - 2054 - 5

Ⅰ.①低⋯ Ⅱ.①吴⋯②韦⋯③陈⋯ Ⅲ.①节能 - 生态城市 - 城市
建设 - 研究 - 中国 Ⅳ.①X321.2

中国版本图书馆 CIP 数据核字（2015）第 069436 号

责任编辑 贺可香
责任校对 贾海霞

出 版 者 中国农业科学技术出版社
　　　　　　北京市中关村南大街 12 号　邮编：100081
电　　话 （010）82106638（编辑室）　（010）82109702（发行部）
　　　　　　（010）82109709（读者服务部）
传　　真 （010）82106638
网　　址 http://www.castp.cn
经 销 者 全国各地新华书店
印 刷 者 北京富泰印刷有限责任公司
开　　本 710mm ×1 000mm　1/16
印　　张 17
字　　数 300 千字
版　　次 2015 年 5 月第 1 版　2017 年 1 月第 2 次印刷
定　　价 68.00 元

◀◀◀◀━━ 版权所有·翻印必究 ━━▶▶▶▶

"城镇碳汇保护和提升关键技术集成研究与示范"课题研究团队

课题主持人：吴永常

主 持 单 位：中国农业科学院农业资源与农业区划研究所

参加研究单位及人员：

中国农业科学院农业资源与农业区划研究所：吴永常，韦文珊，陈学渊，吴国胜，郑凯，于涛，陶婷婷，吴思齐，杨芳

中国科学院生态环境研究中心：王效科，逯非，崔健

北京派得伟业科技发展有限公司：杨宝祝，耿志席，史晓霞，彭浩，张伟娟，郭雷，胡志南

山西省右玉县生产力促进中心：张文举，赵兰栓，李胜，马冬梅

浙江省安吉县技术创新服务中心：陈小瑛，胡文虎，付德生，毛任道

河南省郑州市竹林景区旅游开发有限公司：胡海波，张海军

安徽省淮南市绿亚园林景观工程有限公司：陆仲恺，赵永强

《低碳城镇：碳汇保护与提升技术模式》
著者名单

主著　吴永常　韦文珊　陈学渊

著者　（按姓氏笔画排序）

于　涛　王效科　史晓霞　史美佳　杨　芳

杨宝祝　吴国胜　吴思齐　陈小瑛　郑　凯

张文举　耿志席　陶婷婷　崔　健　逯　非

前　　言

　　"低碳城镇"的概念最早是 2003 年英国政府在《能源白皮书》中提出来的，是以依靠能源利用的技术创新、产业结构和制度的创新，以及人类发展观念的根本性转变作为其核心理念，构建起一个以低能耗、低污染、低排放、高效率、高产出为特征的社会形态。

　　城镇低碳发展的一个重要目标就是碳源（Carbon Source）小于或等于碳汇（Carbon Sink）。国际上应对气候变化，有两条重要的措施：第一条是工业的减排，称为直接减排；第二条是生物碳汇，称为间接减排。控制排放源与碳汇结合是很多发达国家降低温室气体排放的有效手段。随着工业化和城市化的发展及大气中 CO_2 浓度的上升，碳汇的功能成为应对全球气候变化的主要手段，而城镇绿地和建筑物空间立体绿化在城市碳氧平衡中具有不可替代的作用。如果一个城镇的"碳汇"可以承载已有的碳源，则零碳排放的目标更易于实现，也更现实。

　　碳汇技术主要是森林、土壤、湿地等生物碳汇技术和碳封存等工程固碳技术，但目前缺少从整个城镇生态系统出发集成的技术体系。虽已有城镇建筑物空间立体绿化单一技术专利如灌溉、排水、植被筛选等，但缺少从安全、维护、构造、改建和新型技术完整构架并能满足城镇生态系统碳和景观双重功能的技术体系。以树木为主，乔、灌、花、草、水系相结合的城镇绿化系统，其结构与功能接近森林生态系统，除主要发挥生态效益，还具有美化景观、发展经济等多种功能。据北京市科学园林研究所对市区各类绿地的效益观测，乔、灌、草结构绿地的综合生态效益，约为单一草坪的 4~5 倍，而培育单位面积草坪的投入，则为乔、灌、草结构绿地的 3 倍以上。由于我国大中城市建筑物高度密集，可供绿化的土地较少，面对生态环境恶化，如何利用有限的绿化用地和空间，发挥以生态效益为主的多种效益，是研究城镇绿化系统植物结构的首要出发点，也是提高城镇碳汇能力的主要途径。

　　本书是"十二五"国家科技支撑计划项目"城镇低碳发展关键技术集成研究与示范（2011BAJ07）"课题五"城镇碳汇保护和提升关键技术集成研究

与示范（2011BAJ0705）"的成果集成。课题研究由中国农业科学院农业资源与农业区划研究所主持，与中国科学院生态环境研究中心、北京派得伟业科技发展有限公司、山西省右玉县生产力促进中心、浙江省安吉县技术创新服务中心、河南省郑州市竹林景区旅游开发有限公司、安徽省淮南市绿亚园林景观工程有限公司共计 7 家单位共同承担，共有 30 多名研究人员、技术人员参加。经过 3 年的研究，围绕城镇可持续发展和积极应对气候变化的需要，以保护和提升城镇碳汇能力，重点研究城镇生态系统碳汇计量方法，开发集成了一批适合城镇生态系统的碳汇技术，提出了一批城市低碳绿地、湿地固碳和建筑物空间立体绿化示范模式，并通过 4 个国家可持续发展实验区的应用示范建设，以期为我国低碳型社会的建设提供科技支撑。本书系统地总结了该研究的成果，分章撰稿人员如下：

第一章　吴永常，王效科，杨宝祝，于涛，吴国胜

第二章　吴永常，王效科，杨宝祝，于涛，吴国胜

第三章　韦文珊，陈小瑛，张文举，杨芳，吴思齐

第四章　韦文珊，陶婷婷，杨芳

第五章　韦文珊，陶婷婷，于涛

第六章　陈学渊，吴永常，崔健

第七章　崔健，王效科，逯非

第八章　杨宝祝，史晓霞，史美佳，郑凯，耿志席，于涛

第九章　崔健，吴永常，于涛

全书由韦文珊、崔健和吴永常统稿，并最终定稿。

由于本书的主要内容是在课题研究成果的基础上提炼而成的，因此在内容的系统性、完整性与代表性等方面不可能十分完善，加上编撰人员才学所限，书中疏漏之处，恳请读者批评指正，也真诚地希望广大读者、专家、同仁能在此领域进行更多的交流与合作。

著　者

2014 年 7 月 24 日于北京

目　　录

第一篇　绪论

第二篇　城镇生态系统碳汇测算与评估方法

第三篇　城镇生态系统碳汇保护与提升技术模式

附表

第一篇　绪论

第一章 研究背景与研究内容

第一节 研究背景和意义

"碳汇"技术是指从空气中吸收二氧化碳的过程、活动或机制。陆地生态系统作为全球碳循环中最大的碳库，其变化直接影响大气 CO_2 的浓度[1~3]。在全球大气温室气体减排中，陆地生态系统的固碳功能一直在全球温室气体减排研究中受到广泛关注。

国际上应对气候变化，实际上有两条重要措施：第一条是工业的减排，即直接减排；第二条是生物碳汇，即间接减排。控制排放源与碳汇结合是很多发达国家在降低温室气体排放的有效手段[4]。未来趋势是通过技术创新将"生物固碳"与"城市空间格局"结合，降低城市低空大气环境的污染源。随着工业化和城市化的发展及大气中 CO_2 浓度的上升，碳汇的功能应对成为全球气候变化的主要手段，而以城镇绿地和建筑物空间立体绿化为代表的碳汇保护与提升技术在城市碳氧平衡中有不可代替的作用[5]。大力保护和改善生态环境，增加城镇碳汇能力，是应对全球气候变化的一项重要措施。当前，我国已经进入城镇化快速增长时期，城镇化水平从 2005 年 42.99% 提高到 2009 年的 46.59%，年均增加 0.9%。城镇化已成为中国推进新型工业化、解决就业、扩大内需的重要举措。中国快速城镇化的趋势将保持 15~20 年，未来 5 年间，中国城镇化水平将达到并超过 50%，进入城市社会[6~8]。

城镇低碳发展的一个重要目标就是碳源（Carbon Source）小于或等于碳汇（Carbon Sink），如果该城镇的"碳汇"可以承载已有的碳源，对于零碳排放的目标，则更易于实现，也更现实[9]。城镇碳汇综合效益是生态、经济和社会效益的统一，联合国环境署的一项研究表明，如果一个城市的屋顶绿化率达到 70% 以上，城市上空 CO_2 含量将下降 80%，当一个城市屋顶绿化面积达到 6%，直接来自建筑物的温室气体排放每年可减少 1.56Mt。如以北京城区现有的 6 979万 m^2 屋顶面积的 30% 进行屋顶绿化，相当于在北京城市中心区又建

3

成了 27 个紫竹院公园，可增加城市绿地 769.8 万 m^2，使绿地每年滞尘量增加192.45t，全年吸收 SO_2 量增加 3.95t，大大改善大气质量，具有十分广阔的推广应用价值。

碳汇能力的提高，不但生态效益显著，而且具有一定的经济效益。碳汇的科学计量是进行碳权交易的基础，按国际减排价格每吨 CO_2 200 \$ 计算，可为国家获碳贸易收入每吨 CO_2 216 \$ 。同时通过低碳城镇建设的碳汇推广，不断普及低碳知识和文化，树立低碳理念，对建设低碳型社会具有重要保证作用，具有明显的社会效益；由于低碳城镇建设不仅可以全面提升从业人员的产业化水平，而且在低碳城镇建设中系统集成了若干关键技术，本身就是技术的产业化过程，也具有较大的产业化前景[10]。

本书旨在通过开展以城镇绿地生态系统、湿地生态系统、建筑物空间立体绿化系统碳汇保护与提升的关键技术集成和应用与示范，为推进我国低碳城镇的建设，探索实现城镇系统节能减排目标提供全面的技术支撑体系，为提高我国城镇的碳汇水平和减少 CO_2/GDP 排放提供技术储备，对于推进"低碳"的城镇化进程，减少国家低碳排放目标，具有重要的示范推广意义。

一、国内外研究现状

植物碳汇对于 CO_2 平衡具有不可替代的作用，每公顷森林通过光合作用，吸收 1 005 kg CO_2，每公顷城镇绿地平均约能吸收 CO_2 8kg，相当于200 人同时间的呼吸量，人均 $50 m^2$ 绿地可维持城镇碳平衡。地球湿地面积之和仅占陆地面积的 4% ~ 6%，但它却占到陆地生物圈碳素的 35%，湿地具有持续的固碳能力，很多湿地生态系统从上一次冰河消融开始就成为碳汇[11]。已有的研究表明，多数湿地的 CO_2 固定量都远高于 CH_4 的释放量，有机质被大量储存在土壤中，湿地植物净同化的碳仅有 15% 释放到大气。近年来有关碳汇的基础研究较多，如森林生态系统碳的研究，包括森林生态系统的碳储量和碳密度的空间变异性研究，森林生态系统土壤碳库的研究，人工林碳汇的研究，森林生态系统碳汇的研究方法等[12]。城镇湿地是城镇一种重要土地利用类型，目前国内外的研究主要考虑其景观价值和生物多样性保护及防洪等功能，对于城市湿地的固碳功能有一些宏观评价，但多采用国外的经验数据，缺乏国内的实验观测数据。围绕城镇景观提升、城市面源污染治理和城市防洪等需要，国内外已经开发了一些技术：如生态护岸技术、生态塘技术等。对于如何提升城镇湿地的碳汇功能，目前国内外还未见研究报道。对湿地与城镇绿地的研究也有一定进展，如有学者开展长江口湿地的固碳能力研究，以及城镇绿地土壤碳储量、碳沉降的研究等。此外，人类活动造成的土地利用、土地覆被变化、氮沉降对碳汇影响的研究也在进一步开展，这些均为发展技术应用研究奠定了较好的基础。

目前，对于城镇化进程中的碳汇保护和提升技术的集成示范没有系统研究。所以，由此而形成的专利等知识产权及相关技术标准都是单一、分散的。事实上，联合国粮农组织新近指出，耕地释放出大量的温室气体，超过全球人为温室气体排放总量的 30%，相当于 150 亿 t 的 CO_2[13]。同时，联合国粮农组织估计，生态农业系统可以抵消 80% 的因农业导致的全球温室气体排放量，无需生产工业化肥，每年可为世界节省 1% 的石油能源，不再把这些化肥用在土地上还能降低 30% 的农业排放。就技术而言，低碳技术在电力、冶金等工业生产领域已有大量成熟的技术和应用，但大都是针对某一设施或单一环节采用的低碳排放控制技术；生物炭碳汇工程技术就是要打破传统的植物自然的碳循环，在植物有机质腐化分解前以生物炭的形式把其中的碳固定下来并长期储存在土壤里。增加森林和草地已成为人们广泛而容易接受的一项增加土壤碳库，控制土壤碳排放的常规技术，但尚未看到有关系统集成若干资源高效、低碳排放型技术于一体，应用于低碳城镇建设。

碳汇技术主要是森林、土壤、湿地等生物固碳技术和封存等工程固碳技术[14]，但缺少从整个城镇生态系统出发集成的技术体系；城镇建筑物空间立体绿化单一技术专利如灌溉、排水、植被筛选等，但缺少从安全、维护、构造、改建和新型技术完整体系并能满足城镇生态系统碳和景观双重功能的技术体系。湿地碳汇保护和提升的技术路线和技术指标在国内外大量工程和技术措施的增汇固碳效果估算中得到了广泛应用，在正在实施的一些国家重大科研项目，如中国科学院战略性先导科技专项"应对气候变化的碳收支认证及相关问题"中，也采用相似的技术路线和技术指标。

二、国内外应用情况

"碳汇"来源于《联合国气候变化框架公约》缔约国签订的《京都议定书》，该议定书于 2005 年 2 月 16 日正式生效。由此形成了国际"碳排放权交易制度"（简称"碳汇"）[15]。通过陆地生态系统的有效地管理来提高固碳潜力，所取得的成效抵消相关国家的碳减排份额。碳汇计量标准主要有气候社区生物多样性标准 Climate, Community and Biodiversity Project Design

Standards（First Edition – October 2005）、黄金标准（The Gold Standards）、澳大利亚碳计量计划、温洛克（Winrock International）碳监测指南、土地利用（变化）与林业（LULUCF）项目计量指南等，我国目前尚没有国际通用的碳汇计量标准。对于如何运用集成技术来提升城镇绿地和湿地的碳汇功能，目前国内外还未见研究报道。据检索，专门的城镇碳汇评估系统亦无报道，但与之相关的碳足迹计算器、城镇绿地系统 CITYgreen 有部分功能[16]。城镇碳汇计量方法规程和城镇碳汇评估系统的建立，可以形成一套适合中国国情的城镇碳汇测量参数表，是建立低碳城市发展战略的重要方法和依据[17]。

城镇空间立体绿化是一种非常有效的对于被侵占土地的补偿形式，同时也是对城镇化的一种补偿，可以在几乎任何城镇空间上建造，保护和提升了城镇碳汇能力。例如先进的屋顶绿化系统重量轻，长远角度上看成本较低，在德国，80%的屋顶绿化都是拓展型屋顶绿化，屋顶花园覆盖整个屋顶区域[18]。在中国，拓展型屋顶绿化非常少见，仅有少量的样板工程，多是密集型屋顶绿化，绿化区域往往彼此分离。近年来，随着世界各国在城市现代化进程上的加快，城市建设用地与绿化用地的矛盾日益突出，对绿化的需求越来越强烈，人们不得不开始关注城市绿化空间的发展，随之而来的是城市屋顶绿化的热潮，同时人们也渐渐地把目光投向了蕴藏着巨大绿化空间的城市建筑物垂直面上。

在一些发达国家，流行利用植物来"砌墙"，在美国一些别墅里还用植物墙把房间隔开。在巴西有一种"绿草墙"，它是采用空心砖砌成的，砖里面填了土壤和草籽，草长起来就成为了绿色的墙壁，不但美化环境，还能起到减少噪声、净化空气和隔热降温等作用。在日本，栽植了草坪、花卉或灌木等的装置系统被安装在了围墙、护栏、坡壁、垂直的各种广告支架等上面，使混凝土变成了绿色森林；还有一种观赏墙壁上面的园林植物、栽培基质和固定装置形成一个完整的板块，这种绿色墙既可用于室外又可用于室内。日本爱知世博会展示的长达150m、高12m以上的"生命之墙"汇集了最新的垂直绿化技术于一堂，其美丽的景观令人赏心悦目[19]。

在我国，垂直绿化技术的相关研究正在逐步开展，新的垂直绿化技术也不断涌现。国内近年来在上海等地出现了在建筑墙体、围墙、桥柱、阳台种植绿化植物形成垂直的绿化墙面，以降低室内温度及外部杂音，同时也形成了一道道城市绿色景观。在新外滩综合改造和世博会场馆的建设中，垂直绿化被广泛运用[20~22]。目前国内较为先进的垂直绿化技术是墙体垂直绿化系统。这套系统废弃了传统的植物攀爬以达到绿化的方法，采用更为科学的由墙体种植毯、种植袋、保温板及其他附属配件组成的垂直绿化技术，具有自动浇灌，无需骨架，集防水、超薄、长寿命、易施工于一身等优点。

城镇中各类围墙、挡土墙、河道桥梁以及一切垂直于地面的建筑物和构筑物以及屋顶、天台、阳台、室内等再生空间均可用来进行绿化美化，是现代城镇增加绿量、提高绿化覆盖率、提升城镇碳汇潜力的极大新空间。对这些建筑再生空间进行立体绿化建设，可达到双倍的成效，一方面增加了同样面积的绿色植物，其环境效能很高，如在墙面绿化的降温效果方面，据测试，有攀援植物攀附的墙面，夏天其温度可降低 5～14℃，室内气温可降低 2～4℃。建筑再生空间绿化是建筑空间与绿色空间的相互渗透，使自然植物和人工建筑物有机结合并相互延续，保护和美化环境景观，并产生特有效果，从而增加了人与自然的紧密度；另一方面又减少了环境污染面，保持建筑物与周围环境的协调，最终有效提升城镇碳汇的扩大，推进"低碳"的城镇化进程。

现在，屋顶绿化在北京、上海、广东、四川、浙江、重庆、深圳、杭州等多个省市得到较好推广，全国除西藏、新疆等少数省区未开展屋顶绿化工作，绝大部分的省、市区均开展了屋顶绿化项目。空间立体绿化项目在北京，不少国家机关、企事业单位办公楼、商业设施和居民住宅小区都实施了屋顶绿化，有的建起"空中花园"，如全国政协、中共中央组织部、最高人民法院、国家广电总局、光明日报、经济日报、市委党校、什刹海体校、东四六条小区、虹桥市场、华贸中心等都建了立体空中花园、屋顶草坪，在全国起了带头示范作用。

城镇绿地和湿地生态系统碳汇保护与提升的关键技术集成与应用计划成果可以与 2005 年中华人民共和国建设部引发的《城市湿地公园规划设计导则（试行）》相结合，在我国城市和城镇湿地建设中，通过合理的技术模式及规范，将湿地的景观、游憩和生物多样性保护功能与固持大气二氧化碳，减缓全球变暖结合起来[23～24]。

第二节　研究目标与主要研究内容

本书从中国的国情出发，参照国际碳汇计量标准，利用已有的工作基础，围绕城镇可持续发展和积极应对气候变化的需要，以保护和提升城镇绿地、湿地、建筑物空间立体绿化等城镇生态系统的碳汇能力为目标，重点研究制订 1

套有中国特色的城镇碳汇计量方法体系、开发集成一批适合城镇生态系统的碳汇技术，提出一批城市低碳绿地、湿地固碳和建筑物空间立体绿化示范模式，并依托国家可持续发展实验区开展技术示范。

（1）制定城镇生态系统碳汇测量和核算的技术规程，建立中国城镇碳汇基础技术参数样本数据库和统计分析方法体系，研究和开发城镇生态系统碳汇综合评估分析模型及其系统。

（2）集成3种不同的"低碳成本、循环利用、高碳汇产出"的城镇绿地优化配置和管理模式，在安徽省以毛集实验区为主开展城镇绿地生态系统碳汇保护与提升的技术集成与示范。

（3）开发集成3种城镇高碳汇湿地构建技术、城镇湿地碳汇保护技术、城镇生态护岸碳汇技术，重点提出3种城镇水系和湿地系统耦合碳汇建设的适用模式，在山西省右玉县实验区和河南省竹林镇实验区建立城镇湿地生态系统为主的碳汇提升与保护综合示范基地。

（4）研究3种适合房屋、构筑物、城围、立交桥等不同建筑物的空间绿化技术模式，提出相应的城镇低碳发展的点缀式、地毯式、花园式和田园式等建筑物空间立体绿化技术体系，在浙江省安吉县形成城镇建筑物空间立体绿化技术体系为主的综合碳汇示范基地。

主要参考文献

[1] Fang Jingyun, Chen Anping, Peng Changhui, et al. Changes in forest biomass carbon storage in China between 1949 and 1998 [J]. Science, 2001, 292: 2 320 - 2 322.

[2] Kurz W A, Dymond C C, Stinson G, et al. Mountain pine beetle and forest carbon feedback to climate change [J]. Nature, 2008, 452: 987 - 990.

[3] Zhou Guoyi, Liu Shuguang, Li Zhian, et al. Old-growth forests can accumulate carbon in soils [J]. Science, 2006, 5 804: 1 417.

[4] 潘博，王立群，张申. 呼伦贝尔市发展碳汇经济研究[J]. 内蒙古金融研究，2010（11）：44 - 46.

[5] 周国逸. 广州市林业碳汇措施：从近10年森林碳汇动态谈起[J]. 中国城市林业，2007，5（6）：24 - 27

[6] 郭晋平，张芸香. 城市景观及城市景观生态研究的重点[J]. 中国

园林，2004，20（2）：44－46.

[7]　俞孔坚．以土地的名义：对景观设计的理解［J］.建筑创作，2003
（7）：28－29.

[8]　张莉娟．城市景观构成因素与构图规律［J］.黑龙江工程学院学报，
2002，16（1）：39－41.

[9]　宋海宏．城市环境建设与景观构成要素［J］.科技信息，1999
（19）：44－45.

[10]　徐怡涛．试论城市景观和城市景观结构［J］.南方建筑，1998
（04）：78－83.

[11]　张光明．乡村园林景观建设模式探讨［D］.上海：上海交通大
学，2008.

[12]　银周妮．城市景观生态设计研究［D］.河北：河北农业大
学，2010.

[13]　约翰西蒙兹．景观设计学：场地规划与设计手册［M］.北京：中
国建筑工业出版社，2000.

[14]　史学正，赵永存，于东升．集发达国家的技术与资金，发挥中国
土壤固碳潜力［EB/OL］.（2009－12－20）http：// www. cas. cn/
zt/ sszt/ gbhg/ 200912/t200912182710607. shtml.

[15]　黄国勤，王兴祥，钱海燕，等．施用化肥对农业生态环境的负面
影响及对策［J］.生态环境，2004，13（4）：656－660.

[16]　蒋高明．关注中国乡村生态退化［J］.自然之友通讯，2008（4）.

[17]　Ravindranath N H, Ostwald M. 林业碳汇计量［M］.李怒云，吕佳，
译. 北京：中国林业出版社，2009.

[18]　董红敏，李玉娥，陶秀萍，等．中国农业源温室气体排放与减排
技术对策［J］.农业工程学报，2008，10（24）：269－273.

[19]　蒋高明．发展生态循环农业，培育土壤碳库［J］.绿叶，2009，
12：93－99.

[20]　汪光焘．城市规划应考虑资源环境承受能力［J］.中国科技产业，
2007（5）：50.

[21]　刘厚仙，汤海燕，等．生态承载力研究现状与展望［J］.江西科
学，2006（24）：387－392.

[22]　王宁，刘平，黄锡欢．生态承载力研究进展［J］.中国农学通报，
2004，20（6）：278－281.

[23]　IPCC. Land use, land use change, and Forestry [M]. New York: Cambridge University Press, 2002.

[24]　方精元, 郭兆迪, 朴世龙等. 1981—2000 年中国陆地植被碳汇的估算[J]. 中国科学 (D 辑), 2007, 37 (6): 804－812.

第二章 技术路线和研究方法

第一节 技术路线

本书根据项目城镇低碳发展的总体目标，选择经济可行且相对便捷的技术方案，即通过保护与提升城镇碳汇水平来合理承载城市化进程中不断增加的碳源。本书选择以城市绿化的生物固碳功能为技术切入点和突破口，优化配置城市土地利用格式和建筑物立体空间，在科学制定碳汇计量方法和评估的基础上，相应地选择了两条切实可行的技术路线：一是集成城镇绿地和湿地为主要内容的城镇景观生态系统碳汇的保护与提升技术体系，实现自然和半自然资源的高碳汇目标，二是集成和研究城镇建筑物空间立体绿化技术体系，拓展城市空间碳汇能力，应用示范共同实现城镇低碳发展目标和城镇景观整体形象提升的社会和谐发展目标。技术路线具体如图 2 – 1 所示。

第二节 总体研究方法

一、城镇生态系统碳汇计量方法研究

主要研究城镇人工和半自然生态系统（包括城镇景观建设的绿地和湿地等）碳循环机理、碳汇测量和碳汇成本核算方法。制定城镇生态系统碳汇测量和核算的技术规范，建立中国城镇碳汇基础技术参数样本数据库和统计分析方法体系，研究和开发城镇生态系统碳汇综合评估分析模型及其系统。

参加单位：中国农业科学院农业资源与农业区划研究所

运用固定样地生物量法进行城镇生态系统碳汇计量方法的研究。每个实验区采用抽样调查方法，通过统计分析、数学模拟等手段，估计探讨主要类型城镇绿地生态系统的平均大小和结构分布情况，及其碳储量及分布情况。在此基

础上，探索绿地系统碳循环过程和控制机理，建立中国城镇碳汇基础技术参数样本数据库和统计分析方法体系，建立模型和评估系统。

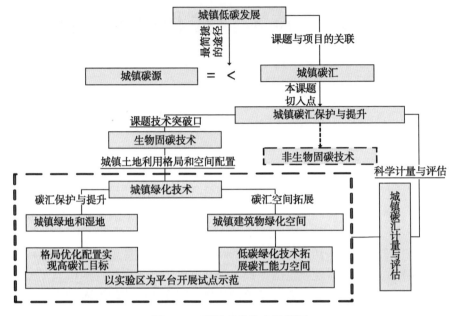

图 2 – 1   项目实施技术路线图

二、城镇绿地生态系统碳汇保护与提升的关键技术研究

结合城市绿地建设的景观功能需要，开发集成绿地灌溉低碳技术、绿地施肥低碳技术等城市绿地低碳管理综合技术和植被低碳抚育技术、植被生物综合防治技术及近自然植被高碳汇群落生态设计等高碳汇绿地植被立体优化配置技术以及植被残体综合利用技术，提出适用于不同类型的"低碳成本、循环利用、高碳汇产出"城镇绿地优化配置和管理模式，建立城镇低碳绿地示范区。

参加单位：中国农业科学院农业资源与农业区划研究所

绿地系统碳汇保护与提升主要有三条技术路线：一是利用低碳技术管理与维护绿地系统，降低自身系统的能耗消耗；二是通过植被合理配置技术形成高碳汇的绿地生物碳库和土壤碳库；三是植被废弃物循环利用技术，提高资源利用效率提升碳汇功能，具体如图 2 –2 所示。

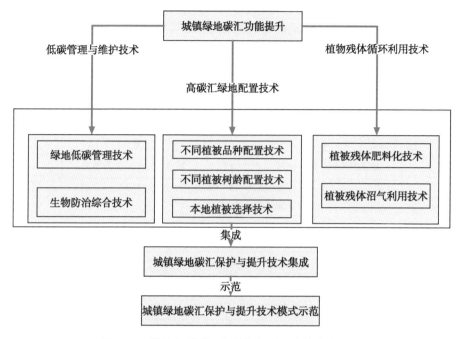

图 2-2 城镇绿地碳汇保护与提升研究技术路线图

三、城镇湿地生态系统碳汇保护与提升的关键技术研究

围绕低碳城镇可持续发展和城镇湿地综合整治和恢复，分析湿地增汇减排机理和潜力，开展湿地植物筛选和湿地生态管理研究，开发城镇高碳汇湿地构建技术、城镇湿地碳汇保护技术、城镇生态护岸碳汇技术等，重点提出城镇水系和湿地系统耦合碳汇建设的适用模式，保护与提升城镇湿地生态系统的碳汇能力。具体如图 2-3 所示。

参加单位：中国科学院生态环境研究中心。

四、城镇建筑物空间立体绿化关键技术研究

为改善城市气候，减轻热岛效应，防止过度干燥，针对城镇空间绿化对建筑物的压力破坏和功能单一等问题，研究适合房屋、构筑物、城围、立交桥等不同建筑物的空间绿化技术模式，主要包括防水、蓄水和排水等保护技术，绿化设施工程技术，栽培基质、营养液配比、自动化灌溉/施肥等综合管理技术，绿化植被筛选与品种优化配置技术，提出适合不同示范区城镇低碳发展的点缀

式、地毯式、花园式和田园式等建筑物空间立体绿化技术体系，保护与提升城镇建筑物空间绿化系统的碳汇能力。具体如图2-4所示。

参加单位：北京派得伟业科技发展有限公司。

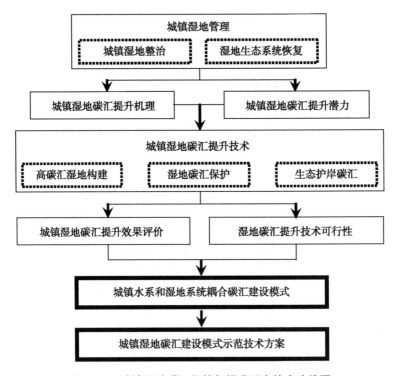

图2-3 城镇湿地碳汇保护与提升研究技术路线图

本书通过筛选适合空间绿化的植物种类，建立房屋、构筑物、城围、立交桥等不同建筑物的空间绿化技术模式，提升城市碳汇能力。并依托国家可持续发展实验区（示范区）建立浙江省安吉县城镇建筑物空间立体绿化技术体系碳汇提升与保护示范基地。

（一）空间立体绿化技术体系

通过筛选适合空间立体绿化的植物品种和培育，制定墙体、路桥、屋顶和阳台绿化技术体系和标准，达到提高城市碳汇能力的目的。

（二）城镇建筑物空间立体绿化示范基地

运用空间立体绿化体系的技术体系和标准与国家可持续发展实验区浙江省安吉县共同建立空间立体绿化示范基地。

（三）城镇碳汇计量与评估

根据本书研究制定的城镇碳汇计量与评估标准评价空间立体绿化示范基地碳汇能力提升状况。

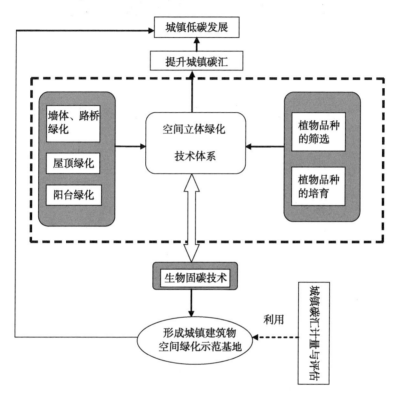

图 2-4　城镇建筑物空间绿化研究技术路线图

五、城镇碳汇保护与提升技术模式研究

依托国家可持续发展实验区（示范区）建立 4 个城镇碳汇提升与保护技术示范基地，在浙江省安吉县形成城镇建筑物空间立体绿化技术体系为主结合绿地与湿地碳汇技术的综合碳汇示范基地，在安徽毛集实验区和河南竹林实验区形成城镇绿地和湿地生态系统为主的碳汇提升与保护示范基地，在山西右玉实验区形成城镇绿地生态系统为主的碳汇提升与保护示范基地。

参加单位：淮南市绿亚园林景观工程有限公司、右玉县生产力促进中心、安吉县技术创新服务中心、郑州市竹林景区旅游开发有限公司。

第三章　研究区域概况

第一节　浙江安吉可持续发展实验区概况

一、实验区总体概况

（一）地理位置和范围

安吉县，是浙江北部一个极具发展特色的生态县。县域面积 1 886 km²，常住人口 46 万人，是辖 10 镇、5 乡、1 街道和 1 个与所在乡镇合并的省级经济开发区。

（二）自然气候

安吉属亚热带季风气候，常年雨水充沛、光照充足、四季分明，适宜农作物的生长。2013 年，全县年降水量 1 306 mm，比上年少 98 mm，雨日 159 d；年日照时数 2 038 h，比上年多 170 h；年平均气温 16.7℃，比上年偏高 1℃，极端高温天达 42.1℃。全年共完成造林面积 1 075 hm²。封山育林面积 34 649 hm²。全县森林覆盖率达到 71.1%。全县地表水水质总体良好[1~3]。

（三）人文环境

安吉是我国唯一获得联合国人居奖的县，是中国首个生态县，被评为全国文明县城、全国卫生县城、荣获国家可持续发展实验区、全国首批休闲农业与乡村旅游示范县[4]，有中国第一竹乡、中国白茶之乡、中国椅业之乡、中国竹地板之都之美誉。中心城区范围内近几年的公园绿地建设取得了良好的成绩，相继建成了凤凰山公园、昌硕公园（儿童公园）、龙山森林体育公园、邮驿文化公园等大型公园绿地。城市的绿化状况有了进一步的发展和提高，城市的市容、市貌和品位得到了改善，同时也为市民提供了早晚锻炼和休闲的良好环境。

二、土壤和植被分布特征

(一) 土壤

安吉县地貌的多样性，地质岩性的复杂性，导致了境内土壤形成和分布上的复杂性和多样性，有红壤土、黄壤土、岩性土、潮土和水稻土 5 个土类，11 个亚类，46 个土属，65 个土种。其中红壤广泛分布于海拔 600m 以下的低山丘陵，面积约 90 653 hm^2，占全县土壤面积的 53.5%。黄壤主要分布海拔 600m 以上的山地，面积 17 013 hm^2，占土壤面积的 10.0%。岩性土由石灰岩、泥质岩等风化发育而成，狭条状地分布于天荒坪、上墅、报福、章村、杭垓等岩石山区乡镇，面积 3 889 hm^2，占土壤面积的 2.3%。潮土主要分布西苕溪干、支流两岸河漫滩和阶地上，面积 3 307 hm^2，占土壤面积的 2.0%。水稻土是各种自然土壤经长期耕作、熟化所形成的特殊农业土壤，全县各乡镇均有分布，较集中于西苕溪干、支流河谷地带，面积 54 613 hm^2，占土壤面积的 32.2%。安吉县水系呈叶脉状分布，除县域东南和西部边陲的 5 支小山溪外，其余均汇入西苕溪。西苕溪在安吉境内全长 105.6km（其中干流长 58.4km），流域面积 1 806km^2，占全县境域的 95.72%[4]。

(二) 植被

全县植被分布广泛。安吉县植被区划属亚热带东部常绿阔叶林亚区，中亚热带常绿阔叶林北部亚地带。按森林植被分，植被类型和植物区系复杂，可分针叶林植被、阔叶林植被、灌丛植被、草丛植被、沼泽及水生植被、园林植被等 6 个植被类型和 40 个植被群系。植被的垂直分布具有明显的层次性。海拔 50m 以下河谷平原、低丘缓坡农作物为主，河滩有较多的小杂竹林，主要农作物有稻、麦、茶、桑等；海拔 50～500m 的丘陵山地植被为常绿、落叶阔叶林，毛竹及小竹林，主要树种有青冈、苦槠、甜槠、木荷、紫楠、毛竹、杉木、马尾松、油桐、板栗、麻栎、枫香、红竹等；海拔 500～800m 低山植被类型常绿、落叶阔叶林，针叶林，毛竹林，主要树种有青冈、木荷、枳椇、檫树、马尾松、杉、毛竹、枫香等，在石灰岩地区广布山核桃、柏木等；在海拔 800m 以上山地主要有黄山松、柳杉、槭树、化香、椴、桦木和茅粟等林木；海拔 1 200m 以上只有山顶矮林灌木丛和山地草甸。

三、城区建设和经济发展状况

2009 年，科技部下文批准安吉建设国家可持续发展实验区。安吉县国家可持续发展实验区属于县域型实验区。"生态安吉，美丽乡村"为实验区建设主题。到 2013 年实现地区生产总值 270 亿元，增长 9%；城镇居民人均可支配收入 35 280 元，农民人均纯收入 17 580 元；全县财政总收入 42.39 亿元，地方财政收入 24.7 亿元，分别增长 16.8%、17.2%。自实验区建设以来，经济发展类、社会发展类、环境保护类、科技支撑 4 大类 45 项重点示范项目建设顺利推进，规划指标完成情况良好，其中 9 项指标已达到 2014 年目标。其中社会发展成绩显著，实施全面改善民生五大行动，三年民生支出占财政支出比重保持在 60% 以上。住房保障体系不断健全，经济适用房、廉租房等工作深入推进。成功创建省扶残助残爱心城市。文化教育事业快速提升。全面完成新一轮教育布局调整，教育质量稳步提升，校安工程全面完成。建成"一中心馆、十二专题生态博物馆、多个村落文化展示馆"模式的中国·安吉生态博物馆，并成为全国示范，成功创建省级文化先进县。卫生事业加快发展。基层医疗卫生机构建设得到夯实，全面实施乡村医疗服务一体化管理。深入开展母婴健康工程和面向农民的三大类十二项公共卫生服务。全面实施国家基本药物制度改革。社会管理持续加强。平安安吉创建深入推进，公共安全体制不断完善，省"平安县"创建七连冠，信访工作机制进一步健全，新安吉人管理服务更趋规范，社会总体保持和谐稳定[5]。

四、绿地分布状况

（一）公园绿地现状

安吉县城建成公园绿地 26 处，各类公园城市现状公园绿地面积共计 203.06 万 m^2，其中综合公园 3 个，面积 75.15 hm^2；专类公园 3 个，面积 6.86 hm^2；带状公园 3 个，面积 37.41 hm^2；街旁绿地 17 处，面积 83.64 hm^2（广场绿地 2 处）。据公园面积大小规模划分公园绿地等级的标准如下：综合公园大于 10 万 m^2；区域性公园 5 万～10 万 m^2；社区公园 1 万～5 万 m^2；街旁绿地小于 1 万 m^2。

（二）生产绿地现状

安吉中心城区共有 3 个苗圃，生产绿地面积总计 23.52 hm^2，面积比例达到现状建成区的 0.98%。现有苗圃在苗木生产和资源培育方面发挥了重要的作用，但苗木品种不够丰富，多是些香樟、广玉兰等常见树种，而银杏、玉兰等珍贵树种较少，植物品种相对单一。

（三）防护绿地现状

安吉中心城区现状防护绿地主要包括04省道、11省道、杭长高速公路防护林和220kV、110kV高压走廊好防护林，面积总计186.65hm^2，面积比例达到现状建成区的7.78%。总防护绿地建设普遍存在林带厚度、密度不足，树种单一，缺乏层次、色彩变化等问题，未能很好地起到生态防护、卫生隔离、美化环境的作用。

（四）附属绿地现状

安吉县中心城区附属绿地主要由居住绿地、道路绿地、公共设施绿地、工业绿地组成。

1. 居住绿地现状

安吉中心城区内居住绿地面积为261.3hm^2，老式居住区存在建筑密度偏大、日照时间偏短、绿量不足，绿化质量较差等特点。

2. 道路绿地现状

安吉中心城区道路绿地面积为93.70hm^2，道路绿化普及率为100%。城市干道如云鸿路、浦源大道、天荒坪路等绿地率较高，达到25.5%以上，其他道路尤其是老城区道路绿地率较低。城市行道树以香樟、法国梧桐、杜英等为主。道路绿地现状存在道路两侧建筑普遍过于逼近道路，分车绿带单薄，绿化空间不足；行道树品种单一，花灌木、色叶树应用极少，缺乏特色与色彩变化；各道路绿化水平不均衡，绿地率差异较大等问题。

3. 公共设施绿地现状

近年来公共设施绿地有所增加，绿地的建设质量有所提高，中心城区内公共设施绿地面积为74.6hm^2。

4. 工业绿地现状

近年来工业用地规模不断增加，绿地的建设质量也不断提高，中心城区内工业绿地的面积为115.8hm^2。

第二节　山西右玉县可持续发展实验区概况

一、实验区总体概况

（一）地理位置和范围

右玉县国家可持续发展实验区位于晋西北边陲，隶属于山西省朔州市。境内四周环山，南高北低，苍头河纵贯南北，全县总面积1 969km^2，现辖10个乡镇、一个旅游区，321 个行政村，居住着汉、满、蒙、回、藏、苗、彝、畲8 个民族，总人口 11.2 万人，其中农业人口 9 万人。

（二）自然气候

右玉县属温带大陆性半干旱季风气候，四季分明。其气候的主要特征是光照时间长、太阳辐射强、温度日差大、自然降水少，大风日数多。年均气温4.2℃，无霜期100～120d。年均降水量437mm、蒸发量1 761mm。以黄土丘陵山地地貌为主，由于受喜马拉雅造山运动的影响，构成今日的地貌轮廓。右玉县河流分属黄河、海河两大水系。属黄河水系的苍头河，属海河水系的源子河。

（三）人文环境

2009 年10月，右玉县被批准建设县域型国家可持续发展实验区，实验区主题特色为："晋、陕、蒙高寒凉冷生态脆弱地区依靠生态建设保护推进经济社会持续发展"。先后荣获"中国生态文明示范县"、"AAAA 国家级旅游景区"、"中国首批魅力小城"、"国家级生态示范区"等称号，森林覆盖率达到53%，享有"塞上绿洲"的美誉[6]。

二、土壤和植被分布特征

（一）土壤

右玉境内整体以黄土覆盖的丘陵山地地貌为主。丘陵面积达 176.62 万亩，占总面积的59.9%。境内四周环山，中部低下，整体地势南高北低，东西两侧均为土石山地，南北部为黄土连绵的丘陵，土层厚达几十米至上百米，土壤分布以栗钙土为主，约占总面积的81%。土壤颗粒粗糙，结构松散，土体干燥，极易遭受风蚀与水蚀的破坏。

（二）植被

受气候影响和地理位置局限，境内的生物多样性和生物量一直处于较低水平，生态系统的抗干扰能力较差，生态环境状态十分脆弱。由于长期的自然切割，形成塬、梁、峁为代表的黄土地貌。右玉县的主要植物资源有种植业资源、林业资源、野生植物资源等。植被以森林植被为主体、林草结合、乔灌混交为辅。

三、城区建设状况和经济发展情况

右玉县城始建于 1972 年，是右玉县政治、经济、文化中心，现有人口3.9 万人，县城规划区内林地面积 5 万余亩（15 亩＝1hm²，全书同），湿地面积 2 000余亩。2013 年，右玉县实现地区生产总值52 亿元，财政总收入8.67

亿元，城镇居民人均可支配收入 17 252 元，农民人均纯收入 5 212 元。

四、绿地分布状况

右玉县素有"塞上绿洲"的美誉，境内森林资源丰富，植被以乔灌木、草本植物为主，森林覆盖率达 50% 以上，是国家级生态示范区。树种以当地阔叶杨、松树、沙棘、柠条、榆、柳等为主。全县万亩以上林带 16 处，大型防风林带 13 处、300 多千米，沙棘、柠条 30 万亩。苍头河流域内湿地保护面积 10 万亩，全部实行围栏封禁。该县通过大力发展生态农业、林草产业、苗木产业、花卉产业，实施退耕还林、"三北"防护林重点生态建设项目，高标准营造护岸林带，因地制宜、集中连片、综合治理，实现了乔、灌、草主体种植，针、阔、花科学布局，形成了立体化、多功能、复合型的生态植被体系，建绿色生态走廊，兴规模生态园区，使通道绿化与景区绿化并举，构筑了"绿化带、生态园、风景线、示范片、种苗圃"相结合的生态网络体系[7]。

当由于历史战乱和都城建设等原因，右玉的生态环境不断恶化，植被逐渐消退。到 1949 年，全县有零星分散的林木 8 084 亩，森林覆盖率仅为 0.3%。到新中国成立后，为彻底改变此种状况，历届县委、县政府带领群众坚持不懈地大搞造林绿化，使境内有林面积逐年增加。据 1976 年森林普查，全县林地面积达 37.57 万亩，占总土地面积的 12.16%；到 1980 年，全县林地面积达 79.85 万亩，占总土著人面积的 27%；到 1985 年，全县林地面积达 114.7 万亩，占总土地面积 38.91%，生态环境明显改善，初步实现了绿树环抱的优美景观，为建设生美丽村镇奠定了坚实的基础。到 2005 年，全县有林面积达 150 多万亩，占总土地面积 50%，尽量发挥森林的整体固碳功能；在植树造林的同时，全县组织群众在缓坡区采取加宽林距、林间种草的办法以林保草，以草护林，在退耕地和放牧地上利用机具、飞机大面积播种牧草。特别进入 21 世纪以来，2000—2005 年，随着全省雁门关生态畜牧经济区战略的实施，全县每年以 10 万亩的速度退耕还林还草。品种以草玉米等当年牧草为主，兼有紫花苜蓿、沙打旺、草木樨等多年牧草，主要是连片种植。2005 年，全县人工种草保存面积 42 万亩，林草面积的增加逐渐改变了自然环境，使生态恢复了平衡，生物的多样性得到充分显现。

第三节　河南竹林镇可持续发展实验区概况

一、实验区总体概况

（一）地理位置和范围

竹林镇位于河南省中部，郑州和洛阳之间，九朝古都洛阳的东门，郑州西60km，嵩山北麓，东猴山和蟠龙山南北之间310国道两侧的山岗上。东径113°05′38″～113°07′30″；北纬34°41′05″～34°45′40″。东与小关镇相依，西与大峪沟镇接壤，南北两向均与大浴沟镇和小关镇毗邻。全镇总面积27km²，城镇建成区面积5.2km²，下辖7个社区居委会，常住人口2万人。

（二）自然气候

竹林镇属于暖温带大陆性季风气候，四季分明，冬春干燥，夏秋湿润。年平均气温14.6℃，最高气温43℃（1996年6月至2007年6月），最低气温−12.8℃。全年日照时间为2 342h，十年九旱，历年平均无霜期234d，年平均降水量为538mm，最大日降水量为150mm，降雨主要集中在8～10月。

（三）人文环境

竹林于1994年由村建镇，历经3次区划，1995年进入国家可持续发展实验区行列。2008年，长寿山生态景区获得联合国改善人居环境最佳范例奖、全国农业旅游示范点。景区面积8km²，是中原地区面积大、种类多、观赏周期长、景观结合好的红叶观赏胜地[8]。

全镇现有82家工商企业，其中太龙药业公司是河南省医药行业首家上市企业。2011年全镇完成社会总产值37亿元，上缴国家税金1.6亿元，财政收入5 300万元，人均收入15 600元。2001年以来在河南省综合经济实力百强镇评比中均名列前茅。2006年以来，大力发展旅游业，先后开发了北山、南山、长寿山，竹林景区被评为国家AAA级旅游景区、全国农业旅游示范点，年接待游客20余万人次。竹林镇市域总面积19km²，其他绿地主要是长寿山景区、南山景区等。长寿山景区目前已建成了国家3A级旅游景区，总面积5.5km²。南山景区总面积4km²。

二、土壤和植被分布情况

（一）土壤

竹林镇土壤共分为棕壤、褐土、潮土 3 个土类、9 个亚类、20 个土属、54 个土种。全镇土地利用率平均水平为 78.85%，农业垦殖率为 41.57%，低于全省平均水平。由于历史上不合理地开发丘陵山区，大面积的土地退化，水土流失严重，加之为黄土地貌，沟壑面积大，相当数量的土地难以利用，严重制约着土地利用率的提高。

（二）植被

竹林镇属暖温带落叶阔叶林区，植被以华北区系植物为主，多数是人工栽培植被。常见的用材树种有刺槐、泡桐、欧美杨、白榆、臭椿、苦楝、旱柳、国槐、侧柏、油松等；主要经济林树种有枣树、核桃、柿、山楂、石榴、苹果、梨、桃、黄楝、杏等；主要灌木有荆条、酸枣、紫穗槐、山皂荚等；主要美化树种有雪松、龙柏、垂杨、黄杨、冬青、竹子等。

三、城区建设状况和绿地分布状况

（一）城区建设状况

镇区建设总用地 125.5hm²，其中，居住用地 46hm²，公共建筑用地 9.3hm²，道路广场用地 7.7hm²，绿地 5.7hm²。分别占城市建设总用地的 36.65%、7.41%、6.13%、4.54%。

在基础设施建设中，镇里先后投资 6 亿元，新修和拓宽改造道路 38 条，完善了小城镇道路网络，基本实现户户通，建成了新型工业、生活居住、高效农业、休闲娱乐 4 个园区，建成了竹林宾馆、竹林会堂、百家期刊阅览室等基础设施。投资上亿元完成了引黄河水入竹林工程，彻底解决了竹林千百年来的缺水问题，小城镇综合功能逐步得到完善。全力打造镇东新区，20 多栋住宅楼拔地而起。全面加强生态环境保护，绿化率达到 84%，开发了 80 多个景点，竹林景区被命名国家 AAA 级旅游景区、全国农业旅游示范点。每年接待游客达到 20 万人次[9]。目前，竹林拥有 82 家工商企业，产品横跨 10 多个行业、出口 10 多个国家和地区。

（二）绿地分布状况

竹林镇有公园绿地分 5 处，总面积 12.7hm²，其中，综合性公园一处，是北山公园（面积 10.84hm²）；社区公园 2 处，面积共 1.26hm²；专类园一处，是竹林翠竹园，面积 0.6hm²。目前竹林镇没有大的生产绿地，只有一处，规模很小，面积 6 670m²。共有防护绿地 6.9hm²。竹林镇很多工业企业整体布局比较分散，而目前在工业区和居住区之间卫生防护林带布局不均衡，另外，在 310 国道及 110kV 高压线下也没有设置防护林带，这对竹林镇整个环境质量造成很大的不利影响[10]。

竹林镇目前有单位附属绿地 18.5hm²，单位绿地基础较好，对于竹林镇的环境改善起到了积极的促进作用。现有居住绿地 12.9hm²。现有道路绿地 4.4hm²，除个别道路外，所有道路都已完成绿化，道路绿化普及率达 90% 以上。

第四节　安徽毛集可持续发展实验区概况

一、实验区总体概况

（一）地理位置和范围

毛集实验区位于淮南西南部，沿淮以北，凤台、寿县、颍上三县交界处，行政隶属于安徽省淮南市，为正县级单位。辖三镇一个旅游景区，43 个行政村，总面积 201km²，总人口 13.2 万人。该区属于淮河滞洪灾害频发区，也是典型的欠发达地区，素有"水口袋，锅底子"之称。

（二）自然气候

实验区处于全国大陆的东南部，淮河中游，是冷暖空气交汇频繁地区，气候温和，雨量适中，四季分明，夏冬季长，春秋季短，光照充足，受季风影响明显。降水年际变化较大，季节分配不均，造成局部洪涝干旱。无霜期较长，全年主导风向为东北东风向。

淮北平原年平均气温为 15.1℃ 以下，1 月最冷，月平均气温为 1.1℃，7 月最热，月平均温度为 28℃；全年平均气温日较差明显，日平均气温稳定通过 0℃ 的年平均初日为 2 月 6 日。无霜期多数为 200～215d。平均初霜期在 10 月下旬至 11 月上旬，平均终霜日期在 4 月上旬。区境内降水量集中在 6～8 月，占全年降水量的一半以上。由于分配不均，降水量为夏季最多，春季次之，秋冬较少。年平均降水量为 905.2～950mm。年平均日照时数达 2 323.1 h，年平均日照率为 52%，可以满足农作物对日照的需求。全年太阳辐射量为 517.98kJ/cm²，光能潜力的平均利用率为 0.53%。

（三）人文环境

毛集历史悠久，淮河风情文化古老灿烂。境内有淝水之战古战场"青冈城"遗址、江上青烈士纪念地和全省青少年爱国主义教育基地"淮河风情文化博物馆"。民间艺术繁荣，花鼓灯、推剧堪称一绝，一年一度的"淮河风情文化节"在毛集举办。

同时，毛集享有"东经、西粮、南水、北煤"之称，东边是沿淮无公害蔬菜生产基地；西边有全省最大的夏集大米市场，素有"江淮米都"之称；南边是皖北地区最大的淡水湖"焦岗湖"为国家 AAAA 级景区，被誉为"华东白洋淀"。毛集水陆交通便利，淮河通江达海，四季通航。合淮阜高速公路和 102 省道贯穿全境。铁路经淮南线与京九、京沪线相连接，距合肥、蚌埠机场仅 1h 路程。

二、土壤和植被分布情况

（一）土壤

按照土壤分类标准大致可分成 2 个土类、3 个亚类、7 个土属及 15 个土种。

1. 水稻土类

水稻土全区分布，占耕地面积的 66.6%。有 2 个亚类，分别是：潴育型水稻土亚类、侧漂型水稻土亚类。含 3 个土属和 5 个土种。潴育型水稻土亚类，包括：坡黄土田土属、砂姜黄土田土属。坡黄土，主要分布在沿河湖缓坡地的中下部，面积占亚类的 17% 左右；砂姜黄土田，主要分布在夏集镇的尹余村和立新村，面积占亚类的 83% 左右。侧漂型水稻土亚类，主要是白黄土田土属，占亚类的 100%，占全区水稻土面积的 96%。

2. 潮土土种

潮土主要分布在毛集镇和焦岗湖镇的东风湖旱作区以及焦岗湖以南的的孙台村、桥口村、胡集村、元新村和塘沿村，占本区耕地面积的 32.8%。潮土，包括 1 个黄潮土亚类，和淤土、两合土、沙土、飞沙土 4 个土属。淤土主要分布在东风湖和南湾地势较低洼区域，两合土主要分布在东风湖西部、五号路两侧，以及南湾的缓坡地带。沙土主要分布在东风湖沿淮河的张王村、胡台村、河口村、刘岗村和河台村一带。飞沙地主要分布在东风湖东南部老行洪口一带。

3. 棕壤土

主要分布在沿淝河南岸丘岗地缓坡带，以潮棕壤亚类，坡黄土土属为主。

大部分经过水稻种植后，熟化成水稻土，部分成为林地，面积占 0.6% 左右。

（二）植被

1. 自然植被

全区虽处淮北平原，也有自然植被如荻柴、芦苇、水柳、蒲草、焦岗湖的水萍、芡实、菱角、水莲，这些自然植被多数生长在沟坡、河堤旁、湖边、湖内。次生草本植物群和灌木丛，主要是茅草、铁蒿等耐旱杂草和荆条、胡枝、酸枣、拓刺等落叶植物。

2. 人工植被

新中国成立后，政府组织各乡镇干部植树造林，主要栽在河道两旁，庭院四周，渠坡和乡村公路两侧。乡镇基本上绿化。经营林木主要有侧柏、刺槐、旱柳、白杨、法桐、冬青、白榆、椿、桑等。果木有杏、桃、枣、柿、葡萄、梨、石榴等。农业主要作物有小麦、水稻、豆类、芝麻、油菜、山芋、花生、菸叶、麻、薄荷等。植被的覆盖率达 90%。全区森林覆盖率已达到了 19.6%。

三、城区建设状况和绿地分布状况

（一）经济发展状况

2012 年全区生产总值 21.2 亿元，三个产业结构百分占比为 25.6∶55.0∶19.4，全年实现农业总产值 80 031 万元，财政收入 28 202 万元，农村居民人均纯收入 8 286 元，城镇居民人均可支配收入 14 688 元。

（二）城区建设状况

毛集实验区把新型城镇化作为重要引擎，努力推动城乡协调发展。棚户区改造，共投资 1.07 亿元拆除 1 007 户，改造面积 12 万 m^2；塌陷区改造稳步实施，已治理近 5 000 亩，占塌陷区总面积的 40%，建搬迁安置房 1 585 套，已入住 1 060 户。实验区先后投入近 900 万元，编制滨焦岗湖新区发展规划，先后建成康泰佳苑、加州阳光、福馨园、文商城一期、东方名郡一期、淮河风情文化园一期等商住小区，面积达 43 万 m^2。与此同时，商场、银行、学校、医院、游园等逐步完善，城市功能基本具备。该区计划投资 5 000 万元，完成给水排水管网系统建设；计划投资 4 000 万元，着力抓好幼儿园、初中、医院建设。建成夏集到何台渡口、毛集城区至焦岗湖风景区的两条绿色长廊等亮点工程。

实验区采取"生态立区、旅游新区、工业强区、创新活区、民营富区、统筹带区"的战略，主抓生态景区、新型城区和低碳园区三区互动。构筑"三山鼎立、三水环抱、三城互动"的山水园林城市结构。城区建设正在朝着"袖珍型、富而美、现代化"的方向迈进。

（三）绿地分布状况

毛集镇区现有绿化总面积达 88.69hm²。绿地率 30.84%，城区绿化覆盖率 40%。其中公园绿地面积 19.33hm²，人均公园绿地面积 7.2m²。生产绿地面积 1.1hm²，人均生产绿地 0.41m²。防护绿地面积 1.6hm²，居住区绿地面积 9.14hm²，单位附属绿地面积 27.35hm²，道路绿地面积 30.17hm²。

主要参考文献

[1] 陈静，孙国华，方勇．安吉"一庭一品"特色享誉竹乡[J].人民法院报，2014，8（7）：1-2.

[2] 彭凌宇静，李松柏，葛敬炳．"候鸟式"休闲养老基地建设策略研究—以湖州安吉为例[J].现代商业，2014：258-259.

[3] 周鸿．安吉：中国美丽乡村建设示范样本：评《中国美丽乡村调查》[J].科技导报，2014，32（18）：84.

[4] 潇江．安吉构筑美丽家庭示范村落［N］.湖州日报，2014-3-23（010）.

[5] 徐超．安吉加快美丽乡村精品示范村建设［N］.湖州日报，2014-8-27（002）.

[6] 杨国华，肖晋宜．从耗散结构理论看山西右玉生态建设[J].理论探索，2011，3：224-225.

[7] 牛芳，赵丽娜．由于生态建设的实践与启示[J].理论探索，2014，5：104-107.

[8] 郜泉州，郜晓霞．巩义市竹竹林镇建设小城镇推动城镇化［J］，城乡建设，2007，5：45.

[9] 汤振兴，刘英，闫芳．小城镇绿地系统规划探析—以河南省巩义市竹林镇为例[J].2012，4（2）：34-37.

[10] 许兴亚，贾轶，牛志勇．我国社会主义新农村建设榜样：河南省竹林镇、刘庄村、南街村集体经济考察报告[J].马克思主义研究，2008（7）：94-103.

第二篇　城镇生态系统碳汇测算与评估方法

第四章 城镇生态系统碳汇测算方法研究

《联合国气候变化框架公约》将"碳汇"定义为：从大气中清除CO_2的过程、活动或机制。碳汇有生物、物理、化学三个不同层面，物理固碳是将二氧化碳长期储存在开采过的油气井、煤层和深海里，化学层面则是化工行业以及其他的化学过程的碳汇；生物固碳是利用植物的光合作用，通过控制碳通量以提高生态系统的碳吸收和碳储存能力，是固定大气中二氧化碳成本最低且副作用最小的方法[1~2]。

目前的碳汇主要指植物碳汇，国内很多相关研究文献直接将"碳汇"定义为：植物通过光合作用吸收大气中的二氧化碳和土壤中的水，把二氧化碳固定在植物体中，并转变为土壤中碳的过程和机制。树木的基本组成分是碳，生态系统的植物通过光合作用将大气中的二氧化碳转化为碳水化合物，并以有机碳的形式固定在植物体内或土壤中，从而，减少二氧化碳在大气中的浓度，减缓全球气候异常趋势。

本研究主要针对城镇植被碳汇的测算方法进行研究。

第一节 碳汇测算方法研究综述

植被碳汇测算研究源于全球碳循环研究中陆地生态系统碳循环的研究。森林是最早的碳汇研究对象，相关研究方法主要有基于清查资料的生物量法、通量观测法（微气象学法）、遥感估算法等[3~4]。

随着森林碳汇研究理论与方法的日趋成熟，碳汇的研究对象由森林转向草地、灌丛、农作物等植被系统以及整个的陆地生态系统。一般均采用林地、草地清查数据、农业统计数据，结合生物量统计法和平均碳密度法对植被系统碳汇进行估算。有关森林、农业、草原等碳汇研究和测算开展得比较早、成果比较丰富。目前我国从区域或微观尺度研究并测算城镇园林绿地内植被和土壤的碳储量及其碳汇效益，报道较少。

一、基于清查资料的生物量估算法[1]

学者们认为，以实测净初级生产量（Net Primary Production，NPP）的方法来计算生态系统碳汇是最原始，但误差最小的碳汇测算方法[2]。而通常测定 NPP 的目的就是估计生物量增加的速率，虽然植物又通过呼吸作用释放一定量的二氧化碳，但相对于碳汇而言这点排放可以忽略。初级生产量用每年每平方米所生产的有机物质干重 [g/（m^2·年）] 或每平方米所固定能量值 [J/（m^2·年）] 表示。在初级生产的过程中，植物固定的能量有一部分被植物自己的呼吸消耗掉（自养呼吸 RH），剩下的部分以可见有机物质的形式用于植物生长和生殖，这部分生产量即为净初级生产量（NPP）。虽然 NPP 除了植物生长的新生物量，还包括扩散或由根分泌到土壤中的可溶性的有机化合物、转移到与根有共生关系的微生物中的碳，以及由叶片向大气中挥发排放的损失，但根系分泌、向共生体转移、食植动物损失及挥发排放是从植物损失的，并不直接带来生物量的增加，不会对生物量累计的估计造成太大的偏差。实测生态系统 NPP，就可以精准测算林木的固碳释氧量。植物每固定 1g 干物质吸收1.63g 二氧化碳，同时排放 1.19g 的氧气。

生物量法是核算森林碳储量的一种常用方法。基于清查资料的生物量估算方法是指通过设立典型样地，准确测定森林生态系统中的植被、枯落物和土壤等碳库的碳储量，并可通过连续观测来获知一定时期内碳储量变化情况的推算方法[3,5]。其原理是：利用森林资源清查数据推算出生物量，再乘以一个含碳系数（单位生物量的含碳量）得出碳储量。通过不同时期生物量的变化得出碳储量的变化，即碳汇量。含碳系数的大小是除生物量以外，引起森林碳储量结果差异的另一重要因素，国际上常用的含碳系数为 0.45 ~ 0.5；IPCC 在2004 出版的《土地利用、土地利用变化和林业优良做法指南》中，全球缺省值为 0.5，2006 年调整为 0.47。

根据计算方式和基础的不同，样地清查法又可分为生物量法、材积—生物量法等。其中材积—生物量法（volume-derived biomass），也叫生物量转换因子法（biomass expansion factor，BEF），是利用林分生物量与木材材积比值的平均值，乘以该森林类型的总蓄积量，得到该类型森林的总生物量的方法，又可细分为 IPCC 法和生物量转换因子连续函数法。国家和 IPCC 碳计量木材密

---

[1] 本节主要参考：董环宇，云锦凤，王国钟. 碳汇概要. 北京：科学出版社，2012：91 ~ 106.

度与生物量扩展因子参考值，参见附表1。

（一）材积－生物量法

材积－生物量法将核算单元具体到各树种，结合森林资源动态预测结果通过对不同树种蓄积量比例的预测，实现对森林碳汇量的动态预测。其中树木生物量统计包括树木的干、枝、叶、果实、根的生物量。在确定树干生物量占树木总生物量比例的基础上推算出树木总的生物量。将各树种碳密度与生物量相乘得到各类树种含碳量，最终，根据林地林分的构成，将各林分树种碳汇量进行加和，得到碳汇总量。基本原理为：

$$B_{total} = V_{total} \times BEF$$

式中，B_{total} 为某一树种组（森林类型）的总生物量；

V_{total} 为某一树种组（森林类型）的总蓄积量；

BEF 为某一树种组（森林类型）的生物量转换因子。

在 IPCC 法中，以森林蓄积、木材密度、生物量换算因子和根茎比等做参数，建立材积源生物量模型。IPCC 组织世界各国的专家编写推荐了不同树种的木材密度、生物量换算因子、根茎比，其生物量估算公式如下：

$$B_{total} = V_{total} \times D \times BEF_2 \times （1 + R）$$

式中，D 为某一树种组（森林类型）的木材密度；

BEF_2 为生物量转换因子；

R 为根茎比。

生物量转换因子是一个倍增系数，将生物量蓄积量、生物量增量的干物质和木材清除或燃木清除的生物量进行扩展，以计算非出材或非商业生物量组分，如树桩、树枝、细枝条、树叶、非商业树。国家尺度的森林生物量的推算大多使用平均的 BEF 及森林清产资料所提供的森林总面积和蓄积量等数据进行计算。但研究表明，某森林类型的林分生物量与木材材积比值不是不变的，而是随着林龄、立地、个体密度、林分状况等不同而变化；有研究指出采用常数转换因子法估算的生物量较皆伐法高出20%～40%[6]。

生物量转换因子连续函数法是为了克服 IPCC 推荐的生物量转换因子法将生物量与蓄积量比值作为常数的不足而提出来的。因此，转换因子连续函数法将单一不变的平均换算因子改为分龄级的换算因子，以更准确地估算国家或地区尺度的森林生物量。

$$BEF = a + b/V$$

式中，a 和 b 均为常数。这一关系式为利用森林清产资料推算大尺度的森林总生物量及碳储量提供了合理的方法基础。1996 年，方精云[7]收集了全国各地与生物量和蓄积量有关的研究数据 758 组，把中国森林类型分成了 21 类，分别计算了每种森林类型的 BEF 与林分采集的关系。这些森林资源清查资料提供了我国各省各类森林的总面积和木材的总蓄积量，利用生物量与蓄积量，以及生物量和生产力的关系，就可以计算各省各类森林的总生物量（或生产力）和平均生物量（或平均生产力）。

生物量转换因子法可以简单地实现由样地调查向区域推算的尺度转换，使得区域森林生物量及碳储量的计算方程得以简化，但基于森林资源清查数据资料的"材积—生物量法"只注重地上部分而忽略了地下部分的生物量，以此推算的结果往往导致森林植物的固碳量估算不准确[8]。

（二）生物量法

生物量法也叫平均生物量法[4]，基于城市森林野外典型样地的平均生物量与该类型绿地面积来求取森林生物量[9]。它是通过设立典型样地，用收获法准确测定森林生态系统中的植被、枯落物或土壤等碳库的碳储量，并可通过连续观测来获知一定时期内的通量变化情况。获得样地平均生物量的方式主要有 3 种，即皆伐法、标准木法和相关曲线法。

相关曲线法是通过样地内某一树种的生物量实测数据，建立生物量与树高、胸径等统计回归关系模型，获得样地平均生物量。目前应用较多的生物量方程有：

$$W = a \, D^b \text{ 或 } W = a \, (D^2H)^b$$

式中，W 为林木各器官的生物量；D 为林木胸径；H 为树高；a、b 为参数。

平均生物量法是以森生物量数据为基础的碳估算数据，被认为是最基本、最可靠的方法。该方法一般只在长期定位研究中使用，其结果不能揭示生态系统碳积累变化的关键过程与机理[10]。平均生物量法推算树干生物量精度较高，但枝条和叶生物量误差较大[9]。此外，野外测定过程中，人们也大都选择生长良好林分，导致结果偏大[11]。

二、遥感估算法

遥感估算生物量，是通过利用遥感手段获得各种植被状态参数，结合地面调查，完成植被的空间分类和时间序列分析，随后可分析森林碳的时空分布及动态，并能够估算大尺度森林生态系统的碳储量以及土地利用变化对碳储量的影响。

大尺度遥感影像估算植物生物量的数据源头主要包括了 TM 影像、NOAA/AVHRR 数据、雷达数据、SPOT、QUICKBIRD 以及其他相应数据，通常主要基于特定的光谱参数，其中最常用的光谱参数就是通过红外和近红外反射率值计算的归一化植被指数（normalized difference vegetation index，NDVI）。遥感估算法要结合地面样地调查数据，在运用时与样地清查方法联系紧密，地面调查数据质量决定了最终碳汇核算的精度。

同其他评估方法比较，采用遥感方法更快速、更有效率、更省时省力，但还需要更多的研究来检测该方法是否适合于所有的城市区域，特别是当地区土地覆盖、树种、树木胸径差异较大时[4]。

三、模型估测法

模型测算法中 CITYgreen 模型（美国林业署，1996 年开发）和 i-Tree 模型（美国林务局，2006 年开发），二者均是基于样地清查数据基础上的估算模型。其中 CITYgreen 模型应用较多，在国外北美等城市和国内沈阳[12,13]、哈尔滨[14]、上海[15]、南京[16]、北京[17]、深圳[18]等大城市都有应用，而 i-Tree 模型在国内应用较少[19]。

基于 CITYgreen 模型的绿地碳汇计算方法主要是结合遥感和 GIS 技术，通过植被覆盖率和植被固碳系数对植被碳汇量进行计算，通过对研究区域植被状况的分析，确定各区域植被的固碳因子，依据植被状况分区分块进行计算，最终将计算结果汇总。该模型能借助高分辨率遥感影像对地面信息进行判读，并实现对森林生长的模拟，能够对大范围森林生态效益实现持续动态观测。

i-Tree 模型比 CITYgreen 模型具有诸多优势：① i-Tree 可以针对不同树种设定具体参数信息，估算研究区物种丰富度、多样性；②除了高大乔木外，新增对灌草生态效益的评估功能；③以实地调查为基础，既可通过取样法实现对较大范围研究区的城市森林生态效益评估，也可采用全部调查法实现对小区域的研究，且所得结果准确度较高；④研究结果可自动生成图表和报告。

还有一些利用基于遥感数据的模型。但是，用模型估算不同碳汇，存在着一定的假设条件和适用范围，在假设条件下估算的碳汇结果与真实情况究竟有多少差距，以及如何将碳汇评估模型进行有效性推广仍有待进一步研究。

四、通量观测法

通量观测法也叫微气象学法，是通过测量近地面层的湍流状况和被测气体的浓度变化来计算被测气体的通量的方法，基于小气候特征的仪器监测为主。主要思想是大气中物质的垂直交换往往是通过空气的涡旋状流动来进行的，这种涡旋带动空气中不同物质包括 CO_2 向上或者向下通过某一参考面，二者之差就是所研究生态系统所固定或者释放 CO_2 的量[20]。

通量观测法是最为直接的可连续测定的方法，也是目前测算碳汇最为准确的方法。该方法对观测的下垫面植被和周围环境干扰较少，但使用的仪器昂贵、对下垫面要求较高，同时也存在较多的不确定性[21]，操作难度较大，数据处理更为复杂。上述这些特点导致了该方法在城市森林碳汇研究方面应用较少，主要集中在城市单块绿地[22,23]或者单一植物品种[24]碳通量的观测上面。

五、城市碳汇测算研究进展

对于城市气候变化和快速城市化的日益关注促使学者们开始城市森林固定大气 CO_2 的研究，估算城市绿地及绿化带碳汇成为评价城市植被生态环境效益的重要方面之一。随着城市化的迅速发展和城市绿化水平的提高，城市面积和绿化覆盖率迅速增加，城市园林绿地植物作为陆地生态系统碳循环中的一个重要储存，在陆地生态系统中所占总量的比例正逐渐增加。

研究者对目前城市森林碳汇的主要估算方法进行了总结，发现样地清查、遥感估算以及碳通量观测法在城市森林碳汇估算中均有适用范围[4]（表4-1）。其中生物量转换因子法和遥感估算法适合城市行政区范围的大尺度森林植被，如自然保护区、风景名胜区和森林公园等，而平均生物量法和模型测算法则更适合城市建成区植被碳汇估算，但需要注意样地、相关参数与方程的选择的代表性。微气象学法由于仪器昂贵、操作难度大、数据处理复杂等特点，因此不适宜城市大尺度碳汇估算，一般适合在城市单块绿地上进行碳通量观测。综合来说，森林碳汇核算存在着尺度耦合和估算结果的不确定性问题。对于同一城市学者采用不同方法和数据源往往会得到不同估算结果，如广州城市森林植被碳储量范围为 1.33 ~ 7.64 Tg[25,26]。目前，在我国应用最多的方法主要是基于平均生物量法和 CITYgreen 模型两种方法，研究集中在北京、上海、南京、杭州等大城市。

表4-1　城市森林碳汇核算方法总结（周健等，2013）

方法	概念及分类	类别	主要优缺点	适合城市碳汇核算范围
样地清查法	设立典型样地，准确测定森林植被的碳储量，城市森林碳汇测算可进一步分为生物量转换因子法、平均生物量法和模型测算法	平均生物量法	方法简单易行，但对样方选取要求较高，同时受树木生物量估算方程影响较大	城市建成区植被
		生物量转换因子法	大量实测研究表明生物量和蓄积量存在着良好的回归关系，准确度较高，但要根据林分类型进行修正，不能反映碳汇量动态变化	城市行政区范围内自然保护区、风景名胜区以及森林公园等大尺度森林植被
		模型测算法	模型仅需要简单的输入，易于操作，结果可读性强。误差相对较小，与样地调查数据精度相关	城市建成区植被
遥感估算法	利用遥感相关技术，结合地面调查，估算城市森林的碳储量		能够估算大面积城市森林碳储量以及土地利用及覆盖变化对碳储量的影响。但遥感估算模型、遥感与地面调查样地尺度的差异增加了结果的不确定性	城市行政区范围内自然保护区、风景名胜区以及森林公园等大尺度森林植被
微气象学法	基于小气候特征的仪器监测为主，包括涡旋相关法、涡度协方差法、驰豫涡旋积累法等		大大改善观测结果的代表性，不会干扰被测区域的自然环境状况，观测持续时间较长，但要求仪器有较快的时间响应和较高的灵敏度，且实际操作困难，国内研究相对较少	城市单块绿地

在运用平均生物量法进行估算的时候，由于城市建成区树木多为景观用途，不便通过采伐、烘干来获得单株标准木生物量，因此主要根据现有的生物量回归方程利用树木胸径或树高来估算单株树木生物量。由于树高量取过程中误差较大，建议采用胸径进行生物量估算、减少不确定性。生物量估算方程主要选取研究地域附近或者气候条件类似区域树木方程，而且一般会选择同一树木的多种生物量方程平均来获得平均的干生物量。若方程仅计算地上生物量，则全部生物量根据根冠比（root-to-shoot ratio）来估算，通常为0.26。当缺乏物种生物量方程时，通常采用其同属物种方程，再无则采用通用方程。城市建成区树木修剪严重，树木生物量同自然状态下要小，因此计算过程中会乘以相应修正系数。此外，也会根据树木长势和健康条件的差异，乘以相应的调整系数[27]。

从研究结果来看，城市绿化系统中，乔木树种的固碳释氧效益最高，其次为灌木树种，草坪固碳效益较低。但就城市绿化系统本身来说，灌木树种和草坪的面积较大，因此其固碳效益也是城市绿地系统碳汇的重要组成部分。目前国内外城市碳汇研究并不多，而且由于研究方法、使用资料或者假设条件等的不同，导致研究结果有很大的差异。

有研究认为，在未来城镇碳汇研究中要认识和定量表达不同尺度城市森林生态系统过程相互作用及其对碳循环通量和储量变化的控制作用，样地调查、模型模拟和遥感分析等方法的综合运用是未来解决尺度耦合问题，提高估算精度以及研究城市森林生态系统碳循环的主要趋势，而多尺度生态试验和观测以及以此为基础的跨尺度机理分析和机理模拟是实现这一目标的必要手段。

第二节　城镇绿地分布的特点

城镇在我国是区别于乡村的非农业人口聚集地，指的是以非农业人口为主、具有一定规模工商业的居民点。我国城镇现有 7.12 亿常住人口，城镇总数 3 229个，其中县级 2 862个；建成区总面积 39 102.6km²，绿化面积 14 945 km²，绿化覆盖率 38.22%。不同城镇面积差异很大，最大的城市北京市 770km²、上海 678km²、广州 538km²，而"袖珍镇"广西北海市侨港镇面积 1.1km²、陆地面积只有 0.7km²；黑龙江省乌苏镇是世界上最小的镇子，只有一条街道，南北长约500m，东西宽多于100m，居住的居民只有一户人家、三口人。

在本研究中的城镇生态系统，具体指城镇的城区，即为城里和靠城的地区，分为城市的中心地区和郊外区域（郊区）。

一、城镇植被分布特点

城镇是一个以人为活动中心的社会经济和生态复合系统，人为活动密集。人类与自然的双重影响使城市植物复杂系统的结构、过程及功能与自然植物显著不同。城镇植物一般分布于公园、校园、街道、小区、公共场所、荒地等，在受空间和建筑的影响下，城市植物的选择多以草本、乔木、灌木为主，种类比当地分布物种要少。

进行我国城（镇）区绿地分布格局分析以及碳储量的估测，需要注意以下特点：

（一）绿地受人工规划的影响呈现规则布局

城区绿地斑块形状规则，缺乏自然形状，人工痕迹较重，复杂形不够。国家制定的《城市绿化条例》已经 1992 年 5 月 20 日国务院第 104 次常务会议通过，自 1992 年 8 月 1 日起施行。所以，现代的城镇都制定城镇绿地规划，用于各功能区布局模式，每个功能区都分区明确，有其固定的属性和种植内容，动植物都选择统一、固定的地点生存和发展，功能区之间的衔接和相互之间的距离都有具体的指标和规定。

（二）植物覆盖率低，景观破碎度较高、不连片

植物覆盖率低，多呈孤岛状分布；自然群落少，人工与半人工生态植物比例较大。截至 2009 年底，42 个国家园林城市建成区绿化覆盖率平均达到 40.66%，绿地率平均达到 37.56%，人均公园绿地面积平均达到 11.66m²，其他很多城市覆盖率不到 30%。国外学者认为城市绿化覆盖率达 50% 时，才能保持良好的城市环境，我国大多数城市都低于此标准。

植物覆盖率低最显著的原因就是由于城镇土地利用结构的改变。在城市中，原本适合自然生物生存的自然环境被各类建筑和基础设施建设所替换甚至被破坏，同时又因城市规划各功能区不同，其植物选择和栽种地点也不同，因此呈碎片状。特别在城镇中心区，绿地分布零碎，绿地与建筑、道路、水体等斑块镶嵌存在，增加了格局分析、面积计算和碳储量估测的难度，大大加大影像数据分析误差。

（三）绿地系统的结构具有显著的成层分布特征

在城镇生态系统中，各类生物非生物都受地形地貌和环境的影响。例如，植物在选择土壤的深度上，草本植物根系大多分布在土壤的表层，灌木根系在中间层，乔木根系则在土壤的深层。

（四）物种单一，外来引进物种较多，树木多是幼年期或青年期

城（镇）区物种减少，树龄（级）受人为影响。长期以来国内城市在绿化物种的城建绿化植物的选择上，按人的绿化政策方向发展，选用外来植物多于本土植物，对于乡土物种特别是乡土草本考虑较少；如北京地区绿化中外来植物种类有 91 种，昆明市区的行道树种高达 90% 外来种类[28]。另外，城镇中的绿地多是新近营建，树木多处于幼年期或青年期。

（五）绿地大小、格局处于动态变化过程

多数城镇处于一个快速扩展时期，绿地面积和格局往往也处于动态过程，变化比较快。

（六）水泥地面较多，土壤裸露少，土壤有机质含量低

城镇以硬化地面为主，街道、人行道被水泥路和柏油路等代替，土壤裸露少。枯枝落叶被作为垃圾人为清理，不能返回土壤实现自身的营养循环，土壤有机质含量降低。

（七）城市中出现的特有的植物群落

城市特有植物群落，如耐践踏的植物、宅旁杂草以及墙面屋顶等建筑物空间立体绿化植物等。目前，建筑物空间绿化在我国已经得到了较好地推广，全国除西藏、新疆等少数省区绝大部分的省、市（区）均开展了屋顶绿化项目[29]。

二、城镇绿地类型

城镇绿地类型主要有公园绿地、生产绿地、防护绿地、附属绿地、其他绿地 5 类（表 4 – 2）。

表 4 – 2　城镇绿地类型和定义 *

绿地类型	绿地定义	细分类型	植被情况
公园绿地	向公众开放，以游憩为主要功能，兼顾生态、美化和防灾等功能的绿地	综合公园、社区公园、专类公园、带状公园、街旁绿地，下设全市性公园、区域性公园、居住区公园等	半封闭场所，人为影响要少于其他各功能区，较接近自然，植物种类较为丰富和均匀、多样性指数较高
附属绿地	城市建设用地中绿地之外各类用地中的附属绿化地	居住绿地、单位绿地和道路绿地	面积小，居住地和单位绿地以草地为主，辅以小灌木、小乔木，行道绿地以乔木为主、辅以小灌木、草本花卉
生产绿地	苗圃、花圃等为城市绿化提供苗木、花草、种子的绿地，以及果树林、经济林等生产性绿地	苗圃、花圃、草圃、果树林、经济林等	人工规划种植，植物分布均一
防护绿地	城市中具有卫生、隔离和安全防护功能的绿地	卫生隔离带、道路防护绿带、城市高压走廊绿带、防风林、城市主题隔离带	以乔木为主，植物分布均一
其他绿地	对城市生态环境质量、居民休闲生活、城市景观和生态多样性保护有直接影响的绿地	风景名胜区、自然保护区、野生动植物园、湿地	景观接近自然，植物种类较为丰富和均匀，多样性指数相应高一些

注：* 参考自《城市绿地分类标准》CJJT85—2002

三、我国城镇碳汇测算方法的选择

（一）方法选择的原则

标准性原则：为了方法的统一、数据的可比，尽可能选择国标或普遍采用的方法。不成熟的、处于探索阶段、不确定因素过多的方法不宜采用。

可操作性原则：尽可能选择简单、可靠、可操作性强的方法。过于复杂或者需要昂贵经费支持的方法不宜采用。

采样点保护原则：尽可能选择对样地破坏性小的方法，以对城镇绿地的影响和破坏性最小为前提。

（二）测算方法的选择

基于上述原则，考虑到上述城区绿地景观破碎度较高、不连片的特点，以及各类绿地分布格局经过详细地实地测量和规划、可以很方便地进行绿地类型、边界、面积等信息的提取两方面的因素，本研究主要围绕样地清查法进行城镇碳汇测算方法的构建。

第三节　城镇碳汇测算方法

植被碳汇量，即植被生产力，通过估算某一时期内植被生物量净增长量（NPP）来推算。根据植物生活期的不同，植物大致分为多年生植物（perennial plant）和一年生植物（annual growth plant），又可细分为以下几个种类型（表4-3）。对于乔灌木、常绿的多年生草本，生物量增量为不同时间段现存量的差值；宿根植物的地上部、一年生草本，年生物量净增长量等于当年最大生物量。

表4-3　不同植物生活型在 NPP 测算方法上的区分

生活期类型		主要城市绿化植物	测算方法
多年生植物	地上和地下均为多年生	包括所有的乔灌绿化植物，部分草如麦冬草	不同时间段现存量差值
	地下部分多年生、地上每年死亡	各种宿根草本，各种草坪草、芍药、大丽菊等	地上生物量当年调查值即为年碳汇量；根系不同调查年份现存量差值为碳汇量
一年生植物	地上和地下均为一年生	短命草本植物，蔬菜、农作物	当年最大生物量为年碳汇量

本方法主要基于平均生物量法，对城镇绿地碳汇进行测算和评估。主要参考：《城市森林资源调查方法》、《造林项目碳汇计量与监测指南》、《陆地生态系统生物观测规范》、《森林生态系统监测规范》，政府间气候变化专门委员会（IPCC）出版的方法学和其他国际权威技术报告，及相关森林和城市植被碳汇研究文献。

一、总体思路

（一）计算方法

基于平均生物量法，对不同类型城镇绿地的植被进行采样调查，对单位绿地的生物量增量进行测算，再结合绿地面积、生物量含碳系数推算得出单位时间不同类型绿地的植被固碳量，含碳系数采用 IPCC 推荐的缺省值 0.47。总体公式如下：

$$C_{植物固碳} = 0.47 \sum \left(A_{ij}B_{ij} - A_{ik}B_{ik} \right)$$

式中，A_{ij} 为绿地类型 i 第 j 年的分布面积（hm^2）；

$\quad\quad B_{ij}$ 为绿地类型 i 第 j 年的单位面积植被生物量 $[t / (hm^2 \cdot a)]$；

$\quad\quad A_{ik}$ 为绿地类型 i 第 k 年的的分布面积（hm^2）；

B_{ik}——绿地类型 i 第 k 年的单位面积植被生物量 $[t / (hm^2 \cdot a)]$。

（二）调查频率

测定时间间隔为每 5 年调查一次。我国一类清查以省为单位，利用固定样地为主进行定期复查，每 5 年一次；二类森林资源清查，由省林业主管部门或者地州市林业主管部门负责组织，复查间距为 10 年。

（三）调查时间

具体测定年份，结合国家一类和二类森林资源调查时间进行设置，调查时间为 7~8 月植被生物量最大期。植被 NPP 的主要积累时期集中在生长季，一般认为 7~8 月的 NPP 在整个生长季中达到最大。

二、调查方案设计

样方设计的主要任务是确定如何在调查现场划定具体的调查范围。样方设计主要涉及抽样方法、调查取样单位、样方形状及大小的问题。

（一）抽样设计

抽样设计的主要问题是如何进行抽样调查。

首先要确定调查范围：基于城镇建设规划、绿地规划以及相关园林管理部门资料，结合实地测量，确定主要调查区域的边界范围、面积。依据树种、年龄、树高、密度、立地条件等因子，或按照林分各部分的不同特征，建立调查区域内植被各级分层及辨识标准，把调查总体划分成若干个层（类型），并确定各级分层的面积及边界。

由于城市植物具有明显的成层分布特点，采用分层抽样较为合适，为使抽样结果更具有代表性，同时进行简单随机抽样，即传统的植被调查方法——分层随机抽样调查法❶。这也是目前在城市植物研究中最为常用的抽样方法。由于分层后每一层内部相对较均一，因此能以较低的抽样测定强度达到所需的精度，从而从总体上降低调查和取样成本。

但是，因为强烈、甚至完全人工化的城市绿地格局，使得部分个体难以代表全体特征。在城市绿地中不同绿地的植物群落差别很大，一是很难用几块绿地中求得的最小面积❷对所有绿地进行有效调查；二是绿地斑块是园林设计的一个完整有机体，很难用绿地的小部分来代表整块绿地。对于异质性较高的绿地，目前一些研究者倾向于全面调查即普查法。但普查法由于工作量大，往往是不可行的。

基于此，城区植物碳汇测算可采取以下抽样方法❸：

（1）对于较为接近自然状态的片林，如风景名胜区、自然保护区、植物公园等面积比较大的绿地，采用分层随机抽样调查法进行抽样调查，对于分层不是太明显的采取乔灌或乔灌草不分层抽样法；取样样方面积、数量参照森林生态系统的取样方法进行设计。

（2）植物均匀分布、面积较大的防护绿地和生产性绿地，如行道林、防护林、生产绿地、人工草坪等，采用分层随机抽样调查法进行调查，根据种植规格和植物分布情况可以很方便地设定出代表性样方的大小、形状，调查单元及其样方数视调查工作量可适当减少。

（3）相对地，居住绿地、单位绿地等人工规划的绿地，虽然异质性也比较高，经常穿插人行道、凉亭、假山等人工景观设施，但大多以人工草坪为基

---

❶ 分层随机抽样调查法：就是指按照既定的因子（如树种、龄组、郁闭度等）或按照林分各部分的不同特征，把调查总体划分成若干个层（类型），然后在各层中随机地抽取样本单元组成样本，根据各类型的抽样调查结果估计总体的方法称分层（类）抽样。分层抽样条件：①各层面积确知；②各层间任何单元都没有重叠或遗漏；③在各层中的抽样是独立的。分层的过程不受项目地块的大小及其空间分布的影响，成片的大块土地或若干分散的小块土地都可看成是一个总体，用同样的方法进行分层。

❷ 最小面积调查方法：在一个代表性的植物群落中不断扩大取样面积，用取样面积和相应的植物丰富度作关系曲线，在曲线上面积增长10%（或5%）而物种数也增长10%（5%）的点可以作为最小取样面积。

❸ 本方法的灌木除一般的灌木丛外，还包括灌木化的矮乔木，以及不能通过材积或异速生长方程来度量的乔木（胸径<2cm）。

底，灌丛一般以长条形分布、修剪整齐，路道两边的树木往往分布均匀、按照一定株行距种植，可参照（2）进行采样；对于零星分布的乔木和灌木植株，适当采取普查法、采取标准株取样法进行取样、统计。

（4）对于零碎绿地，如屋顶、墙体、阳台绿化等建筑物空间绿化，采用普查法进行调查。为减少工作量，可根据实际分布情况对零碎绿地进行适当分类，针对具有一定代表性的斑块进行调查，取得平均值后结合总面积进行统计。

在我国城镇，城区绿地多属于（2）、（3）情况，大城市会出现较多的（1）类情况，（4）情况多见于建筑物周边。

（二）样方设计

样方设计的主要任务是确定如何在调查现场划定具体的调查范围。

1. 取样单位的确定

城市植物调查中常见的取样单位有斑块和矩形样方[30]。分层抽样调查样地形状的选择，有研究者认为长度为宽度的 2 ~ 4 倍长时的矩形样方准确性最好。如果植物异质性较高，而且能够有效地完全取样，则采用普查法进行斑块取样。应该注意的是如果采用斑块取样，应该保证能有效测量斑块的面积，否则将无法进行有效的分析。

2. 样方面积及取样量

在现有城市植物的相关研究中，城市样方面积及调查面积的确定方法至少有 7 种模式[30]（表 4 - 4），可根据不同城镇的特点和具体研究对象做选择，并根据乔、灌、草植物多样性的不同而变化。具体取样面积的确定，除了考虑绿地种丰富度的影响以外，还应该注意到城市绿地斑块大部分以小面积居多而无法大面积取样的问题。

表 4 - 4　城市植物调查的取样量及样方面积分类及案例*

模式	研究对象	样方面积或取样量	分类对象
模式1：按面积成比例	城市公园	与面积成比例	不同类型的公园
模式2：乔灌草分开	废弃的城市森林	10m×10m 样方	灌木
		2m×2m 样方	地被
		20m×20m 样方	乔木
	城市公园	2m×2m 样方	灌木
		1m×1m 样方	草本
		10m×10m 样方	乔木
模式3：乔灌不分开，草本单列	城市公园	100m² 样方，公园面积的1%	乔灌

（续表）

模式	研究对象	样方面积或取样量	分类对象
		$4m^2$ 样方，公园面积的0.2%	草本
模式4：根据异质性	城市庭院	2个样方	均匀分布的植物
		4个样方	非均匀分布的植物
模式5：根据自然性	城市植被	$599m^2$ 样方	居住区
		$25m×25m$ 样方，4个样方	半自然公园
		4个样方	自然森林
模式6：限定面积范围	城市植物生境	$30m×4m～50m×30m$ 样方	根据植物盖度或者生境类型确定具体的取样面积
模式7：分类型[10]	城市森林	100%取样	小公园，办公楼，寺庙小工业区或小商业区
		约160 000m^2	大公园
		10 000m^2	大商贸区
		约40 000m^2	居住区

注：＊参考赵娟娟等，2009

在森林长期监测研究中，采用的样方面积通常为乔木物种$10m×10m$样方，灌木物种$5m×5m$样方，草本植物$1m×1m$[31]。而以往研究中运用"种 – 面积曲线累积法"对北京市植物调查时，发现乔木物种$10m×10m$样方、灌木物种在$2m×2m$样方、草本植物$1m×1m$时物种数已经趋于稳定[32]。因此，在本研究中我国城区内比较大型的风景名胜区、自然保护区、植物公园等绿地，将$10m×10m$、$2m×2m$、$1m×1m$分别定为乔木、灌木与草本植物分层取样调查的样方标准。

对于植物均匀分布的绿地，以及虽然异质性相对较高但分层结构较均匀的人工规划种植绿地，根据种植规格设计样方大小、形状，以涵盖调查物种3～5株以上为前提。对于零碎绿地，根据物种结构的不同进行适当分类，每类挑选3～5个斑块进行普查。

根据实际情况，可以对乔、灌、草3类植物分别调查，也可以对乔、灌一起取样调查，再对草本植物另外调查。草本样方的取样量根据草本植物的生物多样性调整，可以远远小于乔灌样方。不同绿地类型抽样方案参见下表4－5。

表4-5　不同绿地类型抽样设计

绿地类型	抽样方法	样方大小	取样量
自然林或接近自然林的城市公园、城市森林	传统的样方取样：划定调查单位，乔、灌一起取样，草本单独取样[33]	乔10m×10m、灌2m×2m、草1m×1m	总调查面积占群落的1%[34]；每调查单元3~6个样方
植被总体分布或分层分布较均匀，面积较大的人工绿地	（1）样方取样：乔、灌、草分开取样，或者乔灌结合取样、草本单独取样；（2）普查法：稀疏、点缀式分布的乔灌，采取普查法	（1）样方取样：根据种植规格设计各层样方大小、形状；乔木、稀疏灌木每样方涵盖3~5株以上，小株密植灌丛1m²，草本0.5m²[35]（2）普查：斑块取样	每层2个样方[33]
零碎绿地	普查法，林下草本样方取样；可适当汇总、分类，每类挑选代表性斑块调查	一般为不规则斑块	每类斑块调查3~6个，均匀性斑块可减少到2个

（三）注意事项

1. 为缩小调查总体、减少工作量，可将树种、年龄、树高、密度、立地条件等较为一致的绿地作为一类，统一进行样方的设计；也就是说，将若干分散的绿地看成是一个调查总体，用同样的方法进行分层。对于不同绿地类型中物种、长势一致性很高的林下草本和灌木，可调整为：在城区范围内取3~6个重复样方，调查结果在相应绿地调查中共享。

2. 调查单元设置原则：调查单元设置在植物群落的典型部分，避开过渡带或群落边缘地带。

3. 充分与地方森林资源清查工作相结合，进行调查方案的设计。

三、调查方法

尽可能减少对绿地的破坏，包括确定取样样方调查的具体内容、方法及注意事项等。相关调查内容的具体操作方法和注意事项，以及样方数据的换算和统计方法，可详细参考《陆地生态系统生物观测规范》[31]、《陆地生态系统生物观测数据质量保证与质量控制》[36]的有关内容。

（一）调查范围的确定

首先要确定调查范围：基于城镇建设规划、绿地规划以及相关园林管理部门资料，结合实地测量，确定主要调查区域的边界范围、面积。依据树种、年龄、树高、密度、立地条件等因子，或按照林分各部分的不同特征，建立调查区域内植被各级分层及辨识标准，把调查总体划分成若干个层（类型），并确定各级分层的面积及边界。

（二）物种辨认

在进行调查时，必须准确记录调查植物种名。对于当场不能鉴定的，可拍照后上传到网上请专家帮忙鉴别❶，或采集带有花或果的标本、带回进一步鉴定，或做好标记以便花果期进行鉴定。植物中鉴定常用工具书：（1）《中国植物志》；（2）《中国高等植物图鉴》；（3）《中国树木志》；（4）地方植物志。

（三）乔木调查

1. 每木调查

对调查样方内的所有乔木进行每木调查：记录种名（中文名和拉丁名），测定树高和胸径。

树高（H）指一棵树从平地到树梢的自然高度。可先用测高仪实测群落中的一棵标准树木，其他树木则通过与标准木目测比较进行估算。目测树高的两种简易办法，可任选一种：其一为积累法，即树下站一人，举手为2m，然后2、4、6、8往上积累到树梢；其二为分割法，即测者站在距树远处，把树分割成 1/2，1/4，1/8，1/16，如果分割到 1/16 处为 1.5m，则 1.5m × 16 = 24m，即为此树高度。

胸径（DBH）指树木的胸高直径，大约为距地面1.3m处的树干直径。严格的测量要用特别的轮尺（即大卡尺），在树干上交叉测两个树。在实地调查中，一般采用胸径尺测量。调查记录表参见表4-6。

表4-6 乔木层每木调查记录表

调查地点：绿地类型和面积：

调查层次划分及样方布置情况：

样方面积： m× m 调查人：

调查日期：__年__月__日~__月__日

样方号	树号	种名	胸径 (cm)	高度 (m)	枝下高 (cm)	冠幅 (m×m)	生物量 (kg)	备注

---

❶ （1）拍照方法可参照《陆地生态系统生物观测数据质量保证与质量控制》（吴冬秀等，2012），第102~107页；（2）植物鉴定网站推荐：中国数字植物标本馆（http：//www.cvh.org.cn），中国植物图像库（http：//www.plantphoto.cn）。

2. 生物量计算

乔木地上和地下生物量的测定和计算，优先选择来自当地或与当地条件类似的生物量异速生长方程❶（以 *DBH* 为自变量或以 *DBH* 和 *H* 为自变量）进行计算；如果统一树木有多个生物量方程，选择多种生物量方程平均来获得平均的干生物量。若获得方程仅计算地上生物量，则全部根生物量根据根冠比（root-to-shoot ratio）来估算，通常为 0.26。

当没有可用的生物量异速生长方程时，统一使用各省根据部颁 LY208 - 77 二元立木材积表导算的一元立木材积表估计材积（见附表3），用生物量扩展因子法进行计算，得出乔木个体的碳储量，统计得出单位面积的生物量。该方法是根据测定的样地内的林木的胸径（DBH）和树高（H），利用立木材积公式得到株林木材积（V），然后利用树干材积密度（WD）、生物量扩展因子（BEF）计算地上生物量，即：

$$Tab = \sum_{i=1}^{n} V \times D \times R_i \times C_i \times N_i$$

式中，*i* 为树木类型（分为乔木、灌木、其他）；

  Tab 为树木地上碳储量（t）；

  Vi 为 *i* 类型树干材积量（m³）；

  Di 为树干密度（t/m³）；

  Ri 为生物量扩展系数；

  Ci 为植物中 C 含量；

  Ni 为 *i* 类型树木数量。

通过根茎比计算地下生物量，即：

$$Tab = \sum_{i=1}^{n} V \times D \times R_i \times C_i \times N_i \times 根茎比$$

式中，Tbb 为树木地下碳储量（t）；

立木材积表、材积密度（WD）、生物量扩展因子（BEF），可参见附件2和附件3。

---

❶ 相关的生物量异速生长方程可通过以下方式获得：（1）《造林项目碳汇计量与监测指南》总结的全国优势树种（组）异速生长方程，参见附表2；（2）查询地方相关研究文献；（3）中国生态系统研究网络（CERN）、森林生态系统监测网络（CFERN）森林监测建立的的相关模型。

（四）灌木调查

1. 调查方法

包括多年生灌木、小乔木和地被植物（包括观赏草和攀缘植物）。分物种记录种名（中文名或拉丁名），调查株数（丛数）、株高或丛平均高、随机 10 株的基部直径。剪取 3~5 个标准株（丛）地上部，带回实验室测试平均生物量。调查记录表参见表 4-7。

表 4-7 灌木调查记录表

调查地点：绿地类型和面积：

调查层次划分及样方布置情况：

调查方法说明：

样方面积：　m×　m　　　　　调查人：

调查日期：__年__月__日~__月__日

样方号	种号	种名	株（丛）数	取样株数	平均高度（cm）	平均基径（cm）	样株平均生物量（kg）	备注

2. 生物量计算

同样地，优先采用一元或多元生物量异速生长方程的方法来计算数据。如果不能获得可靠的生物量异速生长方程，参照上述破坏性采样调查方法，采取平均株进行地上生物量的测定。根生物量根据灌木根冠比（root-to-shoot ratio）来估算，根茎比可从相关文献或被有关权威机构认可的报告中获得如果没有当地的数据，可采用 IPCC 参考值（附表 1）。平均而言，自然灌木林的根茎比（R）为林木的 1.25 倍。

（五）草本调查

草本层记录种名，采用刈割法捡取地上部，用根钻采根系样，带回室内测试生物量。相关记录表见表 4-8。由于草本取样破坏性较大，而在城区草本一般为人工草坪、均匀度很高，在实际调查中可结合数据精度的情况，对草本样方的大小和数量进行适当调整为 0.5m² 或者更小。

表 4 - 8　草本调查记录表

调查地点：绿地类型和面积：

调查层次划分及样方布置情况：

调查方法说明：

样方面积：　m×　 m　　　　　　　调查人：

调查日期：__年__月__日~__月__日

样方号	种名	地上部生物量（g）		地下部生物量（g）		备注
		鲜重	干重	鲜重	干重	

（六）攀援植物调查

攀缘植物生物量调查和灌木生物量调查方法相同。

（七）建筑物空间绿化植物调查

建筑物空间绿化，包括住宅、桥梁等不与地面自然土壤相连接的各类建筑物、构筑物特殊空间的绿化。目前，城区建筑物空间绿化在我国已经得到了较好地推广，全国除西藏、新疆等少数省区绝大部分的省、市（区）均开展了屋顶绿化项目，已经形成城区碳汇的重要组成部分。如北京，目前屋顶绿化面积已达 100 多万平方米。

建筑物空间绿化植物主要为浅根性的小乔木、灌木、花卉、草坪、藤本植物，生物量的调查相应按上述灌木、攀援植物、草本的方法进行调查。

（八）样方精度要求

在 95% 可靠性水平下，要求调查的精度≥90%，即标准差≤±10%。当没有达到要求的精度时，则需增加调查样方数，直至达到要求的精度为止。

（九）野外调查注意事项

1. 为减少对公共绿地的破坏性，可适当采取替代性取样法，在较为隐蔽、影响不大的、生长条件一致的树种或类型进行灌木、草本的破坏性取样。

2. 为方便复查和后期调查，对适合长期监测的乔灌木调查点进行相应的 GPS 定位和标记。

四、数据统计方法

同一调查类型内每一个调查层的单位生物量（t/hm²），B_P 为乔灌、多年生常绿草本、多年生宿根草本地下部分的生物量调查值，B_A 为一年生植物、宿根草本地上部的生物量调查值：

$$B_{Pm,ijk} = \left(\sum_{n=1}^{n} B_{Pm,ijk,n}/N \right) \cdot A_{ijk,m} \tag{1}$$

式中：

$B_{Pm,ijk,n}$ 为第 m 次监测 i 碳层 j 植物种 k 年龄第 n 样地（样方）生物量（t/hm²）

$A_{ijk,m}$ 为第 m 次监测 i 碳层 j 植物种 k 年龄林分的面积（hm²）

m 为监测时间

i 为调查碳层

j 为树种

k 为林龄

n 为监测样地或样方数（$n = 1, 2 \cdots, N$）

$$B_{Am} = \left(\sum_{q=1}^{Q} B_{Am,p}/Q \right) \cdot A_{m,p} \tag{2}$$

B_{Am} 为第 m 次监测植物种 p 第 q 样地（样方）生物量（t/hm²）

$A_{m,p}$ 为第 m 次监测植物种 p 的面积（hm²）

l 为监测时间

p 为物种

q 为监测样地或样方数（$q = 1, 2 \cdots, Q$）

某个调查类型 r 绿地第 m 次调查总的生物量：

$$B_{rm} = \sum_{i=1}^{l} \sum_{j=1}^{J} \sum_{k=1}^{K} \sum_{p=1}^{P} (B_{Pm,ijk} + B_{Am,p}) \tag{3}$$

整个城区某次调查的碳储量 $C_{储}$（t C/hm²）：

$$C_{储} = 0.47 \sum_{r=1}^{R} B_{rm}$$

不同时间间隔内的城区碳汇量（t C/hm²）：

$$C_{汇} = C_m - C_{m-1}$$

主要参考文献

[1]　董恒宇，云锦凤，王国钟. 碳汇概要 [M]. 北京：科学出版社，2012.

[2]　施维林，钟宇鸣，程思娴. 城市植被碳汇研究方法及进展 [J]. 苏州科技学院学报（自然科学版），2013（1）：59-64.

[3]　沈文清，马钦彦，刘允芬. 森林生态系统碳收支状况研究进展 [J]. 江西农业大学学报，2006，28（2）：312-317.

[4]　周健，肖荣波，庄长伟，等. 城市森林碳汇及其核算方法研究进展 [J]. 生态学杂志，2013（12）：3 368-3 377.

[5]　杨洪晓，吴波，张金屯，等. 森林生态系统的固碳功能和碳储量研究进展 [J]. 北京师范大学学报（自然科学版），2005，41（2）：172-177.

[6]　李意德. 海南岛热带山地雨林林分生物量估测方法比较分析 [J]. 生态学报，1993，13（4）：313-320.

[7]　方精云，刘国华，徐嵩龄. 中国陆地生态系统碳循环 [M]. 北京：中国环境科学出版社，1996.

[8]　Fang J, Wang G, Liu G, et al. Forest Biomass Carbon of China：an estimation based on the biomass - volume relationship [J]. Ecological Applications, 1998, 48（3）：1 084-1 091.

[9]　赵敏，周广胜. 中国森林生态系统的植物碳贮量及其影响因子分析 [J]. 地理科学，2004，24（1）：50-54.

[10]　Chave J, Condit R, Lao S, et al. Spatial and temporal variation of biomass in a tropical forest：results from a large census plot in Panama [J]. Journal of Ecology, 2003, 91：240-252.

[11]　方精云. 北半球中高纬度的森林碳库可能远小于目前的估算 [J]. 植物生态学报，2000，24（5）：635-638.

[12]　胡志斌，何兴元，陈玮，等. 沈阳市城市森林结构与效益分析 [J]. 应用生态学报，2003，14（12）：2 108-2 112.

[13]　刘常富，赵爽，李玲，等. 沈阳城市森林固碳和污染物净化效益差异初探 [J]. 西北林学院学报，2008，23（4）：56-61.

[14]　李辉. 基于CITYgreen的城市森林生态效益对比研究 [D]. 哈尔

滨：东北林业大学，2004.

［15］　郑中霖．基于 CITYgreen 模型的城市森林生态效益评价研究
　　　　［D］．上海：上海师范大学，2006.

［16］　彭立华，陈爽，刘云霞，等．Citygreen 模型在南京城市绿地固碳
　　　　与削减径流效益评估中的应用［J］．应用生态学报，2007，18
　　　　（6）：1 293 - 1 298.

［17］　胡赫．基于 CITYgreen 模型的北京市建成区绿地生态效益分析
　　　　［D］．北京：北京林业大学，2008.

［18］　陈莉，李佩武，李贵才，等．应用 CITYGREEN 模型评估深圳市
　　　　绿地净化空气与固碳释氧效益［J］．生态学报，2009，29（1）：
　　　　272 - 282.

［19］　马宁．基于 i - Tree 模型的城市行道树结构和生态效益定量研
　　　　究——以沈阳市为例［D］．北京：中国科学院研究生院，2011.

［20］　赵林，殷鸣放，陈晓非，等．森林碳汇研究的计量方法及研究现
　　　　状综述［J］．西北林学院学报，2008，23（1）：59 - 63.

［21］　Zhu Z, Sun X, Wen X, et al. Study on the processing method of
　　　　night time CO_2 eddy covariance flux data in China FLUX. Science in
　　　　China Series D：Earth Sciences, 2006, 49：36 - 46.

［22］　王修信，朱启疆，陈声海，等．城市公园绿地水、热与 CO_2 通量
　　　　观测与分析［J］．生态学报，2007，27（8）：3 232 - 3 239.

［23］　李霞，孙睿，李远，等．北京海淀公园绿地二氧化碳通量［J］．
　　　　生态学报，2010，30（24）：6 715 - 6 725.

［24］　Gratani & Varone. Carbon sequestration by Quercus ilex L. and Quer-
　　　　cus pubescens Willd. and their contribution to decreasing air tempera-
　　　　ture in Rome［J］. Urban Ecosystems, 2006, 9：27 - 37.

［25］　周国逸．广州市林业碳汇措施——从近 10 年森林碳汇动态谈起
　　　　［J］．中国城市林业，2007，5（6）：24 - 27.

［26］　李晓曼，康文星．广州市城市森林生态系统碳汇功能研究［J］．
　　　　中南林业科技大学学报，2008，28（1）：8 - 13.

［27］　Nowak DJ, Crane DE. Carbon storage and sequestration by urban trees
　　　　in the USA. Environmental Pollution, 2002, 116：381 - 389.

［28］　刘秀群，刘海燕，陈龙清．武汉市乡土植物资源及其园林应用潜
　　　　力［J］．湖北农业科学，2009，48（6）：1 422 - 1 425.

[29]　韩丽莉，杜伟宁，马路遥. 我国屋顶绿化现状及前景 [J]. 园林，2011（08）：9-13.

[30]　赵娟娟，欧阳志云，郑华，等. 城市植物分层随机抽样调查方案设计的方法探讨 [J]. 生态学杂志，2009，28（7）：1 430-1 436.

[31]　吴冬秀，韦文珊，张淑敏. 陆地生态系统生物观测规范 [M]. 北京：中国环境科学出版社，2007.

[32]　孟雪松，欧阳志云，崔国发，等. 北京城市生态系统植物种类构成及其分布特征 [J]. 生态学报，2004，24（10）：2 200-2 206.

[33]　赵娟娟，欧阳志云，郑华，等. 城市植物分层随机抽样调查方案设计的方法探讨 [J]. 生态学杂志，2009，28（7）：1 430-1 436.

[34]　Hermy M, Cornelis J. Towards a monitoring method and a number of multifaceted and hierarchical biodiversity indicators for urban and sub-urban parks [J]. Landscape and Urban Planning, 2000, 49: 149-162.

[35]　耿文成. 人工草地样方确定探讨 [J]. 四川草原，1991（4）：24.

[36]　吴冬秀，韦文珊，宋创业，等. 陆地生态系统生物观测数据质量保证与质量控制 [M]. 北京：中国环境科学出版社，2012.

第五章　实验区碳储量测算及
相关实验研究分析

本章通过对 4 个实验区城（镇）区的实地调查取样研究，对第四章提出的碳汇测算方法进行验证分析，并对城镇植物和土壤碳储量分布规律、城镇建筑物空间绿化固碳潜力的相关碳机理实验研究结果进行分析。

第一节　实验区城镇碳储量及其分布

一、实验区调查取样及实验方案

制订各个实验区调研取样方案分两个阶段：一是充分收集实验区的相关资料，包括城/镇区红线图、城镇及其园林的规划资料、园林局的相关统计资料，初步确定采样和实验方案；二是实地考察和园林部门走访调研，确定调查红线范围，了解城镇植被和土壤分布状况，确定具体的植被和土壤调查类型、调查采样点，根据植被情况进一步制定具体的调查和取样操作方法，以及相关的实验方案。

（一）竹林实验区

竹林镇区土地利用格局每年都有变化，并没有现成的红线图，测算范围以 2030 年规划红线为准。竹林镇镇区建成面积 $3.2 hm^2$，主要绿地类型分为居住绿地、道路绿地、公园绿地和生态林四种类型（图 5 - 1）。居住用地可分为中、北、东、西四个各具一定规模的居住社区，居住绿地大多仅有零星的丛生灌草、少数有规划绿地；全镇有 13 条主干道，道路绿化多为"乔 + 灌"规则种植，竹林大道和国道种植结构为"乔 + 灌 + 草"；全镇共有 3 处生态林（2 处泡桐林、1 处杨树林）、1 个在建公园（北山公园）；绿化树种单一，主要种植物种有泡桐、雪松、杨树、女贞、刺柏、大叶黄杨。

1. 植被碳储量调查

采取普查方式，调查 10 条主干道、北山公园 1 个、生态林 3 片、居住小区 1 个，同时，采用 GPS 仪器对调查绿地面积进行核实。

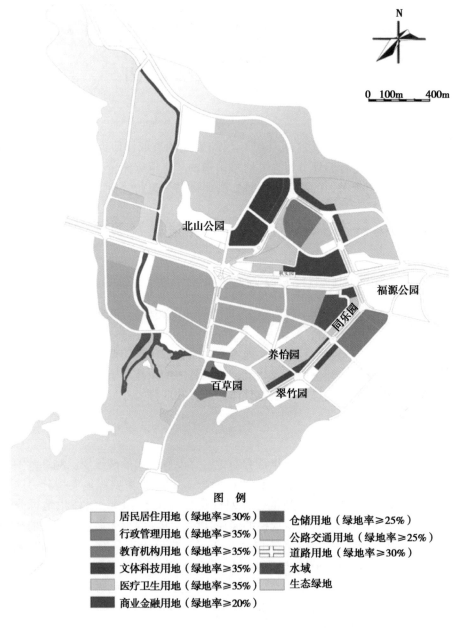

图例

居民居住用地（绿地率≥30%）　　仓储用地（绿地率≥25%）

行政管理用地（绿地率≥35%）　　公路交通用地（绿地率≥25%）

教育机构用地（绿地率≥35%）　　道路用地（绿地率≥30%）

文体科技用地（绿地率≥35%）　　水域

医疗卫生用地（绿地率≥35%）　　生态绿地

商业金融用地（绿地率≥20%）

图 5-1　竹林镇绿地现状（摘自《竹林镇绿地系统规划 2020》）

（1）主干道调查方案　每个主干道随机选择 3 组 5 株乔木，记录乔木个体的树种名，测量树高、胸径一级相应路段的距离。在竹林大道和国道各取 3 个 25m×25m 草本地上生物量，草本地下生物量采用根钻钻取、每个地上样方取 2 个样点；另各取 3 段 1m 长灌木带，数取株丛数，采集 5 个样株截取地上部分带回、以测量生物量。

（2）生态林调查方案　杨树和泡桐树生态林均为规则间距种植，树下有爬藤类草本、凋落物较多。采样的时候选取生长具有代表性的一块地，选择 10～15 株测试乔木树高和胸径，灌草和凋落物各 4 个 1m×1m 样方。同时，测量林内株行距，用 GPS 测量林斑面积。

（3）居住小区调查方案　采集 4 个 25cm×25cm 草本地上生物量样本、3 个根钻根系生物量样本、3 个灌木标准丛地上样本，测试绿化地内所有乔木树高、胸径。

2. 植物分部位含碳率

在主干道和生态林中，选择烤桐、雪松、杨树、女贞、刺柏、大叶黄杨 6 个主要绿化树种及主要林下草本种，分不同部位（乔木：叶、枝、皮、干、根、枯枝、落叶，灌木：叶、枝、皮、根、枯枝、落叶，草本：地上、地下、凋落物）取含碳率分析样，每个物种取 3～5 个样株；共计 119 个植物分析样品，带回实验室进行进行样品处理及有机碳含量测试。

3. 土壤碳储量及其分布

在 4 个类型的主干道，以及杨树生态林和泡桐生态林各 1 处，分别选 3～5 个点，分层取样，共计取样 130 个土壤分析样品。

4. 城镇绿地乔木生长监测

公用绿地不利于安装乔木生长环，在竹林镇政府绿地选择了城镇 5 个主要树种女贞、旱柳、雪松、刺柏、烤桐，每个物种选择了 10～14 棵长势具有代表性的样株进行植物径向生长环的安装，同时测定获取样木高度、冠幅，以及周边土壤、植被、水分、气候等相关环境特征值；拟 2 次/年读数，连续监测 3 年，监测树木生长情况。竹林镇调查取样的相关工作照片见图 5-2。

（二）安吉实验区

安吉城区面积总计 186.65hm²，总体绿化良好，覆盖率达 41.8%，人均绿地 12.54 m²。安吉县在四个实验区中绿化最好、植被类型最为复杂，同时各项绿地规划和测绘统计资料也是最齐全的，十分有利于对整个实验区的绿地类型及其分布进行划分和统计。

安吉县中心城区绿地主要由公园绿地（203.06 万 m^2）、生产性绿地（23.52hm²）、防护绿地（186.65hm²）、附属绿地（545.4hm²）组成（图 5 - 3）。

图 5 - 2　竹林镇调查取样工作照片

（A：土壤取样，B：乔木胸径测量，

C：林下草本和凋落物样方，D：土样阴干）

其中各类公园绿地包括综合公园 3 个，面积 75.15hm²；专类公园 3 个，面积 6.86hm²；带状公园 3 个，面积 37.41hm²；街旁绿地 17 处，面积 83.64hm²（广场绿地 2 处）。本次通过调研，选取了综合花园 1 个（昌硕花园）、街旁广场绿地 2 个（生态广场、驿站广场）、带状公园 1 个（递铺港公园）作为调查对象，调查对象面积占总公园绿地面积将近 45%。

安吉中心城区内居住绿地面积为 261.3hm²，老式居住区存在建筑密度偏大、日照时间偏短、绿量不足、绿化质量较差等特点，而新建小区普遍绿化还没到位，一些已经入住成型的新社区则绿化面积较大、绿化质量好。此次调研，以天坪小区、汇丰花苑小区两个小区为代表进行调查取样；其中天坪小区是较老的社区，汇丰花苑则为入住成型的新社区。

城区道路绿化普及率为100%，绿地面积为93.70hm²。城市干道如云鸿路、浦源大道、天荒坪路等绿地率较高，达到25.5%以上，其他道路尤其是老城区道路绿地率较低。在调研中，共选取16个路段为代表进行取样。

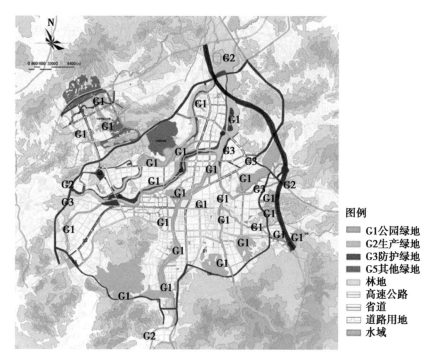

图5-3　安吉县城区绿地分布现状图（取自安吉县规划资料）

1. 植被碳储量调查

（1）公园绿化　以昌硕公园为例，昌硕公园异质性较大，无法进行简单分层取样，在调查时对公园东南角马尾松树林单独划定3个大样方（10m×10m）取样，其他地方随机划定3个20m×20m样方进行调查，并测量相应的分布面积。对于层次性比较强的公园，如城中绿岛，则分层随机取样，分别量取5株乔木、3丛灌木、3个草本样方。

（2）居住绿化　居住绿化与公园绿化相比，树种较为单一、层次清晰，一般采取分层取样的方式。在对汇丰花苑小区和天坪小区调查时，分别选一栋楼对绿化带的分布情况进行测量，乔木采用普查方式，灌草随机抽样调查。

（3）道路绿化　城市道路绿化带又分为：①分车绿带（机动车道之间的

中间分车绿带、机动车和非机动车之间或者同方向机动车道之间的两侧分车绿带）；②行道树绿带（人行道与车行道之间的绿带）；③路侧绿带（人行道边缘至道路红线之间的绿带）。

安吉的城市干道大多具备①和②，部分有③；而老城区道路绿化就简单得多，大多只有单一的乔木行道树。在调研中，先根据种植物种及长势对道路进行归类，对于情况较为一致的，只选取其中代表性道路取样；有的城市主干道不同路段绿化情况不一样，则采取分段取样（表5-1）。安吉城市道路绿化乔木树种以市树香樟、银杏、广玉兰、法国梧桐、无患子等为主，灌木则以女贞、紫叶李、冬青、大叶黄杨、小叶黄杨、雀舌黄杨等为主；在调查过程中，对于长势较为一致的植物种，不做过多重复取样、采取参照已有调查值处理。

表5-1　安吉道路绿化调查案例

序号	路段名	绿化结构	调查方式
1	昌硕西路	路段1：香樟树—麦冬草 路段2：无患子—麦冬草 路段3：内侧"香樟树—麦冬草"；外侧是人工草坪 路段4：紫叶李—雀舌黄杨 路段5：香樟	截选5个路段，测量10株乔木胸径、树高，在相应路段调查3个灌木、草本样方
2	云鸿西路北侧	行道树绿带：银杏–刺柏+小叶冬青+雀舌黄杨–草 路侧绿带：银杏–紫叶小檗+冬青–草	4株乔木（胸径树高、树间距），灌丛和草本未取样（参考昌硕路段调查值）
3	云鸿西路南侧	行道树绿带：樟树+草坪	4株乔木（胸径树高、树间距），草本参考昌硕路段调查值
4	灵峰南路	行道树绿带：樟树+银杏–灌丛	选取典型段45米进行调查，对乔木和灌丛、草本分别取样

2. 植物分部位含碳率

对香樟、广玉兰、银杏等13个主要绿化植物种分部位进行采样，共采集100个植物元素分析样品。

3. 土壤碳储量及其分布调查

安吉在4个公园绿地、2个居住绿地以及城市主干道每个调查区随机取2~3个采样点，共计分层取样100个。

（三）毛集实验区

毛集实验区是全国唯一以实验区命名的县级单位，处于城镇化快速扩张建设中，调研红线以老城区界限为准。老城区范围较小、绿化简单，在植物调查中主要采取普查的方式，对其中的 7 条主干道、重点对主要绿化带中梁大道进行了调查，并对 2 个居住小区、1 个单位绿地进行了抽样调查；同时采集了 79 个土壤样品（图 5-4）。

图 5-4　毛集实验区城区绿化情况
（A：中梁大道，B：城市主干道；C：居民绿化，D：乔木生长环）

（四）右玉实验区

右玉县以玉林街、迎宾路形成城区综合主中心，具有五个居住片区。城区总体绿化水平很低，五个居住片区只有一个片区有草坪绿化，5 条主干道中的 2 条几乎无绿化。在调查中采取普查的方式，对有绿化的主干道和小区均进行了简单调查取样。

二、数据分析及研究结论

本研究收集、筛选了各实验区不同调查乔木树种的生物量异速生长方程进行乔木生物量的计算，当地相关研究文献没有相应异速生长方程的，采用相同气候带地区同一物种或相近物种的异速生长方程。如竹林的泡桐，参考杨修等[1]1999年发表在应用生态学报上的兰考泡桐生物量方程进行计算（表5-2、表5-3）。

表5-2　兰考泡桐各器官生物量（W）与胸径（D）之间的回归方程

器官生物量（kg）	回归方程	相关系数
树干	$W_S = 0.021158D^{2.43244}$	0.9978
树枝	$W_B = 0.057869D^{2.06599}$	0.9959
树根	$W_R = 0.030740D^{2.10612}$	0.8387
树叶	$W_L = 0.060045D^{1.54688}$	0.9891
花*	$W_F = 0.004619D^{2.10517}$	0.9980
全树	$W_T = 0.077180D^{2.27598}$	0.9965
材积（m³）	$V = 0.000089D^{2.43787}$	0.9987

注：* 兰考泡桐树龄5年以上，表中胸径（D）为4~44cm

表5-3　竹林泡桐生物量计算结果

序号	调查地点	树号	物种名称	树高（m）	胸径（cm）	树干（kg）	树枝（kg）	叶（kg）	根（kg）	总生物量（kg）
1	桃园路2段	5	泡桐	19.0	38.5	152.06	109.14	17.02	67.12	345.35
2	桃园路2段	6	泡桐	17.9	36.7	135.34	98.86	15.81	60.68	310.69
3	桃园路2段	7	泡桐	14.7	23.1	43.89	37.99	7.72	22.89	112.49
4	桃园路2段	8	泡桐	21.0	39.4	160.85	114.48	17.64	70.47	363.44
5	桃园路2段	9	泡桐	9.1	18.7	26.25	24.55	5.57	14.67	71.04
6	桃园路2段	10	泡桐	18.0	38.9	155.93	111.50	17.30	68.60	353.32
7	桃园路2段	11	泡桐	21.0	42.1	188.99	131.28	19.55	81.03	420.85
8	桃园路2段	12	泡桐	20.0	32.1	97.71	74.97	12.85	45.77	231.30
9	桃园路2段	16	泡桐	12.3	18.6	25.91	24.28	5.52	14.50	70.22
10	桃园路2段	17	泡桐	20.0	28.2	71.30	57.36	10.52	34.84	174.03
11	桃园路2段	18	泡桐	16.2	19.2	27.99	25.93	5.80	15.51	75.23
12	桃园路2段	14	泡桐	15.0	21.1	35.21	31.51	6.71	18.91	92.35

注：不同调查植被类型或植被分层的分布范围，主要从规划资料或园林测绘资料获取，并结合实地调查、测量数据进行分析提取。例如安吉县碳储量的测算，参考了安吉县最新的城市绿化分布测绘数据

（一）实验区碳储量研究结果

竹林镇工业区植被破坏较大、居民区绿化尚可，总净碳汇 168.73t/hm²。其中土壤碳汇储量 2 636.64t，平均 79.10t/hm²；植物碳储量 2987.66t，平均每公顷 89.63t/hm²，是土壤储量的 1.13 倍。

安吉城区绿化总体良好，覆盖率达 41.8%，人均绿地 12.54m²。分析结果显示，安吉的植被净碳储量比较丰富，达到 123.02 万 t，每公顷 1 573.15t。

（二）植物碳储量分布规律

城镇植物含碳率比较稳定，这一点与其他相关研究结果相似：竹林镇区植物平均含碳率为 0.476，毛集为 0.496，安吉为 0.547，含碳率数值范围与常用参考值（0.40 ~ 0.55，一般含碳率系数取 0.4445）基本吻合。常绿类植物（竹林 0.506，毛集 0.505）略大于落叶类（竹林 0.481，毛集 0.461），乔木类植物 0.49 大于灌木类 0.47。植物含碳率稳定，因此生物量方法适用于城镇植被净碳汇储量的测算。

按植物不同部位，其含碳率大小的排序一般为：树叶 > 树皮 > 树枝 > 树芯 > 凋落物 > 树根。

（三）测算方法验证结果

在现有方法的基础上，本方法结合城区植被分布特点进行了细化和调整，并充分结合我国森林资源清查、城镇建设规划以及绿地规划等相关工作和资料，针对不同绿地类型进行了抽样方法、取样单位、样方大小和面积、调查取样量等的系统设计，并对各项调查内容的具体操作方法和调查数据统计参数和计算模型及其注意事项进行了规定。对四个示范区进行的实例调查实践表明，该方法有效减少和避免了对绿地的影响和破坏，有效地缩小了调查总体、减少工作量，又保证了数据精度，并与森林资源清查等相关工作实现数据共享，可操作性强。

第二节　城镇建筑物空间绿化固碳潜力研究

随着城市建设用地与绿化用地的矛盾日益突出，20 世纪 60 ~ 80 年代起世界各国掀起了城市屋顶绿化的热潮。屋顶绿化不单单是屋顶种植，其国际上的通俗定义是一切不与地面自然土壤相连接的各类建筑物和构筑物的特殊空间的绿化[2]，是解决城市土地消亡、增加城市绿量的有效补偿方法。国内屋顶绿化始于 20 世纪 80 年代，2005—2011 年迅速发展、除西藏外的各省市都结合本地实施了屋顶绿化[3]。目前北京屋顶绿化面积共计达 100 多万平方米，主要靠自发建造。上海、南京、杭州等城市的公路及高架桥绿化比较普遍，近年来发展势头迅猛，2006 年上海公路绿地面积 1 736hm^2，人均占有公路绿地面积 1.5m^2。在"低碳"概念流行的当下，屋顶绿化被称为"碳汇建筑"，在国内被宣传媒体和学术界广泛认为是低碳节约型城市绿化建设的一种有效方式[4~7]。

然而，低碳城市的构建，涉及到经济、社会、人口、资源、环境等多个领域，是一项比较复杂的系统工程，也是一个缺乏量化指标的工程。从表面上看，城市屋顶绿化系统带来了"绿色"、增加了"碳汇"，但另一方面，从无到有的各种用材和耗能造成了大量的碳排放，表现出高"碳源"行为。目前国内外对屋顶绿化效益的评估主要集中在环境效益、经济效益评价上，有少数学者在实验基础上在节能减碳效益、碳汇储量方面进行了评估。对于这种人为绿化系统的碳收支情况，尤其是将其建设、维护和更新、回收等全生命周期的碳排放考虑后，整个系统扮演了"碳源"还是"碳汇"角色，目前还鲜有评估、难以判断。

鉴于此，课题组在北京选择 2~3 个典型屋顶绿化工程，并结合课题实施的 2 个技术示范点，从施工建设、维护与更新、回收利用的管理过程对屋顶绿化工程进行碳足迹追踪、量化分析，初步探讨屋顶绿化碳收支情况和固碳潜力。

一、不同立体绿化系统的碳储量

(一) 研究对象

本研究选取了屋顶绿化和墙体绿化两种典型的立体绿化系统为研究对象。屋顶绿化系统选取了 3 个研究地点：北京市科技部节能示范楼 8 层顶部（复式屋顶绿化）和 4 层露台（简式屋顶绿化），北京市朝阳区妇幼保健院 2 层露台（半复式屋顶绿化）。墙体绿化系统则以中国农业科学院技术示范点、2013 年北京农业嘉年华墙体绿化展示项目等为研究对象，选取具有代表性的 3 种墙体绿化模式，每种模式选取 2~3 种植物，分别为：攀缘式墙体绿化（爬山虎和常春藤）、布袋式墙体绿化（金边黄杨、栀子花和麦冬）和模块式墙体绿化（油麦菜、香芹和生菜）。

(二) 研究方法

1. 乔木生物量的测定

根据每木调查数据，结合相关的北京地区树种生物量估算文献资料，采用树种异速生长模型进行乔木植株个体生物量的估算，进而推算出乔木总生物量：

$$W = a + b\ (D^2H) \tag{5-1}$$

式中，W 为乔木生物量，D 为乔木胸径（屋顶绿化多为矮小乔木，本研究采用基径代替胸径），H 为乔木高度。

2. 蔬菜、灌木、草本及藤本植物生物量的测定

由于屋顶绿化和墙体绿化均为人工种植，一致性较高，为尽量减少破坏性，随机选取 3~5 个小样方，灌木采用标准丛法取样、取 3 个样丛，草本样方为 20cm×20cm。

3. 生长基质碳储量的测定

生长基质碳储量的测定与植物生物量的测定同时进行。分不同绿化类型对生长基质取样，每种类型取 5 个重复，整体称重，过 4.0mm 筛。用钳子挑根后混合研磨，过 0.75mm 筛，用碳氮分析仪测定其样品有机碳含量。

4. 系统 LCA 碳汇量的计算

$$C_0 = C_p + nC_1 + C_s + nC_2 \tag{5-2}$$

式中，C_p、C_s 和 C_0 分别为植物现存碳储量、土壤现存碳储量和系统 LCA 碳汇量，单位均是 kg；C_1、C_2 分别为植物年固碳量和土壤年固碳量；n 为测定年份以后，未来系统仍存在年数。

（三）研究结果

1. 不同屋顶绿化系统碳储量比较

（1）屋顶绿化乔木、灌木植物生物量　经测定和统计分析，得到具有代表性的 25 种植物平均标准木的生物量大小，分地上部分（包括茎、树皮、枝和叶）和地下部分（根）（表 5-4）。

表 5-4　科技部节能示范楼屋顶花园乔、灌木生物量

类型	名称	株数（株）	地径（cm）	株高（m）	植物地上生物量（kg）	植物地下生物量（kg）	单株生物量（kg）	总生物量（kg）
常绿乔木	白皮松	2	17.50	3.13	20.92	5.69	26.61	53.22
	油松	2	14.30	1.55	14.44	4.25	18.69	37.38
	龙柏	7	9.30	2.88	15.32	4.80	20.12	140.84
	平均值	—	13.70	2.52	16.89	4.91	21.81	231.44

（续表）

类型	名称	株数（株）	地径（cm）	株高（m）	植物地上生物量（kg）	植物地下生物量（kg）	单株生物量（kg）	总生物量（kg）
落叶乔木	龙爪枣	1	8.60	3.84	9.27	3.28	12.55	12.55
	海棠	6	8.40	2.70	8.60	2.95	11.55	69.30
	紫叶李	2	11.50	3.15	8.29	2.63	10.92	21.84
	龙爪槐	4	9.50	2.41	6.83	2.98	9.81	39.24
	紫叶矮樱	4	7.10	2.16	6.35	2.33	8.68	34.72
	金银木	1	6.40	2.95	5.35	1.98	7.33	7.33
	花石榴	1	5.40	2.00	3.30	1.80	5.10	5.10
	桃树	6	6.10	1.56	3.70	1.68	5.38	32.28
	玉兰	1	4.50	2.00	3.00	1.52	4.52	4.52
	平均值	—	7.50	2.53	6.07	2.30	8.37	226.88
灌木	木槿	4	3.80	2.38	2.40	1.30	3.70	14.80
	大叶黄杨球	1	1.80	1.80	0.56	0.31	0.87	0.87
	金叶女贞球	11	2.10	1.52	0.52	0.24	0.76	8.36
	小叶黄杨球	2	1.20	1.00	0.43	0.16	0.59	1.18
	红端木	1	1.10	1.90	0.62	0.27	0.89	0.89
	锦带花	1	1.20	1.15	0.53	0.24	0.77	0.77
	迎春	360	0.50	1.30	0.22	0.10	0.32	115.20
	紫叶小檗	10	0.40	0.95	0.30	0.13	0.43	4.30
	砂地柏	120	0.60	0.70	0.42	0.18	0.60	72.00
	小叶黄杨篱	80	1.00	0.60	0.37	0.18	0.55	44.00
	平均值	—	1.40	1.33	0.64	0.31	0.95	262.37
宿根花卉	丝兰	10	—	0.50	0.63	0.35	0.98	9.80
	玉簪	220	—	0.31	0.17	0.12	0.29	63.80
月季	月季	120	1.00	1.03	0.07	0.04	0.11	13.20
竹类	竹子	180	1.10	2.10	0.43	0.16	0.59	106.20

从单株植物生物量分析，以各类型平均大小为标准，按大小排序分别是：常绿乔木＞落叶乔木＞灌木＞宿根花卉＞竹类＞月季类；从分部位的生物量所占比率来看，总体情况是，根部占近1/3，从22.2%～36.4%不等，地上部所占比率较大，达63.6%～77.8%，各类型差异较大。

科技部节能示范楼屋顶花园绿化面积为743m²，乔、灌木等植物生物量为913.69kg，地上部生物量为651.57kg，占总生物量的71.3%，地下生物量为262.12kg。

（2）屋顶绿化地被植物生物量 经测定和统计分析，得到具有代表性的 5 种屋顶绿化地被植物单位面积生物量大小，包括 4 种景天科植物（费菜、八宝景天、白景天、佛甲草）和 1 种冷季草。地上部分和地下部分分别取样（表 5 - 5）。该屋顶绿化系统地被植物的平均生物量 1.06kg/m²，其中，地上部分和地下部分生物量分别占全株生物量的 64.8% 和 35.2%，地上生物量是地下生物量的 1.6 ~ 2.1 倍。科技部节能示范楼屋顶绿化系统的草坪面积为 625m²，地被植物总生物量为 765.25kg，地上部生物量为 492.60kg，地下部生物量为 272.65kg。

表 5 - 5 科技部节能示范楼屋顶绿化地被植物生物量

名称	面积（m²）	植物地上生物量（kg/m²）	植物地下生物量（kg/m²）	植株生物量（kg/m²）	总生物量（kg）
费菜	220	1.32	0.78	2.10	462.00
八宝景天	50	0.66	0.34	1.00	50.00
白景天	35	0.64	0.31	0.95	33.25
佛甲草	60	0.28	0.18	0.46	27.60
冷季草	260	0.50	0.24	0.74	192.40
合计	625	0.79	0.44	1.22	765.25

（3）不同屋顶绿化系统碳储量 对不同类型的屋顶绿化系统的碳储量分析表明，由于植物配置不同，土壤基质深度不同，系统碳储量差异较大。本研究中，简式屋顶绿化、半复式屋顶花园和复式屋顶花园的系统总碳储量分别为 1.05kg/cm²、1.36kg/cm² 和 2.17kg/cm²，复式屋顶绿化系统总碳储量最大，分别为半复式屋顶花园和简式屋顶花园的 2.1 倍和 1.6 倍。对总碳储量的结构进行分析发现，系统碳储量主要来自于土壤基质固碳，占到总碳储量的 52.1% ~78.1%（表 5 - 6）。

表 5 - 6 不同屋顶绿化类型系统碳储量比较 （kg/cm²）

类型	植物地上碳储量	植物地下碳储量	基质碳储量	现存总碳储量（10a）	LCA 总固碳量（40a）
简式	0.14	0.09	0.82	1.05	5.70
半复式	0.32	0.11	1.04	1.36	6.46
复式	0.77	0.27	1.13	2.17	8.47

屋顶绿化全生命周期为 40 年，研究案例处于建成第 10 年。根据前人已有研究，暂定复式、半复式和简式屋顶绿化系统植物年固碳量分别为 0.11kg/

cm^2、$0.07kg/cm^2$ 和 $0.055kg/cm^2$，生长基质碳储量年增长值为 $0.1kg/cm^2$，估算出三种屋顶绿化系统全生命周期的固碳量分别为 $8.47kg/cm^2$、$6.46kg/cm^2$ 和 $5.70kg/cm^2$，约为系统现存碳储量的 $3.9 \sim 5.4$ 倍。

2. 不同墙体绿化系统碳储量比较

（1）墙体绿化植物单位面积生物量　几种墙体绿化系统植物的平均生物量 $0.67kg/m^2$，地上部分和地下部分生物量分别占全株生物量的 79.1% 和 20.9%。块式墙体绿化选择的蔬菜种植全年复种指数高，年生物量明显高于布袋式和攀缘式绿化植物，分别是布袋式绿化植物和攀缘植物生物量的 1.7 倍和 7.7 倍（表 5－7）。

表 5－7　几种墙体绿化植物的生物量大小比较　　　　　　　　（kg/m^2）

种植模式	植物名称	植物地上生物量	植物地下生物量	植物总生物量
攀缘式	爬山虎	0.22	—	0.22
	常春藤	0.20	—	0.20
布袋式	金边黄杨	0.28	0.10	0.38
	栀子花	0.53	0.18	0.71
	麦冬	0.71	0.23	0.94
模块式	油麦菜	0.72	0.20	0.92
	香芹	0.92	0.22	1.14
	生菜	0.65	0.19	0.84

（2）不同墙体绿化系统碳储量　对不同类型的墙体绿化系统的碳储量分析表明，由于植物配置不同，系统碳储量差异较大。攀缘式、布袋式和模块式墙体绿化系统碳储量分别为 $1.06kg/cm^2$、$3.90kg/cm^2$ 和 $4.19kg/cm^2$，攀缘式墙体绿化系统总碳储量最少，只有布袋式墙体绿化和模块式墙体绿化的 27.2% 和 25.3%（表 5－8）。分析发现，系统碳储量主要来自于土壤基质，占到总碳储量的 88.5% ~91.3%，原因是模块式和布袋式墙体绿化均采用东北草炭土等基质配置而成，草炭土含有大量未被彻底分解的植物残体、腐殖质（系统外输入性有机碳），故碳含量较高。

表 5－8　不同墙体绿化系统的碳储量比较　　　　　　　　（kg/cm^2）

类型	植物地上碳储量	植物地下碳储量	基质碳储量	现存总碳储量	LCA 总碳汇量（50a）
攀缘式	0.11	–	0.95	1.06	8.76
布袋式	0.26	0.08	3.56	3.90	12.33
模块式	0.38	0.10	3.71	4.19	12.62

本研究中墙体绿化系统的全生命周期为 10 年。为了与屋顶绿化系统比较的一致性，本研究攀缘式墙体绿化系统植物年固碳量 0.055kg/cm²，布袋式和模块式墙体绿化系统植物年固碳量 0.07kg/cm²，生长基质碳储量年增长值为 0.1kg/cm²[8]，估算出 3 种墙体绿化系统全生命周期的碳汇量分别为 8.76kg/cm²、12.33kg/cm² 和 12.62kg/cm²，约为系统现存碳储量的 3.0 ~ 8.3 倍。

二、基于生命周期的立体绿化系统碳成本

（一）研究方法

基于全生命周期分析法计算屋顶绿化系统和墙体绿化系统碳成本，采用四川大学开发的生命周期分析软件 e-balance 模型进行计算。各材料的碳排放参数来自于 CLCD（中国生命周期参考数据库）、ecoinvent 以及相关文献，详细清单见表 5 - 9。鉴于比较研究的一致性，管理维护中的农资投入数据采用北京现有屋顶绿化系统农资投入的平均值。本研究中屋顶绿化系统的生命周期定为 40 年，墙体绿化系统的生命周期定为 10 年，故本研究中系统碳成本测算时主要考虑了以下两部分：

表 5 - 9　材料与农资投入的碳排放当量值

构造层	材质	碳当量	单位	数据来源
隔根层	高密度聚苯乙烯膜（HDPE）	2.76	kg/kg	CLCD 0.7
排（蓄）水板	抗高冲聚苯乙烯（HIPS）	3.5	kg/kg	Ecoinvent 2.2
过滤层	聚酯纤维	10.28	kg/kg	Ecoinvent 2.2
钢支架	不锈钢	2.14	kg/kg	CLCD 0.7
防水层	聚乙烯板	2.9	kg/kg	CLCD 0.8
布袋层	无纺布	1.97	kg/kg	CLCD 0.9
栽培模块	聚苯乙烯	4.72	kg/kg	CLCD 0.10
肥料	复合肥	1.77	kg/kg	CLCD 0.8
农药	杀虫剂	16.61	kg/kg	ecoinvent 2.2
农药	灭菌剂	10.57	kg/kg	ecoinvent 2.2
能源	柴油	0.8856	kg/kg	CLCD 0.7
能源	电力	1.229	kg /kW·h	CLCD 0.7

1. 施工过程

包括屋顶结构层的附加钢筋（因屋顶荷载增加需进行"粘钢加固"处

理），屋顶绿化工程附加材料如防水层、隔根层、排蓄水层、过滤层以及墙体绿化系统钢管支撑结构、防水板、栽培装置和生长基质等在生产制造时产生的碳释放。

2. 植物种植管理过程

植物管理维护过程中的各种操作，如施肥、灌溉、打药和修剪等的能源消耗（主要是电量和燃油用量）。

系统碳成本的计算公式：

$$Cf = \sum_{i=1}^{n} Cf_i = \sum_{i=1}^{n} (m\beta)_i \qquad (5-3)$$

式中：Cf 为系统 LCA 碳成本，n 表示系统消耗了 n 种构建材料或农业生产资料，Cfi 表示第 i 种能源或农资的碳成本，m 为全生命周期内消耗第 i 种构建材料或农资的量，β 为第 i 种构建材料或农资的碳排放参数。

（二）研究结果

1. 不同屋顶绿化系统碳成本比较

（1）不同屋顶绿化系统初始碳成本比较　屋顶绿化系统初始碳成本指建设初期所用材料在制造过程中产生的碳释放当量，包括屋顶结构层的附加钢筋使用量和屋顶绿化各结构层材料，例如：隔根层、排蓄水层、过滤层、基质层等。本研究只考虑了屋顶绿化系统比普通平屋顶多产生的材料碳成本，普通屋顶固有的结构材料碳成本不计算在内。其中，屋顶绿化系统防水层一般要在普通屋顶防水的基础上进行二道防水处理。据研究，屋顶绿化系统又可延长防水层一倍的使用寿命，故在全生命周期内防水层碳成本与普通屋顶无差异，这里不计算在内。

对几种不同类型的屋顶绿化系统初始碳成本进行分析发现，复式屋顶花园系统初始碳成本最高，为 41.76kg CO_2e/m^2，比半复式屋顶花园高 14.5%，主要来源于生长基质深度间 100mm 的差异产生 5.28kg CO_2e/m^2 的基质碳成本差异。简式屋顶绿化系统初始碳成本为 11.89kg CO_2e/m^2，分别为半复式屋顶花园和复式屋顶花园的 32.6% 和 28.5%，显著低于其他两种屋顶绿化系统。不同屋顶绿化类型间初始碳成本构成分析表明（表 5 - 10），屋顶结构层的"粘钢处理"和基质层的碳成本最高，占总碳成本的 44.4% ~ 84.2%，屋顶绿化系统专用的隔根层、排蓄水层和过滤层的碳成本 6.61kg CO_2e/m^2，在不同绿化类型间无差异，占总初始碳成本的 15.8% ~ 55.5%。

表 5 – 10　屋顶绿化系统初始碳成本比较　　　　　　（kgCO₂e/m²）

类型	附加结构层	隔根层	排蓄水层	过滤层	基质层	总计
简式	0	2.62	2.45	1.54	5.28	11.89
半复式	19.31	2.62	2.45	1.54	10.56	36.48
复式	19.31	2.62	2.45	1.54	15.84	41.76

（2）不同屋顶绿化系统管理维护碳成本比较　屋顶绿化系统每年因植物生产管理维护产生碳成本，其主要来源于灌溉、化肥等投入的农业生产资料成本。通过对比上述 3 种类型的屋顶绿化模式发现，复式屋顶花园的系统管理维护成本最高 $0.95kgCO_2e/m^2$，分别为半复式屋顶花园和简式屋顶绿化的 1.8 倍和 4.3 倍（表 5 – 11）。考察其管理维护碳成本来源，其中，因灌溉耗电产生的碳成本最高，占系统管理维护碳成本的 64.3% ~ 75.0%，其中，复式屋顶花园耗电碳成本高达 $0.089kgCO_2e/m^2$；其次，定期修剪消耗柴油产生的碳成本占系统管理维护碳成本的 10.9% ~ 30.2%；肥料和农药的碳成本相对较低。与农田生态系统的碳成本不同，屋顶绿化系统因控制植物生长，仅部分开花植物等需补充复合肥 $30 ~ 50g/m^2$，碳成本仅有 $0.053 ~ 0.089kgCO_2e/m^2$。

表 5 – 11　屋顶绿化系统植物管理维护年均碳成本比较　　　　（kgCO₂e/m²）

类型	电能	复合肥	农药	柴油	合计
简式	0.143	0	0.012	0.067	0.222
半复式	0.342	0.053	0.039	0.089	0.523
复式	0.713	0.089	0.045	0.104	0.950

2. 不同墙体绿化系统碳成本比较

（1）不同墙体绿化系统初始碳成本及后期维护碳成本比较　墙体绿化系统初始碳成本指建设初期所用材料在制造过程中产生的碳释放当量，包括钢支架、防水层及栽培槽等绿化材料。本研究只考虑了墙体绿化系统比非绿化墙体多产生的材料碳成本，未绿化普通墙体固有的结构材料碳成本不计算在内。在全生命周期内（10 年），布袋式和模块式墙体绿化系统的防水层、栽培布袋及栽培模块至少需要 4 次，因此，本研究中，考虑了后期更换维护过程中因材料生产过程产生的碳排放。

几种不同类型的墙体绿化系统由于前期安装和后期维护过程消耗材料引起间接碳排放分别为 $10.71kgCO_2e/m^2$、$58.21kgCO_2e/m^2$ 和 $305.71kgCO_2e/m^2$。

71

攀缘式墙体绿化系统主要来源于建设初期不锈钢支架材料，碳成本为 10.71$kgCO_2e/m^2$，其使用寿命长，后期几乎无需维护更换，可忽略不计。模块式墙体绿化系统初始碳成本最高，为 69.71$kgCO_2e/m^2$，是布袋式墙体绿化系统初始碳成本的 3.45 倍，主要来源于栽培装置所用材料以及材料质量的不同。后期维护过程中，布袋式和模块式墙体绿化系统分别产生 38 和 236$kgCO_2e/m^2$ 的碳排放，占整个安装维护过程总碳成本的 65.3% ~ 77.2%（表 5 - 12）。

表 5 - 12　墙体绿化系统安装与维护碳成本　　　　　　　　　（$kgCO_2e/m^2$）

类型	初期安装碳成本			后期维护碳成本	合计
	支撑骨架	防水层	栽培装置		
攀缘式	10.71	—	—	—	10.71
布袋式	10.71	7.83	1.67	38	58.21
模块式	10.71	–	59	236	305.71

（2）墙体绿化系统管理维护碳成本比较　墙体绿化系统每年因植物生产管理维护产生碳成本，其主要来源于灌溉、化肥等投入的农业生产资料成本。通过对比上述三种类型的墙体绿化模式发现，模块式墙体绿化的系统管理维护成本最高 2.422$kgCO_2e/m^2$，分别为布袋式和攀缘式墙体绿化的 3.4 倍和 21.7 倍。考察其管理维护碳成本来源，其中，攀缘式和布袋式墙体绿化系统因灌溉耗电产生的碳成本最高，分别占系统管理维护碳成本的 73.0% 和 79.9%；模块式墙体绿化系统的管理维护碳成本主要来源于肥料碳成本 1.508$kgCO_2e/m^2$，占系统管理维护碳成本的 62.3%，其次，灌溉耗电产生的碳成本占系统管理维护碳成本的 35.2%，该墙体绿化模式采用叶类蔬菜，且年复种指数高，水肥投入大，故相应的碳成本明显高于其他两种绿化模式；农药施用产生的碳成本相对较低，占系统管理维护碳成本的 2.65% ~ 18.0%，仅布袋式墙体绿化需要定期修剪，消耗柴油产生的碳成本为 0.067$kgCO_2e/m^2$（表 5 - 13）。

表 5 - 13　墙体绿化系统植物管理年均碳成本比较　　　　　　（$kgCO_2e/m^2$）

类型	电能	肥料	农药	柴油	合计
攀缘式	0.081	0.010	0.020	0.000	0.111
布袋式	0.577	0.035	0.043	0.067	0.723
模块式	0.852	1.508	0.062	0.000	2.422

三、屋顶绿化隔热保温效应

很多研究表明，屋顶绿化系统的碳效益主要来自建筑节能，屋顶绿化系统对建筑的保温（冬天）隔热（夏天）作用，能有效缓解热岛效应，从而降低建筑物能耗，间接减少 CO_2 排放。屋顶绿化额外的土壤基质层和植物层通过降低热强度（最高可达100℃），日温差可减少到 20～25℃[9~11]。

以项目技术示范点（半复式屋顶绿化）为研究对象，相关实验数据表明，种植屋顶对下方室内降温作用明显，6月平均气温28.3℃（27.2～29.8℃，差值2.6℃），比裸屋顶下的室内气温低1.3℃（28.1～32.4℃，差值4.3℃）；当月裸屋顶下室内最高气温32.4℃，相同条件下种植屋顶室内气温29.4℃，若以空调日运行12h计，对照裸屋顶房间，平均每天空调冷负荷减少量为1 411.02 Wh/m²，假设夏季空调运行120天，则冷负荷的减少量为169.32kWh/m²，对于一间标准18平方米房间而言，可减少用电量3 047.76 kWh，折合市价约为1494元（按居民用电计）。具体参见第八章第三节。

四、基于生命周期（LCA）的立体绿化系统碳效益

（一）不同墙体绿化系统生命周期碳成本及碳效益分析

绿化系统的碳效益是指在全生命周期内，系统碳储量与碳成本的比值，值越大，系统碳效益越高。本研究中，按照10年的生命周期测算了墙体绿化系统的碳成本，包括不同墙体绿化系统在全生命周期内初始碳成本、后期材料维护更换碳成本和植物管理维护碳成本。结果表明，在3种墙体绿化模式中，模块式墙体绿化系统生命周期碳成本最高，为329.93kgCO₂e/m²，分别是布袋式和攀缘式墙体绿化系统的5.0倍和27.9倍，布袋式墙体绿化系统生命周期碳成本是攀缘式墙体绿化系统的5.5倍（表5－14）。墙体绿化绿化系统整个安装维护过程由构建材料产生的碳成本显著高于生命周期内植物管理碳成本。其中，攀缘式、布袋式和模块式墙体绿化系统的整个安装维护过程分别占生命周期总碳成本的90.6%、89.0%和92.7%。

表5－14　不同墙体绿化系统生命周期碳成本及碳效益分析

类型	初始碳成本	维护碳成本	管理维护碳成本（kgCO₂e/m²）	LCA碳成本	LCA碳汇量	系统碳效益
攀缘式	10.71	—	1.11	11.82	27.51	2.33
布袋式	20.21	38	7.23	65.44	38.72	0.59
模块式	69.71	236	24.22	329.93	39.63	0.12

研究中，屋顶绿化系统碳汇量的计算未细致考虑生命周期植物碳汇量的变化，有待进一步优化计算方法。初步的研究结果表明，攀缘式墙体绿化系统碳效益最高，为2.33。模块式墙体绿化系统生命周期碳储量最大，但由于较高的初始碳成本，以及后期维护管理碳成本，碳效益最低，只有0.12，比布袋式墙体绿化系统低80.0%。在不考虑墙体绿化系统建筑节能及其他生态效益的情况下，布袋式和模块式墙体绿化系统碳成本均高于系统碳汇量。

（二）不同屋顶绿化类型的系统全生命周期碳成本及碳效益分析

本研究中，按照40年的生命周期测算了屋顶绿化系统的碳成本，包括不同屋顶绿化系统在全生命周期内初始碳成本和后期植物管理维护碳成本。结果表明，在三种屋顶绿化模式中，复式屋顶花园系统生命周期碳成本最高，为79.78kgCO$_2$e/m^2，分别比半复式屋顶花园和简式屋顶绿化系统高28.1%和284.4%。其中，屋顶绿化系统初始碳成本略高于生命周期内管理维护碳成本，占生命周期碳成本52.3%~63.6%（表5-15）。

表5-15　不同屋顶绿化系统生命周期碳成本及碳效益分析

类型	初始碳成本（kgCO$_2$e/m^2）	管理维护碳成本（kgCO$_2$e/m^2）	LCA碳成本（kgCO$_2$e/m^2）	LCA碳汇量（kgCO$_2$e/m^2）	LCA建筑节能（kgCO$_2$e/m^2）	系统碳效益
简式	11.89	8.86	20.75	17.91	331.92 *	16.86
半复式	36.48	20.92	57.40	20.28	8262.82 * *	102.82
复式	41.76	38.02	79.78	26.60	—	—

注：①参考吴金顺[9]文献；②来自本研究的半复式屋顶保温隔热实验数据，对照裸屋顶房间，平均每天空调冷负荷减少量为1 411.02 Wh/m^2，假设夏季空调运行120天，则冷负荷的减少量为169.32kWh/m^2。据我国华北地区电力的平均碳当量1.229kg CO$_2$e/kW·h计算，则系统在整个生命周期（40年）内可减少8 262.82kgCO$_2$/m^{2}排放

研究表明，虽然屋顶绿化系统的生命周期碳成本较高，但在考虑绿化系统建筑节能效益的情况下，绿化屋顶的碳效益十分显著。

五、讨论

实际上，建筑物空间绿化系统还有更多的生态、社会、环境效益，比如减少休闲里程消耗、由于农产品种植带来的食物里程消耗、增加生态系统生物多样性等等，也间接带来了减排效益，如果将这些都纳入生命周期碳效益计算，将会得到一个更加可观的建筑物绿化系统效益。此外，在本研究中绿化系统碳

汇量的计算方法有待进一步优化，碳成本的评价参照了中国生命周期基础数据库（Chinese Life Cycle Database，CLCD）、国外的 Ecoinvent 数据库以及相关的研究文献，采用了不同的数量指标和价值指标，则研究结果会存在一定的偏差，尽快建立科学合理的测算体系对于建筑物空间绿化系统的研究和评价具有重要的现实意义。

主要参考文献

［1］　杨修，吴刚，黄冬梅，等．兰考泡桐生物量积累规律的定量研究［J］．应用生态学报，1999，10（2）：13－146.

［2］　谭天鹰．关于北京屋顶绿化的探讨［J］．建筑科学，2007，23（8）：14－19.

［3］　韩丽莉，杜伟宁，马路遥．我国屋顶绿化现状及前景［J］．园林，2011（08）：9－13.

［4］　田明华，宋维明，陈建成，等．试论低碳经济时代的屋顶绿化［J］．中国城市林业，2010（6）：42－45.

［5］　高佳，古晓君，王泽明，等．屋顶绿化——城市发展的新亮点［J］．建筑技术开发，2011（2）：46－46，54.

［6］　中国园林网．立体绿化打造低碳宜居城市［J］．现代物业（上旬刊），2012（10）：4.

［7］　王常明．碳汇建筑——屋顶绿化工程推广与研究［J］．中小企业管理与科技，2013（11）：192－193.

［8］　王迪生．基于生物量计测的北京城区园林绿地净碳储量研究［D］．北京：北京林业大学，2010.

［9］　吴金顺．屋顶绿化对建筑节能及城市生态环境影响的研究［D］．河北：河北工程大学，2007.

［10］　Ekaterini E，Dimitris A. The contribution of a planted roof to the thermal protection of buildings in Greece［J］. Energy and Buildings，1998，27（3）：29－36.

［11］　Manfred Köhler，Andrew Michael Clements. Green Roofs，Ecological Functions－In：《Sustainable Built Environments》（by Vivian Loftness & Dagmar Haase）［M］. Berlin：Springer Verlag Gmbh，2013.

第三篇　城镇生态系统碳汇保护与提升技术模式

第六章 城镇绿地碳汇保护与
提升技术模式及其评价

第一节 城镇绿地碳汇保护与提升
现状和技术研究进展

第一阶段：19 世纪中期及其以前。西方城市的绿地系统经历了一个不断演化的历程，也是随着社会、城市规划理论与景观规划理论的发展而发展。中世纪的欧洲城市多呈封闭型，城市通过城墙、护城河及自然地形基本上与郊野隔绝，城内布局十分紧凑密实，仅有少量的私人或宫廷园林作为绿地[1~3]。

自第一次工业革命以后，城市公园的兴起促进了城市绿地格局的改变。1843 年，英国建造伯肯海德公园，标志着第一个城市公园的正式诞生，从而在城市中开辟了专为市民使用的绿地空间。

第二阶段：20 世纪初至 20 世纪 40 年代。在 19 世纪末、20 世纪初，城市环境的过度恶化，导致了人们对城市模式的置疑，随之出现了一些探讨城市合理模式的理论和实践，较有影响的有索里亚·伊·马塔的"带形城市"理论，霍华德的"田园城市"理论，盖兹的"进化的城市"理论，以及沙里宁的"有机疏散"理论[4~6]。

芬兰建筑师沙里宁的"有机疏散"理论是为了缓解城市发展过分集中问题而提出的城市发展及布局理论。城市作为一个有机体，和生命有机体的内在机制一致，不能任其自然蔓延发展，只能发展到一定的限度。要把城市的人口和工作岗位分散到可供合理发展的、离开城市中心的地域上去，老城周围会生长出独立的新城，而老城本身则会衰落并需要彻底改造。沙里宁按照自己的理论进行了大赫尔辛基规划，他将城市规划为一个城区联合体，城市一改集中布局而变为既分散又联系的城市有机体。绿带网络提供城区的隔离、交通通道，并为城市提供新鲜空气。有机疏散理论对二战后的城市规划具有极为重要的影响。

第三阶段：20 世纪 40 年代至 20 世纪 70 年代。这个时期也是基于二战以后的西方城市重建，各城市在旧城区建设中大力拓建绿地，以英国的《新城法案》为标志，许多国家开始采取措施疏解大城市人口并建立新城。城市绿地的发展进入城市公园运动之后的又一个高潮。城市中绿地面积大大增加，如华沙、莫斯科等城市，绿地面积从每人十几平米增加到七十多平方米，而且城市建设中十分注重绿地的合理布局，尽量利用绿地将城市各不同功能用地连接为整体，绿色城市的理想模式开始在城市绿地建设中付诸实践，其中比较有代表性的有莫斯科、华沙、华盛顿、巴黎、新加坡等[7]。

比如，1935 年莫斯科制定了第一个市政建设总体规划，其中规定在莫斯科外围建立 10km 宽的森林绿化带，并将城市公园的面积增加到 142km^2。在 1960 年调整市域边界时，将郊区森林公园的面积从 230km^2 扩大到 1 727km^2，至 70 年代建设已具规模，有 8 条绿化带伸向市中心，将市内各公园与市区周围的森林公园带连为一体。1971 年，莫斯科总体规划采用环状、楔状相结合的绿地系统布局模式，将城市分隔为多中心结构，分八片布局发展，每片约 100 万居民，各区之间以绿地系统呈带状或楔形相分割，并以快速交通干道花园环路相联系。1991 年，莫斯科通过了新的总体规划，在各个方面强调了生态环境的概念，提出把建设"生态环境优越的莫斯科地区"作为城市发展追求的最终目标之一[8]。在城市绿地建设方面，首先要建立包括大面积森林绿地、河谷绿地、城市公园、广场、林荫路在内的城市绿地系统，其次要发展特别保护区系统，另外还要发展和完善现有的疗养基地和体育运动基地体系[9]。

第四阶段：20 世纪 70 年代以后。这个时期城市绿地理论和实践得到进一步的全面发展。从 70 年代开始，环境意识的兴起，生态观念在城市绿化中凸现，城市绿地建设开始呈现出新的特点。较有影响的是美国麻里兰州的圣查理新城[10]，北距华盛顿 30km，每村都有自己的绿带，且相互联系形成网状绿地系统。澳大利亚的城市依托优越的土地资源条件，在生态思想的影响下，规划并建成了"自然中的城市"。城市绿地系统规划以河流、湿地为骨架，形成了"楔形网状"布局结构[11]。

20 世纪 80 年代以来，随着景观生态学的迅速发展，景观生态规划的理论开始形成并在城市绿地系统规划中体现出来，城市绿地规划的目的从单纯供人们使用和改善空气质量变为维持整个生态系统的协调运转，保护物种多样性和维持城市中物质能量的合理流动循环，为人类生活提供相对自然的生境，有利于城市居民的身心健康。生态学的理论在城市绿地规划中得到了广泛应用，在城市中引入自然栖息地成为其中的重要内容，并显示出新的绿地规划理论对格局和过程的重视。

1984 年，在大伦敦议会领导下开展了大伦敦地区野生生物生境的综合调查。借助航空像片，对内城大于 0.5hm²、外城大于 1hm² 的所有地点做了调查，第一次提供了野生生物的生境范围、质量和分布的资料。在此基础上，评价了每个地点的保护价值，绘制了 1：10 000 的不同生境的地图，提出 5 类地点或大区应受到重视和保护：有都市保护意义的地点、有大区保护意义的地点、有地方保护意义的地点、生物走廊和农村保护区域，这些经验与理论在伦敦城区进行了相关的实践，确定了有保护意义的地点达 1 300 余处，包括森林、灌丛、河流、湿地、农场、公共草地、公园、校园、高尔夫球场、赛马场、运河、教堂绿地等，使得城市综合生态环境质量明显改善[12]。

澳大利亚的墨尔本市于 20 世纪 80 年代初全面展开了以生态保护为重点的公园整治工作[13]。比如雅拉河谷公园，占地 1 700hm²，河流贯穿，其间有灌木丛、保护地、林地、沼泽地等生境。为培育生物多样性、保护本地生物免受外来干扰，有关部门采取了一系列具体措施，如搭建篱笆、禁止放牛、限定牧区、设定游客免入区等等。据观测，目前公园内至少有植物 841 种，哺乳类动物 36 种，鸟类 226 种，爬行动物 21 种，两栖动物 12 种，鱼 8 种。生物多样性十分丰富，其中本地种质资源占 80% 以上。

在城市总体绿地格局的架构上，景观生态学的理论与方法为区域绿地规划提供了理论依据。扩散廊道、栖地网络等概念在城市景观规划中出现，有关城市、区域及国家的生态网络也在规划建设之中[14]。比较有代表性的有丹麦的哥本哈根，20 世纪 80 年代，丹麦大哥本哈根委员会规划部作的大哥本哈根扩散廊道体系规划，其中沿波尔河规划的适于鸟类在城市迁徙的城市廊道，连接起作为鸟类栖息地的 3 块湿润草地和一个湖泊、一片林地。通过减少湿地排水，扩大水面，增加适生植物，减少农田化肥污染，减少城市居民影响等措施，使鸟的种类显著增加[15]。

第二节　城镇绿地系统研究现状

一、城镇绿地系统研究方向

我国城市绿地系统自 20 世纪 60 年代开始，主要注重于生态功能的研究[16~19]。主要有以下几个阶段：

（1）20 世纪 60 年代的研究主要集中在污染对植物的危害和抗污染植物的

选择；

（2）70 年代后期的研究主要集中在人类活动对城市绿地的作用、绿地与城市生态之间的关系；

（3）80 年代至 90 年代的研究主要集中在以绿地生态功能作为城市绿地研究的对象，对绿化改善城市环境质量方面的研究有了更深入的发展，其内容主要表现在改善小气候、净化大气、释氧固碳、杀菌减噪、净化污水及土壤、保健等方面；

（4）近 10 年的研究主要集中在城市绿地生态效益的研究及城市绿地景观生态学分析，将数量的量化指标引入，拓展了传统的绿化衡量指标—绿地率和绿化覆盖率，引入了三维绿量作为对现有绿化指标的重要补充和完善，建立了园林植物计算绿量回归模型，对园林植物生态功能的研究亦较为全面。主要内容包括植物个体及人工群落的释氧固碳、蒸腾吸热、滞尘、减菌、减污、抗污、耐阴、抗寒等的定量研究，并进行了区域性的园林绿化生态效益定量评价[20]。

二、城镇绿地系统研究方法及手段

从区域发展和城市绿地空间结构变化方面来讲，我国对城市绿地生态系统的研究以北京、天津、上海等城市尤具代表性[21]。通常以传统的城市生态的理论为基础，集合经济生态学、系统工程学的研究方法，采用卫星照片、航测照片与遥感技术及常规气象测定方法，结合实践调研与模拟，得到一批在理论上与实践上颇有价值的结果。遥感（RS）和地理信息系统（GIS）作为一项新兴技术应运而生，在城市生态系统的研究中涉及到了大气、水体、土壤、交通、植被及土地利用等诸多方面。其中对城市绿地生态系统的研究主要包括绿化覆盖率、人均绿地面积、绿化变迁等常规数量特征，而对城市绿地的空间特征分析、绿化景观的变迁、城市生态功能的演变等研究还处于初步的探索和开发阶段。

第三节　城镇绿地系统生态建设研究的理论基础

一、城镇绿地系统功能园林化理论

（一）麦克哈格的"千层饼"理论

20 世纪 70 年代始，生态环境问题日益受到关注，宾夕法尼亚大学景观建筑学教授的麦克哈格提出了将景观作为一个包括地质、地形、水文、土地利用、植物、野生动物和气候等决定性要素相互联系的整体来看待的观点。强调了景观规划应该遵从自然固有的价值和自然过程，完善了以因子分层分析和地图叠加技术为核心的生态主义规划方法，麦克哈格称之为"千层饼模式"[22]。

1971 年，麦克哈格出版了《设计结合自然》（Design With Nature），该书提出在尊重自然规律的基础上，建造与人共享的人造生态系统的思想，并进而提出生态规划的概念，发展了一整套的从土地适应性分析到土地利用的规划方法和技术，这种叠加技术即"千层饼"模式（图 6 – 1）。这种规划以景观垂直生态过程的连续性为依据，使景观改变和土地利用方式适用于生态方式，这一千层饼的最顶层便是人类及其居住所，即我们的城市。

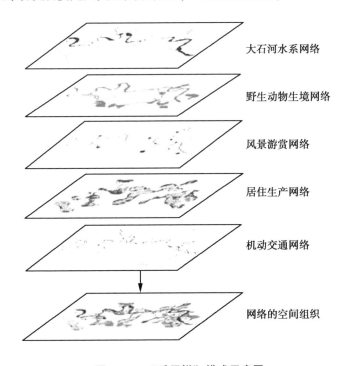

大石河水系网络

野生动物生境网络

风景游赏网络

居住生产网络

机动交通网络

网络的空间组织

图 6 – 1　"千层饼"模式示意图

"千层饼模式"的理论与方法赋予了景观建筑学以某种程度上的科学性质，景观规划成为可以经历种种客观分析和归纳的，有着清晰界定的学科。麦克哈格的研究范畴集中于大尺度的景观与环境规划上，但对于任何尺度的景观建筑实践而言，这都意味着一个重要的信息，那就是景观除了是一个美学系统以外还是一个生态系统，与那些只是艺术化的布置植物和地形的设计方法相比，更为周详的设计思想是环境伦理的观念。虽然在多元化的景观建筑实践探索中，其自然决定论的观念只是一种假设而已，但是当环境处于脆弱的临界状态的时候，麦克哈格及宾州学派的出现最重要的意义是促进了作为景观建筑学意识形态基础的职业工作准绳的新生，其广阔的信息为景观设计者思维的潜在结构打下了不可磨灭的印记。对于现代主义景观建筑师而言，生态伦理的观念告诉他们，除了人与人的社会联系之外，所有的人都天生地与地球的生态系统紧紧相连。

（二）景观生态学理论

景观生态学（landscape ecology）是 1939 年由德国地理植物学家 C. 特罗尔在利用航空照片研究东非土地利用问题时提出的，20 世纪 70 年代后，全球性资源、环境、人口、粮食问题日趋严重，加之生态系统思想的广泛传播，景观生态学作为一门新兴的交叉学科开始了蓬勃的发展[23]。自 80 年代后期以来，逐渐成为世界上资源、环境、生态方面研究的一个热点。它以生态学理论框架为依托，吸收现代地理学和系统科学之所长，研究景观和区域尺度的资源、环境经营与管理问题，具有综合整体性和宏观区域性特色，并擅长中尺度的景观结构和生态过程关系研究[24]。

有研究者指出：景观生态学是生物生态学和人类生态学的桥梁。它是以整个景观为对象，通过物质流、能量流、信息流与价值流在地球表层的传输和交换，通过生物与非生物以及与人类之间的相互作用与转化，运用生态系统原理和系统方法研究景观结构和功能、景观动态变化以及相互作用机理、研究景观的美化格局、优化结构、合理利用和保护的学科[25]。

1. 景观生态学的研究重点与内容

景观理论是生态系统理论的新发展，如今它是以景观生态系统的空间关系和人类活动对景观的生态影响为研究重点，注重景观管理、景观规划设计的研究以及空间结构与生态过程的相互影响，强调系统的等级结构、空间异质性、时间和空间尺度效应、干扰作用、人类对景观的影响以及景观管理，这也是其新颖之处；相对于保护生态学和恢复生态学而言，它是一门内容更加丰富的宏观尺度上的应用生态学；以人类对景观的感知作为景观评价的出发点，综合考虑景观的经济价值、生态价值和美学价值，围绕建造宜人景观这一目标，实现自然科学与人文科学的交叉[26]。景观生态学的生命力也在于它直接涉足于城市景观、农业景观等人类景观等课题。尽管景观格局和生态过程的可预测性以及等级结构和跨尺度外推都仅是理论雏形，但它们确实给生态学提供了一个新的范式[27]。其主要研究内容为：

（1）景观结构，即景观组成单元的类型、多样性及其空间关系；

（2）景观功能，即景观结构与生态过程的相互作用，或景观结构单元之间的相互作用；

（3）景观动态，即景观在结构和功能方面随时间推移发生的变化；

（4）景观规划与管理，即根据景观结构、功能和动态及其相互制约和影响机制，制定景观恢复、保护、建设和管理的计划和规划，确定相应的目标、措施和对策削。

2. 景观生态学原理

关于景观生态学原理，Forman 新近总结的 12 条更为系统。我国科学家归纳以下 9 条作为景观生态学的理论框架[28]：

地镶嵌与景观异质性原理；

尺度制约与景观层序性原理；

景观结构与功能的联系和反馈原理；

量和养分空间流动原理；

物种迁移与生态演替原理；

景观稳定性与景观变化原理；

人类主导性与生物控制共生原理；

景观规划的空间配置原理；

景观的视觉多样性与生态美学原理。

（1）景观生态学的起源与发展　C. 特罗尔（C. Troll）认为："景观生态学的概念是由两种科学思想结合而产生出来的，一种是地理学的（景观），另一种是生物学的（生态）。景观生态学表示支配一个区域不同地域单元的自然——生物综合体的相互关系的分析"。正是现代景观学与现代生态学各自本身的局限性以及发展需求的互补性，才促使了这二门学科的结合，从而诞生了今日的景观生态学。后来，Troll 对前述概念又作了进一步的解释，即景观生态学表示景观某一地段上生物群落与环境间主要的、综合的、因果关系的研究，这些研究可以从明确的分布组合（景观镶嵌，景观组合）和各种大小不同等级的自然区划表示出来。

二战以后，由于全球性的人口、粮食、环境问题的日益严重，使得生态学一词开始成为了一个家喻户晓的词汇，也大大促进了生态学的普及工作[29]。同时，为了解决这些问题，许多国家都开展了土地资源的调查、研究和开发与利用，从而出现了以土地为主要研究对象的景观生态学研究热潮。在这一时期至 20 世纪 80 年代初这段时间内，中欧成为了景观生态学研究的主要地区，而德国、荷兰和捷克斯洛伐克又是景观生态学研究的中心。德国在这时建立了多个以景观生态学为任务或是采用景观生态学观点、方法进行各项研究的机构，1968 年又在德国举行了"第一次景观生态学国际学术讨论会"。同时，在德国的一些主要大学设立了景观生态学及有关领域的专门讲座。而捷克斯洛伐克的景观生态研究亦很有自己的特点。该国较早地成立了自己的景观生态协会，在捷克科学院内，亦设立有景观生态学研究所，而且 Ruzicka 倡导的"景观生态规划"（LANDEP）已形成了自己的一套完整方法体系，在区域经济规划和国土规划中发挥了巨大作用。这些工作对景观生态学的发展起了很大的作用。

进入 80 年代以后，景观生态学才真正意义上实现了全球性的研究热潮。影响这一热潮的主要事件有两个，一是 1981 年在荷兰举行的"第一届国际景观生态学大会"及 1982 年"国际景观生态学协会"的成立，该协会的成立，使广大从事这一领域研究的人员从此有了一个组织，使得其国际性交流成为可能；二是美国景观生态学派的崛起，它大大扩展了景观生态学研究的领域，特别是 R. T. T. forman 和 M. Godron 于 1986 年出版了作为教科书的《景观生态学》一书，该书的出版对景观生态学理论研究与景观生态学知识的普及做出了极大的贡献。

90 年代以后，景观生态学研究更是进入了一个蓬勃发展的时期，一方面研究的全球普及化得到了提高，另一方面，该领域的学术专著数量空前。据肖笃宁的统计，从 1990 年到 1996 年的短短 7 年内，景观生态学外文专著即多达 12 本[30]。

现在，随着遥感、地理信息系统（GIS）等技术的发展与日益普及，以及现代学科交叉、融合的发展态势，景观生态学正在各行各业的宏观研究领域中以前所未有的速度得到接受和普及。

（2）中国的景观生态学研究　相对于国际上的景观生态学研究而言，中国景观生态学的发展历史还很短暂。80 年代初期，中国景观生态学研究进入起步阶段，国内的学术刊物上开始出现了景观生态学方面的文章，陆续有学者发表论文，介绍景观生态学的概念、理论和方法。俞孔坚、邬建国对景观及景观生态学概念的剖析，牛文元、邬建国、傅伯杰等对生态学基础理论的释义，陈昌笃等对景观生态学与生物多样性保护关系的探讨等都是我国景观生态学基础理论研究中取得的代表性成果。中国景观生态学研究工作的真正起步开始于1990 年以后。肖笃宁等发表的《沈阳西郊景观结构变化的研究》一文是中国学者参照北美学派的研究方法而开展的景观格局研究的典范著作。同年景贵和出版了《吉林省中西部沙化土地景观生态建设》论文集。从所发表的研究成果来看，中国目前景观生态学研究受北美学派的影响很大，研究也主要集中于该学派对景观的结构、功能、动态研究上。要使这门学科的发展更具生命力，其应用研究方向是不容忽视的。今后中国在该领域的研究可能会朝向格局－过程研究，同时重视应用研究，以不断适应现阶段中国国情和当前人地关系的矛盾。

（3）城市景观生态学　城市绿地景观格局及其变化反映了人类活动和自然环境等多种因素的共同作用，同时又对城市生态环境、资源利用效率、居民社会生活及经济发展产生积极或消极的影响，因此对城市景观格局的变化及其驱动机制的研究是城市景观生态学研究的重点，也是城市景观生态规划的基础[31]。在遥感和 GIS 技术的支持下，城市绿地空间格局和生态过程的研究有了新的突破，对城市绿化的分析与度量有了定量的认识，从原来的定性描述发展到定量分析的模型预测，通过运用各种定量指标，分析城市绿地的景观空间分布格局。

城市景观组成要素按其空间结构特征，可分为斑块、廊道和基质三类景观结构成分，其中斑块是指具有不同功能和属性的、相对同质的地段或空间实体[32]。对城市景观的生态学属性有重要影响的景观要素斑块，主要包括城市公园、城市绿地、小片林地等。属于自然或半自然的城市公园和绿地、水体，是城市景观中的"自然"组分，起着吸收 CO_2、制造 O_2、净化大气、美化城市的作用。这类景观要素斑块的数量、大小和分布状况对城市景观整体的功能、质量和生态承载力有很大的影响，其数量的增加将会极大地改善城市景观的生态功能。廊道是城市景观中线状或带状的景观要素，宗跃光将城市景观廊道分为人工廊道和自然廊道两大类，人工廊道以交通干线为主，自然廊道以河流、植被带（包括人造自然景观）为主。城市中绿色廊道的首要功能是它的生态学功能，它常常是城市野生动植物迁移的主要通道和城市景观中物质、能量、信息和生物多样性集中或汇集的地方，对维护城市生物多样性和城市景观功能具有特殊的作用。斑块和廊道的空间格局，是城市绿地结构和格局研究的主要内容，是研究城市绿地生态效益及规划管理的基础。

（三）田园城市规划理论

田园城市（Garden Cities），也称为花园城市或田园都市，是一种平衡住宅、工业和农业区域比例并将人类社区包围于田地或花园区域之中的一种城市规划理念[33]。这是一种构建"城市—乡村"磁铁似集合，部分吸取城市与乡村的特色，而又避免了二者的缺点的方案，用一系列小型的、精心规划的这种磁体来取代大都市，形成一个高效的城市网络，使城市与乡村能平衡、健康发展。反映了人们对于理想城市的一种思考。

1919年，"田园城市和城市规划协会"明确提出田园城市的含义：田园城市是为健康、生活以及产业而设计的城市，它的规模能足以提供丰富的社会生活，但不应超过这一程度；四周要有永久性农业地带围绕，城市的土地归公众所有，由委员会受托掌管，最终形成由若干个田园城市围绕中心城市而构成的城市组群，城市之间用铁路联系。田园城市理论的核心内容是通过城乡结合控制合理的城市规模，形成一种有机平衡的发展模式，最终构建社会城市结构体系，确立城市增长的健康原则。该理论不仅包括了城市的总体布局与周围城市的关系，还规划安排了影响城市发展的各有机体方面的因素，从而解决不断畸形发展的大城市带来的种种问题，遏制大城市无节制地发展。同时，它也具有极大的超前性，甚至超越了很多现代城市规划的思想，规划界将其称之为"现代城市规划的开端"（图6-2）。1903年和1920年分别建立了两个试验性质的花园城市：列曲沃斯花园城市和威尔温花园城市。

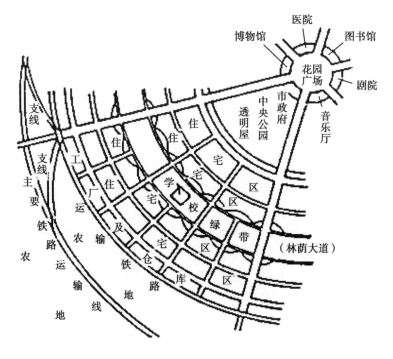

图6-2　田园城市示意图一角

　　田园城市更加侧重于相对宜居的环境，而宏伟现代的建筑群是次要的，提倡在城市保留具有生产、休闲、教育、改善环境等多种功能的农田，诗意地栖居和田园牧歌式地生活是田园城市的审美与精神追求。迈克尔·霍夫将英国国会周边地区的城市农田和公园做成本效用比较，发现城市农田对成人和儿童有显著吸引力，而投资、运行成本分别是城市公园的 7.6%、41.3%。英国在 1979 年时就有 20 多个社区引入城市农场；法国在建设新城时引入农业景观，把农田作为城市与城市之间的隔离带[34]。

　　田园城市理论的价值被国内外研究者普遍认同。马万利指出，田园城市理论是发起城市田园运动的源头，且影响范围较广。芒福德认为这个理论的贡献在于关注了城市与乡村之间以及城市内部各功能之间的有机平衡和动态平衡。周明生、李宗尧、孙文华、金莉等人认为田园城市是统筹城乡发展的城市化理念，给我们的城乡统筹发展提供了重要的思路，可以作为我国城乡统筹发展的理想社区的参考目标。其理论价值在于有助于最终解决当代城市发展仍面临的城乡对立的状况，并对中国城乡一体城市规划提供了规划原则[35]。

　　该理论在其产生后的 100 多年间，其实质含义也得到了越来越多人的理解和认同。它并非仅仅是城市物质形态上的考虑，更多的是对整个人类社会的发展方向做了全面的阐述，着眼于社会、政治、经济等推动城市发展的深层因素，对城市规划界有极大的启发意义。通过城乡结合控制合理的城市规模，在更大范围内形成一种有机、平衡的发展模式，这是霍华德理论的核心。一方面，城市是农村产品最为广阔的市场；另一方面，围绕城市的农田、绿地是支持城市发展、保持城市生态平衡、遏制城市无节制膨胀的关键。当若干个田园城市发展到合理的规模时，就组合成社会城市，既可以保证每个田园城市的合理规模，又可以享受到大城市的优点，并避免了大城市资源浪费、效率低下的缺点。这种积极的对城乡关系的认识与今天我们提倡的可持续发展是一致的，符合我国提出的城乡一体化原则。

　　进入 21 世纪后，世界正在经历着全球化和信息化的进程，可持续发展已经成为整个人类的行动纲领。城镇的社会机遇和乡村的自然环境将仍然是人类对于居住地的双重追求。从这个意义上讲，霍华德的田园城市理念对于城市的影响也将会持续下去。

二、城镇绿地系统生态建设与可持续发展研究理论

（一）可持续发展与美丽中国内涵

人类社会的工业化进程，是一条非持续发展的道路，随着经济的发展，工

业化的深入，诸如全球性气候变暖、臭氧层破坏、土地退化、水土流失、沙漠化、资源枯竭、环境污染和生物多样性锐减等一系列问题相伴而生，而且呈日益加剧之势，使整个人类社会的发展难以为继，极大地损害了满足后代人发展需求的能力。1987 年联合国环境与发展委员会发表的"布伦特兰报告书"中明确指出"可持续发展是既满足当代人的需求，又不对后代人满足其需求的能力构成危害的发展"，"城市的可持续发展，追求城市最大限度的实现城市生态的平衡，建立一个不仅满足生存容量的空间，更重要的满足生存质量"。其内涵是采取环境、经济、人口政策手段，可持续利用资源条件，提高环境承载力，保证环境内部结构的可持续性，实现城市环境与人口、经济协调发展，最终实现城市整体的可持续发展。

1992 年在里约热内卢召开的联合国环境与发展大会，明确提出了人类社会的发展应该是可持续的发展。在由于人类的经济活动导致生态环境日益恶化、许多可再生资源严重失调的今天，该战略的提出，是人类对自身发展历程的情形回顾和深刻反思所探索到的一条真理，它已成为当代人类社会谋求发展必须切实遵循的基础战略。

当前国际公认的可持续发展理论的六条基本原则是公平、持续性、和谐、需求、高效率和质量升级。其中，最基本的原则是持续，发展与提高是硬道理，是可持续发展理论的目标。以保持自然、使生态良性持续发展为基础，使经济发展与人口、资源的承载能力相协调，是可持续发展战略的本条件。它的核心内容是生态系统在受干扰时持续保持自身生产能力，在不危及后代人需要的前提下，最大限度地满足当代人的需求，对资源进行科学分配。近年来国际社会发出了"城市必须与自然共存"的强烈呼声，强调城市人工生态系统与自然生态系统协调发展。"人类渴望自然，城市呼唤绿色"，深刻道出了城市环境建设中所应遵循的基本准则，指出了现代化城市同以往的城市建设方针在本质上的区别，更反映了现代社会人们的普遍愿望。

与之呼应，我国在十八大报告提出建设"美丽中国"，就是要求我们按照美的规律进行生产，这是一个温暖的信号，和谐为美。只有确立尊重自然、顺应自然、保护自然的生态文明理念，才可能建设美丽中国。虽然她的概念是新的，但是其理念却并不完全陌生，建设美丽中国，体现生态文明，是关系人民福祉、关乎民族未来的长远大计[36]。

（二）园林化城市绿地系统可持续发展

城市是社会、经济和自然复合的生态系统，作为一种人类文明的产物，对于全球可持续发展的影响是巨大的，有人比喻"城市首先也是最明显的特征便是它们像是一种有机体，吸入资源排放废物"。随着工业化的发展和城市化进程的快速推进，人类在获得更好物质空间的同时，正逐渐认识到大气污染、水体污染、酸雨、城市垃圾、噪声、城市绿地缺乏、景观多样性丧失、城市生物匮乏等深层次生态危机。城市园林绿地作为城市生态系统的重要组成部分，是实现城市可持续发展的一项重要的基础设施，在维持城市生态平衡，保护城市生态多样性，减少环境污染和噪声污染，控制城市小气候，减少城市中的热岛效应等方面发挥着重要的作用。它不仅是一项生态环境工程，也是一项关系民生的公益事业[37]。

关于现代城市绿地的生态规划与园林建设，越来越显示出其重要价值。城市绿地是指"以改善生态、保护环境，为居民提供游憩场地和美化景观的绿化用地"。生态园林是以生态学为基础，融汇景观学、景观生态学、植物生态学和有关城市生态系统理论，研究风景园林和城市绿地可能影响的范围内各生态系统之间的关系是一门科学。它是建立在整个城市的，将休闲游乐为目的的绿地资源扩大到了集生态、娱乐、景观等多样化的改善目标，以绿化植物为主体的，由点、线、面、片、带结合的动态园林生态系统，其最突出的特点是生产者和分解者所占比重很小，人口—消费者代替或限制了其他动植物的发展，因此它是一个不完整、依赖性很强的生态系统，系统内的初级生产者—绿色植物，是人类为了自己的需要而种植的，尽管已基本不能作为营养物质供人所使用，但它在城市生态系统中的地位却不容忽视，它依然具有调节城市小气候、净化大气、减弱噪声等生态功能和减轻生活压力、经济价值可观、防灾减灾效果等社会功能，为城市最大程度发挥着生态环境的良性效益和完善自我调节功能。基于此，就需要确保大面积的城市绿地，并使其核心部分尽可能地扩大。同时，要遵循植物的生理生态规律，根据生态位来配置绿地植物，营造城市绿地植物种群和自然群落，尽可能提高城市绿地的生物多样性和原始性，显露城市绿地自然再生的生态及景观的生生不息。

整体来说，城市生态园林是城市生态系统中一个重要的自然调节子系统，不仅改善城市生态环境，更能体现城市的品位和精神文明发展水平，提高城市的综合竞争力，具有较强的吸引外资和发展旅游业吸引力。

在我国未来的城市建设中，在战略规划上，要把园林绿地建设与经济发展建设放到同等的地位上。实现城市空间与园林绿化的协调发展，产生山水因建筑而变，建筑因山水而生的城市特色。通过绿地的增加来弥补城市建设中出现的环境污染，生存条件恶化的负面效应，使经济发展与城市中人口、环境、资源的可容性相协调，生态园林建设与农业、林业、水利等事业共同发展，将园林的生态环境与整个区域的生态环境相协调，进而将不同区域的园林连接成为一个互相连通的城市大生态圈，把现代城市紧密地扎根与自然山水之间，建成真正的生态园林城市，营造生态大园林格局。其意义不仅局限在生态保护的层面，更是一种综合性的建设策略。

早在20世纪80年代中后期，一些国际经济大城市就已不再是单纯的治理环境，而是把保护环境上升到了城市生态的、可持续发展的高度上来。不论是产业结构的调整、道路交通，还是城市规划与城市建设均体现了生态的、可持续发展的特点。并且，对商品的生产、使用和处置的方式正在作根本性改变[38]。

今天的人类需要可持续发展的生存环境，空气的新鲜、水质的纯净是基本的需求。把人类凌驾于自然之上的做法及思想已不能满足未来发展的需要，就城市空间而言，推动其向生态化发展的原动力，应大力促进园林绿化的发展。在行动上积极推行节约型园林建设的措施，比如适量选用乡土树种，引种节水耐旱、养护粗放型植物；改进传统灌溉方式；建立乔灌草合理搭配模式，减少草坪面积；结合周围环境进行绿地的规划设计，避免"推山填湖"运动，大力发展立体绿化；选用透气透水铺装材料，减少雕塑、园林小品等人工设施的设置等，实现生态园林绿地的节约化。在思想上应当把"生态绿地思想"引入城市的规划建设中，它在城市空间建构中的意义不仅体现在对我国传统建筑思想的再认识、再利用上，更体现在对未来城市发展方向的深刻思考上，城市不应该成为人与自然对抗的堡垒，而应是地球自然生态的一部分，科技的发展应该使人类与自然靠得更近，而不是离得更远。

走城市园林绿化的道路，不仅可以使我们的城市更美丽，园林融入到了城市之中，自然环境与社会环境相得益彰，而且还可以真正实现城市的可持续发展。从宏观上，要根据城市本身的实际情况，对绿地系统进行科学的布局；从微观上，要针对各个不同的城市绿地斑块，即不同绿地植物群落，最大限度地降低其植物群落的生态脆弱度，这就需要在设计和建设不同条件的绿地时，需根据不同城市植物特征、生态适应性及生态功能，科学合理地进行植物配置，设计和建设出满足不同功能需求的复合植物群落；另外要针对不同类型的绿地群落，实施科学的养护管理。这三方面构成了城市绿地生态建设与可持续发展的核心内容。城市绿地系统的科学布局需应用RS、GIS、GPS等高科技手段，详细分析城市绿地系统分布现状，应用景观生态规划理论，充分研究城市的生态机理，找出城市绿地系统布局存在的问题，并按城市可持续发展的标准和要求，对现有城市绿地系统进行科学规划布局。

走可持续发展的道路，达到社会、经济和环境的持续、协调发展，实现人与自然的和谐共生，不仅是生态城市可持续发展的基本要求和目标，也是城市自身发展和国家生态环境的需要，更是实现人与自然和谐共处，创建和谐社会、节约社会的需要。以可持续发展战略思想为指导进行的城市园林绿地建设，必将在城市走向生态化的进程中起到举足轻重的作用。

三、人类聚居环境的可持续发展

人类聚居环境泛指所有人类集聚或居住的生存环境，特指建筑、城市、风景园林等人为居住环境。作为一种新的学科概念，人类聚居环境学是从人类居住和环境科学这两大概念范畴的基础上发展而来的。人类聚居环境学是探索研究人类因各类生存活动需求而构筑空间、场所、领域的学问，是一门综合性的将以人为中心的人类聚居活动与以生存环境为中心的生物圈相互联系、加以研究的科学和艺术[39]。

人居环境是一个整体，是城市大景观中的子系统，由环境中各类形象构成，这些形象相互联系又能使人们有多种多样的感受，是在规划设计中整体思维与综合创造的具体体现。我国目前正在进行着城乡一体化进程，未来要让我国 60% 以上的人口居住在城市里。一方面，城市化为国家、区域带来了巨大的综合效益，而另一方面，因为开发了在国土、区域等更多规模范围的土地、水域、交通，使产业结构和城镇体系要重新布局，使社会文化的保持和发展面临一系列前所未有的问题和弊端。

随着近代大工业的产生与城市规模的急剧扩大，伴生出日趋严重的环境污染问题，人口、环境、生产之间的矛盾日益尖锐，成为当今人类生存的基本制约，降低了城市生活的舒适度。由于城市是人类集聚的产物，生存在自然和社会双重条件下是人的本质要求，为不断打造城市的自燃性，解决城市与乡村、人造建筑空间与自然开敞空间之间的协调发展矛盾，近百年来，许多先哲提出了各种规划思想、学说和建设模式，代表性的有 19 世纪中叶，马尔什提出的"城市公园运动"；1882 年索里亚提出的"带形城市"；1898 年霍华德提出的"田园城市"；1932 年赖特提出的"广亩城市"还有 1993 年中国的钱学森先生提出的"山水城市"等，他们或多或少都改善、调剂了人造建筑群体与自然环境之间的关系，成为人类身心"回归自然"本性的一种寄托以及精神与自然对话、交流的一种渠道。

纵观今日世界，"和平与可持续发展"（Peace and Sustainable Development）已成为本世纪的主题，在已批准实施的《中国 21 世纪议程》中，就将"改善人类住区环境"列入重要内容。在优先考虑生态环境问题，并将其置于与经济和社会同等重要的地位上的同时，还要进一步高瞻远瞩，通盘考虑有限资源的合理利用问题，这也是 1992 年联合国环境与发展大会"里约热内卢宣言"提出的"可持续发展"思想的基本内涵，即改变以牺牲环境为代价掠夺性的甚至是破坏性的发展模式，从传统的资源型发展模式走上良性循环的生态型发展模式，将社会文化、生态资源、经济发展综合平衡起来，并以全球的范围和几代人的生存兴衰为价值尺度，这不但是可持续发展的核心思想，也是人类走向 21 世纪的发展观[40]。

第四节　城镇绿地系统布局理论与方法

一、城镇的特点和内涵

（一）城镇的概念

城镇是一个国家或地区的政治、经济、科学、文化信息和人民生活的中心和现代化文明的标志，是人类的重要居住地，城镇的产生是社会生产力的提高，是社会分工发展的结果[41]。城镇是人类社会的一种高级聚落形态。聚落是人们定居的产物，只有长期过着定居生活的农业人口，才有可能建筑聚落，但原始聚落并不等于城镇。城镇是历史发展的产物，是社会生产力发展到一定阶段才出现的。

城镇是由村发展起来的，但城镇与村庄有本质区别。城镇包含城镇于集镇两个方面内容，无论是城镇还是集镇，都可以说是村庄发展到一定阶段形成的，在一定空间范围内有一定规模的人口居住，以非农业产业为主导产业，有比较完备的商品市场交易的地域综合体。城镇是一个坐落在空间内的各种经济市场、住房、劳动力、土地、运动等相互交织在一起的网状系统，是把各种活动因素在地理上的大规模集中。城镇具有良好的基础设施和比较完善的公共产品，具有较好的经济聚集效益、社会效益和生态效益，是一定区域政治、经济、文化发展中心，是由具有现代文明素质的居民聚集和具有比较完善的商品市场交易网络的地域综合体。

（二）城镇的特点

对城镇的定义国内外并没有界定城镇的统一标准；即使在同一个国家，其对城镇的认识在不同时期也会有所变化。虽然在城镇的定义上有所差异，但总体上都解释了城镇人口密集，经济密集的本质特征。从城镇形成和发展来看，是经济发展到一定阶段的必然产物；从城镇地位，功能看，城镇是一个区域的经济、政治、文化发展的中心，在整个经济社会发展中居于中心地位，在整个国民经济发展中起着主导作用；从社会学角度看，城镇就是具有相当大的面积和相当高的非农业人口密度的一个地域共同体。

一般来说，城镇具有一些基本特征：一是城镇必须是以工业和服务业为主导产业，非农就业是城镇就业的主体；二是城镇必须是具有一定的产业和规模，具有良好的基础设施和充足的供产业发展的公共产品，具有较高的经济效益、社会效益和生态效益；三是必须是一定区域的政治、经济、文化教育中心，城镇经济在整个国民经济总量中占主要地位，具有一定的吸引力和扩散效应；四是城镇的居民在思维方式、思想观念、行为方式和生活方式各方面与农村居民有显著差异，是非农劳动力就业比重最大的地方。

二、城镇绿地系统的内涵与特点

（一）城镇绿地系统的内涵

中国目前处于城镇化快速发展阶段，城镇的数量迅速增多，人地关系日益紧张[42]。

当前城镇人口的高密度聚集、水资源紧缺、环境污染、温室效应和城镇气候灾害、土地资源锐减与不合理开发等，所引发的各种生态和环境问题已经直接影响制约到城镇建设的步伐，与居民日益提高的居住环境要求背道而驰。在积极建设人类可持续发展的今天，城镇绿地系统在绿地类型多样性、建设质量高标准及建设管理高效化等三方面更加凸现出其重要内涵。

城镇绿地系统是构筑与支撑城镇生态环境的自然基础，是唯一有生命的城镇基础设施，是城镇社会、经济持续发展的重要基础。发展城镇绿地对维护城镇生态平衡、改善人类的生存环境、保持人与自然相互依存关系，提高人们的生活质量和文明程度具有广泛与积极的意义。城镇绿地是所有绿地中的一部分，大部分人把城镇绿地作为一种城镇景观，认为城镇绿地发挥着美化城镇环境的作用，而往往忽视了它的生态效益。城镇绿地是城镇中保持着自然景观特色，同时发挥着生态平衡调节作用并为城镇居民提供游憩活动的场所，城镇绿地可以营造一个城镇的绿化景观特色并形成独特的景观文化氛围。

（二）城镇绿地系统的特点

城镇绿地系统是指城镇中具有一定数量和质量的各类绿化及其用地，相互联系并具有生态效益、社会效益和经济效益的有机整体。城镇绿地是一种特殊的生态系统，它不仅能为城镇居民提供良好的生活环境，为城镇中的生物提供适宜的生境，而且能够增强城镇景观的自然性，达成城镇中的人与自然的和谐状态，因此被谓为"城镇的肺"。城镇绿地被称为"城镇之肺"，因为它不但具有自净能力，而且具备自动调节的能力，它是城镇生态系统的一个重要组成部分，在城镇生态系统中发挥着负反馈的作用，特别是人口密集的城镇小区绿地，在改善城镇生态环境方面发挥着生态核心的作用，在保护和恢复城镇绿色环境，维持城镇生态平衡及改善城镇生态环境的质量上起着其他的城镇基础设施无法取代的重要作用[43]。

合理的城镇绿地系统分布方式，一般要求绿地均匀布置，因地制宜的采取点、线、面相结合的方式连接起来，形成一个网络化的整体。城镇绿地系统是城镇生态系统中不可缺少的子系统结构，是由城镇中不同类型、性质和规模的各种绿地共同构成的一个稳定持久的城镇绿色环境体系，具有系统性、整体性、连续性、动态稳定性、多功能性、地域性的特征。城镇绿地系统组成因区域位置不同而各有差异，但总的来说基本内容是一致的．即包括城镇中所有园林植物种植地块和用地。

城镇绿地系统由于其自身的特点，在城镇生态系统中发挥着重要的调节作用：绿地系统有效的改善了城镇的生态环境，维持了城镇小气候的稳定性，同时改善了城镇景观结构的美化程度，在一定程度上有利于提高城镇的知名度，其有特色的城镇绿地系统能够作为一种文化的传承方式，用构建绿地景观结构的方式展示鲜明的民族风情和地域特色，除此之外还具有防灾避灾的功能。因此构建一个真正完善的城镇生态绿地系统，对促进城镇的可持续发展方面起到城镇的其他系统无可替代的重要作用。

城镇绿地是城镇中保持自然景观或是自然景观得到恢复的地域空间。包括公园、运动场、广场绿地、墓地、道路绿地、河川、湖泊、沼泽、林地、农田、果园、苗圃、单位绿地、居住区绿地、水滨、岛屿、山地、沙丘、沟壑等等，是城镇自然景观和人文景观的综合体现，能够为人们提供良好的游憩场所，并对城镇环境的改善起着至关重要的作用。

三、城镇绿地系统布局结构与功能结构

（一）城镇绿地系统的布局结构

城镇绿地系统空间布局结构是系统内在结构与外在表现的综合体现，是系统内外、物质、能量和信息运动方式的体现。绿地系统具有 6 种最基本的形

态，即：星座状、环状、网状、放射状、带状、楔状。不同城镇可能由两种或两种以上基本布局形式组合出新的布局形式，可以称为组合布局形式，如放射环状、星座放射状、点网状、环网状、放射网状、复环状等。国外城镇绿地系统布局结构由集中到分散，由分散到联系，由联系到融合，呈现出逐步走向网络连接、城郊融合的发展趋势。

空间布局结构是由系统发展过程中熵流运动方式所决定的。系统内外熵流运动方式的变化引起空间布局结构的变化。以可持续发展理论为指导的城镇绿地系统规划，扩大传统建成区绿地系统的概念，从市域、区域的角度来研究绿地系统，讨论更大区域范围内绿地系统的熵流运动方式，其空间布局结构也相应地体现在区域、城镇、中心区三个层次，各个层次都有其相对独立、完整而又相互联系的布局形式，具有相应的层次性、整体性、有序性、互动性和平衡性。绿地系统三层次空间布局结构之间以内视、外拓、外展、介入的方式互相联系，相互影响、相互促进、共同发展[44]。

城镇绿地系统布局结构受城镇基因影响和制约。一个城镇绿地系统的结构是否科学、合理，很大程度上是体现在绿地系统与城镇自然地理、城镇形态、用地结构及经济结构等相互关系上的，是一项与城镇相互制约、相互促进的综合性系统工程。作为外在表现形式的绿地系统布局结构是城镇绿地的组分构成及其空间分布形式，决定了人与自然、人与城镇和城镇与自然的关系。由于当地自然因素、人的需求、城镇历史文化和城镇发展因素之间存在着作用与反作用的相互关系。因此，绿地系统布局结构顺应自然、协调发展和需求，建设适应并促进城镇发展的布局形式才能形成真正的生态城镇绿地系统，才能既满足城镇发展又有适宜人居的良好环境，才是最经济、最高效的，才能达到真正的可持续发展。

（二）城镇绿地系统的功能结构

城镇绿地系统是城镇规划和建设中的一个重要组成部分，它不仅具有美化城镇环境、净化空气、平衡城镇生态系统、为城镇居民提供休憩游乐场所等作用，同时还具有防震、防火、防洪、减轻灾害等多方面的作用。城镇绿地功能研究一直是城镇规划建设的重要组成部分，它直接影响着城镇的形态、功能、空间发展等多个层面。城镇绿地系统的功能体现在以下几个方面[45]：

1. 生态功能

从吸烟滞尘保护环境，到保证城镇生态可持续发展，直至今天的保护生物多样性，人们对城镇绿地的生态功能的认识是渐进式的。21世纪城镇绿地系统，应充分利用城镇的优势和对周边地区的辐射力，改善区域内物种的生态环境。与传统观念不同，新时代的城镇绿地系统应突出"区域的"和"改善物种生态环境"两个方面。随着大地伦理学、生态美学等学科的建立，人们从更高层次上意识到保护生物多样性的意义，改善物种生态环境逐渐成为共识。城镇绿地系统应城乡一体化形成生态网络，有效连接"岛屿状"生境，保证物种迁移的畅通及各种生态过程的整体性与连续。同时还应综合协调人类游憩与生态保护的关系，按照保护强度，建立自然式风景绿地、生态游憩区、生态敏感区、自然保护地等系列生态绿地。

2. 景观功能

在全球信息化和经济一体化的今天，城镇景观面临的重大威胁是地方个性与城镇特色的逐渐消失，城镇风貌的日趋雷同。在保留或提炼地方景观特色方面，城镇绿地系统应大有作为。绿地还可成为历史文化遗存和城镇之间的缓冲区。城镇绿地系统布局结合历史遗存保护，能延续历史文脉，体现文化传承。对自然文化内涵的追求一直是城镇发展的重要目标，它能赋予城镇性格特征，唤起市民的乡土自豪感。绿地植物既是现代城镇园林建设的主体，又具有美化环境的作用。植物给予人们的美感效应，是通过植物固有色彩、姿态、风韵等个性特色和群体景观效应所体现出来的。一条街道如果没有绿色植物的装饰，无论两侧的建筑多么的新颖，也会显得缺乏生气。同样一座设施豪华的居住小区，要有绿地和树木的衬托才能显得生机盎然。许多风景优美的城市，不仅有优美的自然地貌和雄伟的建筑群体，园林绿化的景观效果对城市面貌起着决定性的作用。人们对于植物的美感，随着时代、观者的角度和文化素养程度的不同而有差别。同时光线、气温、风、雨、霜、雪等气象因子作用于植物，使植物呈现朝夕不同、四时互异、千变万化的景色变化，这能给人们带来一个丰富多彩的景观效果。

3. 防灾功能

中国是一个自然灾害较多的国家。城镇作为人类的主要聚居地，人口和财富高度集中，一旦受灾，损失十分惊人。历史上发生的大型自然灾害表明：高度现代化的城镇，虽然从表面上看，钢筋水泥、铜墙铁壁，还有先进技术作保证，但事实上，城镇抵御自然灾害的能力是非常脆弱的，如 1995 年日本阪神大地震，就给当地政府和民众带来了巨大的损失。在城镇综合防灾减灾体系中，城镇绿地系统占有十分重要的位置。相对于城镇建筑与基础设施等"硬件"环境而言，城镇绿地是具有防灾减灾功能的重要"柔性"空间。

四、城镇绿地系统植被配置理论

（一）地植物学理论

在研究城镇地带性与非地带性植物区系特征的基础上，模拟和设计人工近顶极植物群落。地植物学是由早期德国学者提出的，意为"地球植物学"[46]。含义很广，包括植物群落学、植物生态学和植物地理学及其他植物分布学。是研究植物在地球表面分布规律的科学，以植物生态学、植物群落学为基础，研究植物的地理分布、地区的植物种类组成及植物群落的现状和历史变迁过程，并阐明现代地理环境以及地质历史上的环境变迁在形成种、属分布区、植物区系和群落特征上的作用，是林业、农业、园林绿化上极为重要的基础理论。

地带性最早是由前苏联土壤学家道提出来的，什么样的气候就生什么样的土壤，从而提出地带性土壤（隐域性土壤）的概念。植被和土壤一样，也有明显的地带性和非地带性之分。地带性植被类型受大气支配，取决于大气候条件（主要是水、热的状况）。而非地带性植被类型，虽然也受地带性气候的影响，但是局部环境条件起决定性作用，因此它们在地球表面的分布，不单独形成一个地带，而是散布在各个植被带中，所以在水平分布方面，有局部和跨区分布现象。

模拟地带性植被类型，是按照生态规律与原理，形成与本地区气候相适应、相对稳定、结构合理，以森林植被为核心的城镇绿地系统。城镇绿化中，正确模拟地带性植被类型，设计人工顶极植物群落，关系到维护生态系统平衡，提高城镇综合环境质量和生产力等一系列的生态问题，并且与绿地系统建设及环境保护等有密切关系。地带性植物能全面反映其所在地带的自然地理和自然历史条件，同时也反映了植被在当地的自然条件下，最大的自然生产力。

设计和建立顶极群落，必须与地带性植被类型的研究相结合，能够反映城镇园林的地带性特色，在植物造景上，应运用地带性植被为理论模式，在设计和建立适应性强，相对稳定的人工顶极群落时，必须以地带性植被和非地带性植被演替规律为理论依据。正确掌握所设计的人工植物群落处于演替过程中的具体阶段，尽量使模拟群落与地带性植被相接近。

植物配置应遵循以下原则[47]：

1. 生态原则

如何保证植物的生命活力以及所需景观的形成，关键在于如何掌握植物与其生存环境的协调关系，即遵循生态原则。生态原则是在尊重植物生态习性的基础上，为缓解环境恶化的现状，结合生态学原理而产生的。在现代设计中，由于人们对自身生存空间的环境质量和舒适度的期望值越来越高，利用植物调节和改善城镇生态环境，提高绿视率成为绿化的首要任务。利用生态学原理，合理选择植物种类、精心配置。从而大大提高绿化成活率，形成高质量的绿化景观，并且节约成本，易于管理，是对生态学原则的进一步阐述。在具体应用中，就是要符合因地制宜，适地适树的要求，保证群落多样性和稳定性。

2. 艺术原则

植物配置也须遵循形式美原则。任何成功的艺术作品都是形式与内容的完美结合，园林植物景观设计艺术也是如此。它由环境、物理特性、生理的感应三要素构成。形成三要素的辩证统一规律即植物景观形式美的基本规律，同样也遵循变化、统一、对称、均衡、比例、尺度、对比、调和、节奏、韵律等规范化的形式艺术规律。

3. 季相原则

植物景观中季相是极为重要的，讲究春花、夏叶、秋实、冬干，通过合理配植，达到四季有景。从物候学的角度入手，利用多年的物候观测资料，依据植物展叶、开花、叶变色和落叶等物候相出现同期的早晚，分析主要群落的植被景观特色，及植被景观与物候变化的正负效应关系，对植被景观的改造提出建议。这些研究为进一步研究植物配置的季相原则提供了可尝试的途径。植物的季相变化是植物对气候的一种特殊反应，是生物适应环境的一种表现。

4. 功能原则

在进行植物配置时，还应从绿地的性质和功能来考虑。首先，选择植物时要注意满足其主要功能。植物具有改善、防护、美化环境以及经济生产等多方面的功能，但在植物配置中应特别突出该植物所应发挥的主要功能。其次，进行植物配置，需要注意掌握其与发挥主要功能直接有关的生物学特性，并切实了解其影响因素与变化幅度。再次，植物的卫生防护功能除物种之间有差异外，还与其搭配方式与林带的结构有关。

5. 经济原则

城镇绿地在满足实用功能、保护城镇环境、美化城镇面貌的前提下，应做到节约并合理地使用名贵树种。除在重要风景点或主建筑物、主观赏处或迎面处合理地配置少量名贵树种外，应避免滥用名贵树种。还要做到多用乡土树种。各地的乡土树种适应本地风土的能力最强，而且种苗易得，运输距离短，成活率高，又可突出本地园林的地方特色，因此应多加利用。当然，外地的优良树种在经过引种驯化成功之后，也可与乡土树种配合应用。此外还可结合生产，增加经济收益。选择一些具有经济价值的观赏植物，以充分发挥植物树种配置的综合效益，尽力做到社会效益、生态效益和经济效益的协调统一。

（二）种间关系理论

光在植物生长过程中起到了至关重要的作用。植物是有生命力的有机体，每一种植物对其生态环境都有特定的要求，在利用植物进行配置时必须满足它的生态要求。光是绿色植物的生态条件之一，大部分植物都喜欢光线充足，尤其观花植物，如栀子花种植在荫蔽条件下可以生长得枝繁叶茂，但开花量较少，这就影响了它的观赏效果。

园林中有些隐蔽处如建筑背面、树荫下等处用植物造景就需选择对光线要求不严的种类（耐阴植物）。人工栽培群落的中下层可选用耐阴的小乔木。大多数植物对土壤中含水量要求适中，既不能太干也不能太湿，少数种类则对此要求不严。城镇中由于工业的迅速发展和防护措施的缺乏或不完善，造成大气污染，与自然界相比，多了一些对植物生长不利的成分，如二氧化硫、氯化物、氟化物、光化学烟雾等。不同植物对这些有毒物质的忍耐力也不同，有的植物只要有很低浓度的有毒物质生长即受到影响，而有的则可忍受较重的污染。在工矿区，道路边等处则需选用抗污染性强的植物种类。

土壤对植物生长的重要作用。植物生长离不开土壤，土壤给植物提供生长的场所，为植物起固定作用，同时为植物根系提供水、氧气和营养物质。不同植物对土壤的酸碱性有一定的要求，一般各地的乡土树种由于长期生长适应的结果对当地的土壤酸碱性已经适应，只是对外来引种植物需考虑为它提供合宜的土壤条件。在利用植物造景时往往会遇到植物根系竞争的问题。植物所处的生长环境一般较差，难以经常施肥，所以土壤中的营养十分有限。当两种或几种同是乔木或同是草本植物种植在一起时其根系处在土壤的同一深度上，就会发生竞争现象，生长快的植物因根系生长亦快，吸收到的营养和水分比较慢性植物要多，所以生长势会愈来愈好，而另一种慢性植物的生长势则会受到影响。故此在配置时一般多采用乔、灌、草多层次结合，使其根系分布在土壤的不同深度，或同种树配植应考虑株行距，以减弱植物根系的这种竞争现象。

植物种间的公升作用。有的植物常以其他植物为栖居地，但并不吸取其组织部分为食料，最多从死亡部分上取得养分而已。在寒冷的温带植物群落中，苔藓、地衣常附生在树干、枝桠上，有些植物如松树、云杉、落叶松、杜鹃、葡萄等具有菌根，这些菌根有的可固氮，为植物吸收和传递营养物质，有的能使树木适应贫瘠不良的土壤条件。豆科与禾本科植物，松与蕨类种植在一起，可以相得益彰。松树下可以给喜欢阴湿环境的蕨类植物提供适宜的生长环境[48]。

植物的分泌物对种间组合的影响。如刺槐、丁香两种植物的花香会抑制邻近植物的生长，因此凡有丁香和刺槐植物，配植时可将两种植物各自丛植、片植；榆属与栎树、白桦与松、松与云杉之间具有对抗性，在群落配植时尽量不放在一起；有一种梨桧锈病是在圆柏、侧柏与梨、苹果这两种寄生中完成的，梨、苹果若与圆柏、侧柏种植在一起则易得梨桧锈病，故应避免。有些植物的分泌物具有杀菌作用，可防治病虫害，有益于相邻植物的生长，还能净化空气，利于人类健康，如松树、核桃、侧柏、圆柏及一些蔷薇属植物。在胡桃楸周围有松属植物，松属植物就长不好，因为胡桃楸叶能分泌一种核醌，此物质被冲刷溶解到土壤中后，会对松属植物根系产生危害。另外还要注意种间的竞争关系。二者生长势悬殊的树种不能种植在一起。研究和建立人工顶极群落必须考察植被的地上部分和地下部分结构，地上部分结构要做到乔木、亚乔木、大灌木、小灌木和草本层4~5层结构，阳性、中性和耐阴性相结合。地下部分要使深根、中根、浅根、有根瘤、无根瘤的根系相协调。结构是植物自下而上竞争的结果，只有摸清竞争规律，才能建立相对稳定和比较完美的人工植物群落[49]。

（三）生物多样性理论

生物多样性是指各种各样的生物及其与环境形成的生态复合体总和以及它们的各种生态过程，是人类社会生存和可持续发展的基础。生物多样性是提高城市绿地生态系统功能和绿地生态系统健康的基础，也是城市绿化水平的重要标志。

物种多样性是促进城镇绿地自然化的基础，也是提高绿地生态功能的前提。生物多样性包含3个层次：生态系统多样性、物种多样性和遗传基因多样性。自然界中分布的地带性植被类型，多数是由多种植物与其他生物所形成。植物种群多样性和植物群落中其他生物多样性，都是植物群落相对稳定的基础。生态系统对环境的保护作用，主要取决于其复杂性和稳定性。凡是占有生态空间愈大，组成结构愈复杂，生物种类多样，食物链关系复杂，内在的调节机制完整有效的，它的稳定性也愈大。为此建立物种多样性和结构合理的人工植物群落，是园林建设的主要任务，同时也是关系到园林能否发挥其应有效益的主要物质基础。借鉴地带性群落的种类组成、结构特点和演替规律，合理选择耐阴植物，开发利用绿地空间资源，丰富林下植物，改变单一物种密植的做法，使自然更新具有生存和繁衍空间，以快于自然演替的速度建立接近自然和符合潜在植被特征的绿地。国外学者利用演替理论，快速恢复和重建当地的潜在植被，效果明显。城镇地区恢复潜在植被主要包括潜在植被确定、恢复重建和养护管理等三个阶段，地带性群落有利于提高物种潜在的共存性，为动物、微生物提供良好的栖息和繁衍场所。

（四）景观美学理论

对于景观的含义而言，目前大多数风景园林学者所理解的景观也主要是视觉美学意义上的景观也即风景。在全球信息化和经济一体化的今天，城镇景观面临的重大威胁是地方个性与特色的逐渐消失，城镇风貌的日趋雷同，生态绿地在城镇景观塑造上大有作为。始于 20 世纪 30 年代而兴于 80 年代的景观生态学把生态绿地带入了一个新时代，生态绿地更加强调水平过程与景观格局之间的相互关系，强调对城镇自然生态演替的保护[50]。

城镇绿地毕竟不是原始森林，在设计和建设中，还应注意其景观效果。群落设计应有透有露、有疏有密、有张有弛，富有季相变化。群落应为由不同优势种群落形成的"团块镶嵌式"结构，并结合恰当的随机种植，特别强调群落的空间构图。设计时除了注意自然效果的营造之外，在布局或点景时，可结合中国传统造园理论中的框景、障景、借景等手法，巧妙安排植物材料和其他园林要素，同时应因特殊环境形成相应主题，如高地或高台宜形成形秋景，植物材料多以秋色叶落叶乔木为主；在洼地或湿地之处，则宜形成夏景，植物材料以高大浓荫的落叶和常绿乔、灌木为上。

城镇绿地的景观美学是以整个景观为对象，通过地球表层的物质流、能量流、信息流与价值流的传输和交换，通过生物与非生物以及与人类之间的相互作用与转化，运用生态系统原理和方法研究景观结构和功能、景观动态变化以及相互作用机理，同时还研究景观的格局、景观优化结构、合理利用和保护等方面内容的学科[51]。

景观生态学理论中的一些理论对城镇绿地系统的景观美学建设具有重要的指导作用。如景观生态设计，就是根据景观生态学原理，结合城镇绿地自身的特点，以区域景观生态系统整体优化为基本目标，对不同类型的城镇绿地进行生态化设计，通过研究景观格局与生态过程以及人类活动与景观的相互作用，建立区域景观生态系统优化利用的空间结构和模式，使廊道、斑块、基质等景观要素的数量及其空间分布趋与合理，使设计的景观具有一定的美学价值，并适宜人类生活。

景观格局在城镇景观美学中起到重要作用。景观格局，一般是指景观的空间格局，即景观大小和形状各异的景观要素在空间上的排列和组合，其中包括景观组成单元的类型、数目及空间分布与配置，比如不同类型的斑块可在空间上呈随机型、均匀型或聚集型分布。景观格局指数目前大部分都是基于斑块特征的，即斑块形状指数、斑块密度指数、斑块破碎化指数等，有些基于边界特征的景观格局指数是通过景观组分的斑块数量和面积等属性特征进行相关指数计算。

廊道的设计在景观美学也具有重要的影响作用。廊道是指不同于两侧基质的狭长地带。因此廊道是线性的，其基本作用是分割景观，同时又将景观连接在一起，具有通道和阻隔的双重作用。城镇绿地系统中的绿色廊道作为城镇中关键的景观结构要素，在维持城镇生物多样性，改善城镇的区域生态环境，调节城镇小气候等方面发挥着重要作用。合理有效的城镇绿地系统廊道可以为城镇中不同斑块的物种提供交流的通道，能够有效地提高城镇物种基因交换的能力，同时有利于动物的迁徙。除此之外，由于廊道的通道作用，可以将整个城镇景观网络化，使城镇生态系统的稳定性增强，抗干扰能力增强。在城镇绿地生态系统建设中，适当的廊道宽度和不同连接点上的廊道连接程度对于其功能发挥起着至关重要的作用。

第五节　研究区域碳汇保护与提升技术集成方案

一、浙江安吉示范区建设

（一）示范区基本情况

安吉隶属于浙江省湖州市，在东经 119°14′~119°53′和北纬 30°23′~30°53′，面积 1 885.71km²，地处长三角腹地，地势西南高、东北低，属亚热带海洋性季风气候，年平均气温为 17~18℃，光照充足、气候温和、雨量充沛、四季分明，适宜植物的生长。安吉城区绿地整体建设情况较好，但从城镇绿地高碳汇绿地建设目标还存在一定的差距。

（二）示范区基本判断

通过调研，安吉城区绿地建设存在以下几个方面的问题：

1. 绿地基础

城区绿地整体建设较好，绿地建设整体规划性强，但从城镇高碳汇绿地建设方面仍然还有很大潜力（图 6-3）。

2. 适宜植被

地理位置决定该区域适宜生长和种植的植被种类很多，生物多样性资源丰富，但从植被空间配置结构方面还存在一定提升空间，尤其在城镇居住区。

3. 城区绿地规划

城区总体规划详细，专项绿地规划明晰，城郊自然生态资源保护较好，但在城区小区绿地建设中还存在一定问题，比如，城镇居住区绿地结构主要是灌木＋草结合的基本模式，在灌溉方面采用现代精准喷灌技术较少，主要还是粗放式的人工维护。

图 6 - 3　浙江安吉城镇居民区绿地调研

（三）示范区高碳汇主推集成技术

1. 示范区选择

在城市范围内选择公园绿地或者道路绿地作为高碳汇集成技术建设示范区，示范内容主要为城镇绿地高碳汇复层树群构建技术和基于多目标综合性技术的城镇绿地保护和提升，制定具有较针对性的城镇绿地复层树群构建和绿地养护管理技术（表 6 - 1）。

表 6 - 1　主推技术与示范区规模

可持续发展试验区	主要技术	实施面积	实施地点
浙江安吉	基于亚热带的复层树群构建技术	150m 绿地规划带	城区公路一侧
	城镇绿地碳汇保护与养护管理技术	3 亩绿地	科技局居住小区

2. 主要集成技术

城镇绿地处于人类活动十分频繁的区域，容易受到外界环境的影响，复层树群构建技术主要包括以下方面的内容：植物群落配置模式构建技术、优势种筛选技术等；绿地保护与管理技术主要包括城镇绿地修剪、施肥、灌溉、病虫害防治管理等技术集成（图 6 - 4）。

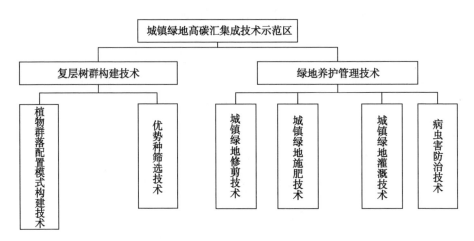

图6-4 浙江安吉城镇绿地高碳汇集成技术示范区技术路线

（1）基于亚热带的复层树群构建技术 不同的绿地类型和生境条件，使得植物群落的外貌、结构、配置方式等大不相同，但万变不离其宗，植物群落配置总有其普遍的规律可循，风格各异的植物景观都能找到固定的植物配置模式。安吉的地理、气候优越，植物配置多强调景观功能，对于植物群落的功能性尚考虑不足。该区域示范从复层树群构建技术角度出发，强调植物配置模型及其优化组合，既要满足景观功能需求，又能满足生态功能需求，在不同空间层次上形成紧密的乔灌草复层结构，群落突出其生态功能、隔离防护功能和生物多样性特点，使其具有较高生态效益的植物构成异龄复层混交群落，群落内部以斑块混交模式，够成多样化的群落空间，突出群落的生态价值。技术模式以生态功能为主，景观美化为辅助，注重群落在调节气候、吸收有害气体等方面的功能，平面结构强调其较大的相对密度与覆盖度、垂直结构强调较大的叶面积指数与相对高度、季相结构强调较长的绿期，从而形成在三个维度方面均具备高碳汇功能（表6-2）。

表6-2 安吉绿地示范区拟选用的技术模式和主要植物

技术模式类别	技术特点	主要植物种类
乔木为主、配合灌木与地被	通风性较好，利于植被形大小和枝叶的生长	黑松—金钟花—铺地柏＋爬山虎；紫楠＋浙江楠—洒金东瀛珊瑚—沿阶草
乔木、灌木、地被结合，形成复层结构	良好的层次与密实度，形成由内向外由高到低的种植梯度	水杉＋桂花—夹竹桃＋八角金盘—沿阶草＋麦冬；雪松—石榴＋海桐—吉祥草；池杉—珊瑚树—石菖蒲

（续表）

技术模式类别	技术特点	主要植物种类
混交林带配置方式	对污染气体的吸收和隔离具有较强能力	侧柏 + 广玉兰—罗汉松 + 夹竹桃 + 小叶女贞—草地早熟禾；香樟 + 榆树—夹竹桃 + 大叶黄杨—凤尾兰；水杉 + 女贞—海桐 + 八角金盘；凤杨 + 龙柏—枸骨 + 海桐—狗牙根
生态结构植物配置	具有有益分泌物质和挥发物质的物种为主	香樟 + 银杏—含笑 + 栀子花；湿地松—罗汉松 + 栀子花；玉兰—枇杷 + 结香；银杏—桂花 + 含笑—金丝桃

（2）城镇绿地碳汇保护与养护管理技术 基于多目标综合性技术的城镇绿地碳汇保护管理技术是基于城镇绿地修剪、施肥、灌溉、病虫害防治管理等技术集成。采用绿地集水和覆盖节水技术、草坪杂草防除技术和精准灌溉技术，基于安吉年降水量、地域、现场等各种条件的实际情况，建立生态化的雨水综合利用系统，收集贮存雨水，实现节水、涵养地下水与保护，通过绿地覆盖节水技术实现保水和节水目的，实现低碳源和高碳汇。采用节水、节能的灌溉方法已经成为全世界灌溉技术发展的总趋势。采用现代的只能，科学合理的选用微灌、喷灌、滴管、根灌等灌溉方法达到节水。适当采用保水剂，以达到减少灌溉的次数。采用生物防除（以虫治草、以菌治草、物理治虫）、化学药剂除草和加强草坪管理综合技术相结合（图 6 - 5）。

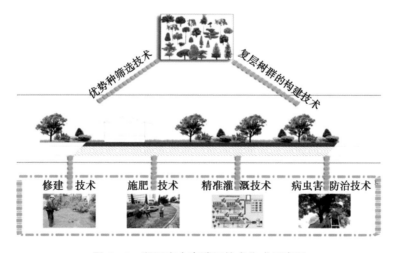

图 6 - 5 浙江安吉高碳汇技术集成示意图

二、山西右玉示范区建设

（一）示范区基本情况

右玉县位于晋西北边陲，隶属于山西省朔州市。境内四周环山，南高北低，苍头河纵贯南北，总面积1 967km²。全县平均海拔1 400m，属黄土丘陵缓坡区，地处晋西北地区黄土高原，近内蒙古，森林覆盖率达到52%，有"塞上绿洲"之称。右玉县气候干寒多风沙，年均气温4℃，1月−15～−11℃,7月19～20℃。年降水量450mm，初霜期为9月上中旬，无霜期100～120d。

（二）示范区基本判断

调研表明，安吉城区绿地建设存在以下几个方面的问题：

1. 绿地基础

种植树种地被植物单一，大型乔木不适合种植，植被成活率低，缺乏科学统一的规划。

2. 管理维护

常年缺水，但是在浇灌方面通常使用的是漫灌，管理维护技术手段落后。

3. 城区绿地规划

山西右玉地处西北边陲，地理条件、自然条件和气候条件制约其迅速发展，因此在城区绿地规划与建设方面较为落后，同时霜期较长，严重制约了植被类型的选择和成活（图6−6）。

图6−6 山西右玉南山公园绿地调研

（三）示范区高碳汇主推技术集成技术

1. 示范区选择

调研表明，山西右玉种植树种地被植物单一，常年缺水，但是在浇灌方面通常使用的是漫灌，所以针对右玉的自然资源情况和管理养护方式，示范区选择在小南山公园，占地面积5亩（表6-3）。

表6-3 主推技术与示范区规模

可持续发展试验区	主要技术	实施面积	实施地点
山西右玉	基于旱地寒地的复层树群构建技术	5亩	小南山公园
	基于精准智能灌溉的管理技术	5亩	

2. 主要集成技术

在示范区主要示范内容为复层树群构建技术和精准节水技术。实施技术路线如图6-7。

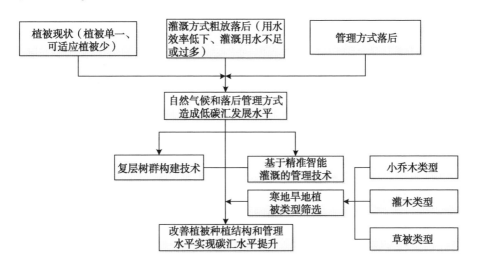

图6-7 山西右玉碳汇水平提升与保护关键技术示范技术路线图

（1）基于旱地寒地的复层树群构建技术 示范区主要选取在小南山公园内部，小南山公园现阶段主要树种种植单一，主要为松树，用水主要来源为外部引水至小型水库，针对右玉县年降水量少，霜期长，干旱多风沙的气候特点，主要选取抗寒抗旱的植物作为补充搭配，示范区面积5亩。由于乔木在此条件下很难成活，选取少量小乔木重点在灌木层植被方面大量充实，辅助充实地被植物，建立复层树群构建体系（表6-4）。

表6-4 右玉绿地示范区拟选用的技术模式和主要植物

植被类型	品种	实施面积
小乔木	梭梭、白梭梭为	
灌木层	沙冬青、绵刺、沙拐枣、麻黄、木霸王、泡泡刺、沙柳、柠条、沙棘、沙蓬	共5亩
地被植物	三芒草、针茅草、骆驼刺	

（2）基于精准智能灌溉的管理技术 山西右玉小南山公园绿地灌溉长期以来处于大水漫灌的状况，这不仅耗费劳力，同时大量耗费水力资源，这对于水资源严重缺乏的右玉来讲，资源配置严重不协调，同时也会由于不能及时灌水、过量灌水或灌水不足，难以控制灌水匀度，对绿地正常生长产生不良影响，如右玉南山公园灌木种植成活率极低，同时灌木成活不足一年或者半年即枯死等。所以建立适用于寒地旱地的精准节水技术对提高该区域碳汇水平十分重要。精准灌溉技术包括：对温度、湿度、风速、雨量、光照等自适应数据采集技术和处理系统；中控室控制、手机短信控制、现场手动控制等多种控制技术；自动灌溉、定时灌溉、周期灌溉、手动灌溉等多模式灌溉技术。通过集成技术的应用，对绿地实施精确灌溉，与传统的喷灌技术相比，可提高灌溉管理水平，改变认为操作的随意性，同时智能化控制灌溉，改变了粗放式灌水方式，提高灌溉水利用率，是有效解决灌溉节水问题的主要措施。通过提高灌溉水利用率和减少劳动力，可以有效地提高绿地系统的碳汇水平（图6-8）。

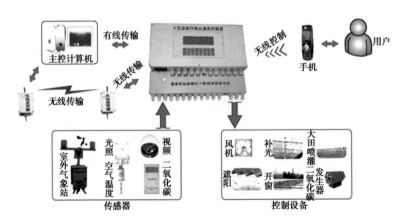

图6-8 精准自动化灌溉系统技术平台

三、河南竹林示范区建设

(一)示范区基本情况

竹林镇隶属于河南省巩义市,位于巩义市东部浅山丘陵区,属暖温带、湿润—半湿润季风气候,冬季寒冷雨雪少,春季干旱风沙多,夏季炎热雨丰沛,秋季晴和日照足,年平均气温为 12~15℃,气温年较差、日较差均较大。水资源非常贫乏,过去有"有女莫嫁竹林沟,竹林吃水贵如油"之说。地面水源少,地下水埋深一般在 500m 以下,且为贫水区,镇区西北部刘沟一带,地下水源为弱富水区,但腹地较少。

(二)示范区基本判断

调研表明,安吉城区绿地建设存在以下几个方面的问题:

1. 绿地基础

植被类型较为单一,可适应的外地优势物种种植较少。

2. 管理维护

地面水源少,地下水埋深一般在 500m 以下,且为贫水区,镇区西北部刘沟一带,地下水源为弱富水区,但腹地较少,但是在灌溉方面采用的是粗放式漫灌。

3. 绿地建设

竹林镇区面积小,整体规划依地势而建,园林绿地建设较随意,缺乏有目的的统一规划,造成管理体系不完善。植被选择单一,缺少高效搭配(图 6-9)。

图 6-9　河南竹林公园绿地调研

（三）示范区高碳汇主推集成技术

1. 示范区选择

示范区选择在镇东街居民区（310 国道东转盘东南处），占地面积约 10 亩（表 6 – 5）。

表 6 – 5　主推技术与示范区规模

可持续发展试验区	主要技术	实施面积	实施地点
河南竹林	典型山地城镇高碳汇绿地构建技术	10 亩	镇东街居民区（310 国道东转盘东南）
	旱地精准灌溉技术	10 亩	

2. 主要集成技术

该示范区的主要示范内容为典型山地城镇高碳汇绿地构建技术和旱地精准灌溉技术（图 6 – 10）。

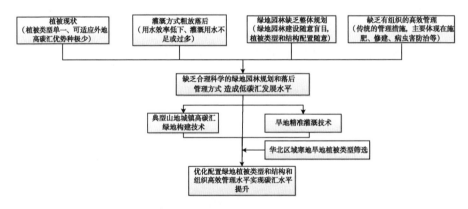

图 6 – 10　河南竹林碳汇水平提升与保护关键技术示范技术路线图

（1）典型山地城镇高碳汇绿地构建技术　通过调研发现，河南省竹林镇属于温暖带落叶阔叶林区，植被以华北区系植物为主，多数是人工栽培植被，常见的用材树种有刺槐、泡桐、欧美杨、白榆、臭椿、苦楝、旱柳、国槐、侧柏、油松等；主要经济林树种有枣树、核桃、柿、山楂、石榴、苹果、梨、桃、黄楝、杏等；主要灌木有荆条、酸枣、紫穗槐、山皂荚等；主要美化树种有雪松、龙柏、垂杨、黄杨、冬青、竹子等。由于主要处于山地地形，气温年较差、日较差均较大，同时水资源十分缺乏，大多数绿地公园等缺乏高效和健全的管理，造成种植植被类型较为单一，资源分配不合理等。所以在此基础上依据地理、气候、社会经济和资源（土地、水、植被）情况，结合生态学、风景园林学、城市规划学等，以建设高碳汇绿地结构为目标，在镇东街居民区（310 国道东转盘东南）建设 10 亩示范区，核心是对示范区进行合理的绿地功能划分、确定种植结构模式，集成高效管理及养护措施。技术措施重点是：

①城镇绿地物种和基因多样性保护与规划：示范区按生态学规律，引入异地优势物种，构建新的、高效的生态结构，同时加大树种移植、植物保护、新优品种引进。

②城镇绿地生态系统多样性保护与规划：示范区维护和重建适宜的种群和群落结构，植物群落的设计和植被物种的选择体现林地生态系统的层次性、整体性和稳定性，以落叶阔叶树、常绿阔叶树种和乡土树种为主，促进绿地的健康生长、群落发育和自我维持更新能力。恢复生物与无极环境之间的相互作用关系，恢复退化的生态系统，重建适宜的物种结构、种群或群落。

③景观多样性保护与规划：示范区的绿地结构不仅要适宜于生态功能的需求，同时要体现宜居和景观的功能，相辅相成。

（2）旱地精准灌溉技术　河南竹林同山西右玉一样属于水资源严重缺乏的区域，但是生物多样性方面远远优于山西右玉。通过调研仍然发现在这样一个水资源缺乏的区域，绿地灌溉方面大量使用粗放型灌溉方式，比如大水漫灌、浇灌等。大量耗费水资源和人力资源等，同时也很难控制灌水匀度，对绿地生长产生不良影响。所以在河南竹林建立旱地精准节水技术对该区域碳汇水平提高也是有十分重要实践价值。集成技术从自适应数据采集技术、多控制技术、多模式灌溉技术等方面对示范区绿地进行精确灌溉。通过集成技术的应用，对绿地实施精确灌溉，与传统的喷灌技术相比，可提高灌溉管理水平，改变人为操作的随意性，同时智能化控制灌溉，改变了粗放式灌水方式，提高灌溉水利用率，是有效解决灌溉节水问题的主要措施。通过提高灌溉水利用率和减少劳动力，可以有效的提高绿地系统的碳汇水平。

主要成果：竹林镇示范区绿地构建技术一套，旱地精准灌溉技术一套（图 6 - 11）。

四、安徽毛集示范区建设

（一）示范区基本情况

安徽毛集地处淮北平原，属沿淮行蓄洪区，位于淮河与西淝河交汇处，地理位置优越，水陆交通便利，自然资源丰富。全年总降水日数约 115d，积雪天气少，年日照百分率为 86%，年降水量 1 100mm 左右，拥有大型水库，水资源和植被类型丰富。

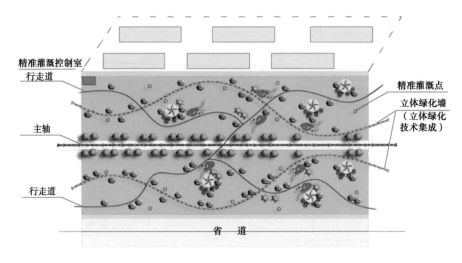

图6-11　河南竹林高碳汇技术集成示意图

(二) 示范区基本判断

调研表明，安吉城区绿地建设存在以下几个方面的问题：

1. 气候资源

地处淮北平原，全年总降水日数约115d，积雪天气少，年日照百分率为86%，年降水量1 100mm左右，水资源丰富。

2. 绿地基础

植被类型丰富，可适应的外地优势物种较多，具有一定的生物多样性优势，但长期缺乏有目标和科学的绿地园林规划，导致维护和管理落后。

3. 绿地建设

作为新兴镇区的建设方面，绿地建设有一定的基础，但仍然还处于一个需要系统规划和全力发展的阶段（图6-12）。

图6-12　安徽毛集绿地调研

（三）示范区高碳汇主推集成技术

1. 示范区选择

示范区选择在高速公路出口处绿地，占地面积约 3 亩（表 6-6）。

表 6-6　主推技术与示范区规模

可持续发展试验区	主要技术	实施面积	实施地点
安徽毛集	植被残体循环利用综合技术	150m 绿地规划带（或绿地小区）	城区绿地
	城镇居民区绿地高碳汇构建技术	3 亩绿地	

2. 主要集成技术

该可持续发展实验区 1999 年成立，通过调研发现，在近 13 年的发展过程中，全区绿地缺乏统筹的发展规划，未能充分的利用自然资源优势和生物多样性优势，在道路绿化和高效养护等方面亟待提高。该示范区主要从植被残体循环利用综合技术和城镇居民区绿地高碳汇构建技术进行示范（图 6-13）。

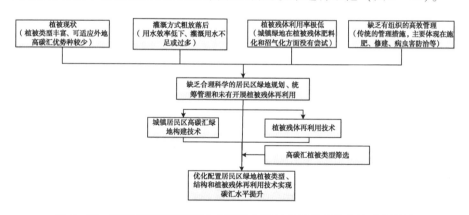

图 6-13　安徽毛集城镇碳汇水平提升与保护关键技术示范技术路线图

（1）植被残体循环利用综合技术　城市土壤普遍存在紧实、通气孔隙差、有机质含量低和土壤肥力差等现象，城市土壤质量已成为阻碍植物生长和城市生态质量提高的重要限制因子。安徽毛集随着城镇化速度的快速发展，大量的城市建筑拔地而起，随之而产生的是自然绿地被侵占，城市绿地建设严重滞后的同时土壤普遍存在紧实、空隙差、肥力差等问题。因此植被残体循环利用综合技术主要考虑毛集拥有丰富的植被残体数量，从植被残体肥料化和残体沼气化两个方面进行综合技术应用，计划示范区面积2亩。植被残体肥料化通过对植被残体粉碎、腐熟，选择土壤20cm深度进行回填，从而改善土壤理化性质，恢复土壤结构；残体沼气化是通过修建植被残体沼气处理池，通过厌氧机理，运用多种微生物分解有机物质，所产生的沼液和沼渣用来肥沃土壤，提高土壤的肥力。

（2）城镇居民区绿地高碳汇构建技术　通过调研发现，安徽毛集城镇居民区绿地建设随意，缺乏有目标、有计划的建设规划，城镇快速发展的同时绿地管理混乱和落后。所以在此基础上依据地理、气候、社会经济和资源（土地、水、植被）情况，结合生态学、风景园林学、城市规划学等，以建设高碳汇绿地结构为目标，计划在居民区建设2~5亩示范区，核心是对示范区进行合理的绿地功能划分、确定植被种植结构模式、集成高效管理及养护措施。技术措施重点是：①城镇居民区绿地生物多样性保护与规划：示范区按生态学规律，以本地优势物种为基础，引入异地优势物种，构建新的、高效的生态结构，同时加大树种移植、植物保护，同时植物群落的设计和植被物种的选择体现绿地生态系统的层次性、整体性和稳定性，恢复退化的生态系统；②人居环境景观多样性保护与规划：示范区的绿地结构不仅要适宜于生态功能的需求，同时要体现宜居和景观的功能，相辅相成（图6-14）。

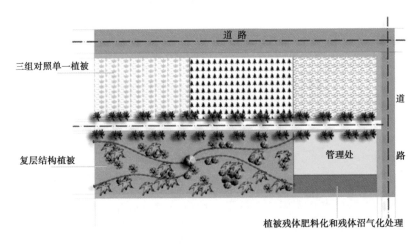

图6-14　安徽毛集高碳汇技术集成示意图

第六节　城镇绿地碳汇保护与提升技术效果评价

一、示范区城镇绿地单位固碳量

由于各示范区地处纬度不同，且立地条件差异较明显，故采用不同的技术配套与植物类型配置。安吉示范区以亚热带复层树群构建技术和城镇绿地碳汇保护与养护管理技术为主，右玉示范区主要应用旱地寒地复层树群构建技术和基于精准智能灌溉的管理技术，竹林示范区以典型山地城镇高碳汇绿地构建技术和旱地精准灌溉技术为主，毛集示范区主要应用植被残体循环利用综合技术和城镇居民区绿地高碳汇构建技术。各示范区的植被类型配置不同，而不同的植被类型的日净固碳量也不同，因此对各个示范区的日净固碳量进行计算，结果见表6-7。

表6-7　各示范区单位面积日净固碳量　　　　　　　　　　　　　(g/m^2)

植被类型		乔木	灌木	地被	总量
安吉	对照组	15.00	8.52	16.59	40.11
	示范组	36.33	20.28	10.67	67.28
毛集	对照组	13.86	12.79	15.28	41.93
	示范组	25.43	20.95	12.37	58.75
竹林	对照组	8.58	9.64	7.91	26.13
	示范组	9.69	10.22	19.06	38.97
右玉	对照组	6.53	10.28	5.36	22.17
	示范组	6.89	9.92	15.51	32.32

从4个示范区的示范组和对照组采集的数据可见，南方的安吉示范区和毛集示范区比竹林示范区和右玉示范区的单位面积日净固碳量提升水平高，主要原因还是南方的植被类型选择较多，降雨量较大，更适于植被较快生长（图6-15至图6-19）。

从4组日净固碳量对比图可以看出，个别对照单项有一定的下降，主要是因为选择植被类型与植被搭配结构有一定的关系。但是四组总量均有一定的提升，其中安吉提升水平最为明显，右玉提升水平较低。

二、示范区城镇绿地单位年固碳量

依据四个示范区建设的规模和植被覆盖水平，计算各示范区示范范围内的

■ 对照组 ■ 示范组

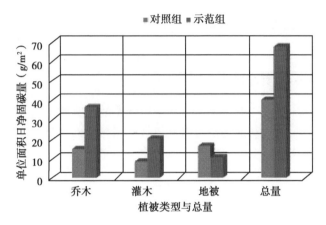

图 6 – 15　安吉单位面积日净固碳量对比

■ 对照组 ■ 示范组

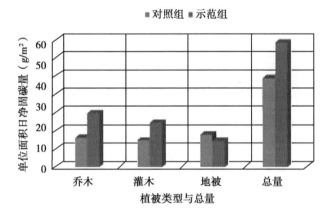

图 6 – 16　毛集单位面积日净固碳量对比

年固碳量（表6 – 8）。

表 6 – 8　各示范组日净固炭量与年固碳量

示范区	单位面积日净固碳量 （g/m² · d）	示范面积 （m²）	植被覆盖率 （%）	日净固碳量 （kg/d）	年固碳量 （t）
安吉	67. 28	2 300	95	147. 01	53. 66
毛集	58. 75	2 300	95	128. 37	46. 85
竹林	38. 97	13 340	90	467. 87	170. 77
右玉	32. 32	6 670	90	194. 02	70. 82

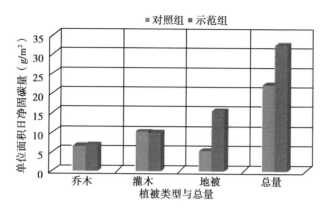

图 6 – 17　竹林单位面积日净固碳量对比

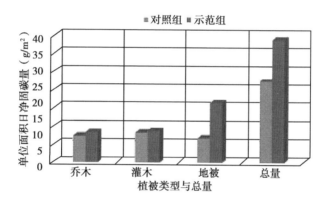

图 6 – 18　右玉单位面积日净固碳量对比

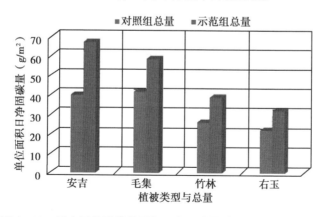

图 6 – 19　四个示范区单位面积日净固碳量对照组与示范组对比

主要参考文献

[1] Forman R，Godron M. 景观生态学[M].肖笃宁译. 北京：科学出版社，1990.

[2] Lubchenco J. The sustain able biosphere initate research agenda [J]. Ecology，1991，72：371 – 412.

[3] 肖笃宁，解伏菊，魏建兵. 景观价值与景观保护评价[J].地理科学，2006，8（4）：506 – 512.

[4] 肖笃宁，高峻，史铁矛. 景观生态学在城市规划和管理中的应用[J].地球科学进展，2001，16（6）：813 – 820.

[5] 宗跃光. 城市景观规划中的廊道效应：以北京市为例[J].生态学报，1999，19（2）：145 – 150.

[6] 李月辉，肖笃宁，高琼，等. 沈阳市市域景观功能区划及发展策略[J].应用生态学报，2007，12（18）：2 821 – 2 826.

[7] 李德华. 城市规划原理（第四版）[M].北京：中国建筑工业出版社，2010.

[8] 刘斯斯. 城市规划"田园"梦想[J].中国投资，2012，12：100 – 101.

[9] 陈烁，刘希. 霍华德的"被选择"[J].福建建筑，2012，4：1 – 3.

[10] 李苗，张杏梅. 诌议霍华德"田园城市"思想对统筹城乡发展的启示[J].德州学院学报，2012，8（28）：83 – 84.

[11] 王影. 建设世界现代田园城市理论综述[J].成都大学学报（社科版），2011，1：23 – 25.

[12] 周明生，李宗尧，孙文华. 田园城市：统筹城乡发展的一种城市理想形态——来自江苏苏北地区的调研与思考[J].江苏城市规划，2009，3：7 – 8.

[13] 孙建平，土春霞. 国内"生态城市规划"的概念辨析[J].中华建设，2007，1：84 – 85.

[14] 芒福德. 城市发展史[M].北京：中国建筑工业出版社，2008.

[15]　王英．浅析霍华德的田园城市理论[J]．潍坊学院学报，2011，2（11）：51－53．

[16]　王丹．建设美丽中国，实现中华民族永续发展[J]．开封大学学报，2012，12：91－100．

[17]　张崇宝．长春市绿地系统生态建设与可持续发展研究[D]．长春：东北林业大学，2005．

[18]　赵茜，齐康．生态园林与城市可持续发展［J］．建筑与文化，2013（11）：100－101．

[19]　胡京．寻找交接点[J]．新建筑，1999（2）：18－20．

[20]　甄文．城市可持续发展建设中园林建设的意义[J]．现代园艺，2013（6）：118．

[21]　邓宝忠，等．园林生态建设与城市可持续发展[J]．防护林科技，2004（5）：64－66．

[22]　罗勇．城市可持续发展[M]．北京：化学工业出版社，2007．

[23]　李娟，张金辉，张增强．城市绿地系统功能研究[J]．环境经济，2013，8：55－56．

[24]　孙少坤．城市绿化与可持续发展[J]．科技创新与应用，2013，31：133．

[25]　陈永生，徐小牛，张前进．合肥城市绿地系统的景观生态评价[J]．长江流域资源与环境，2012，12：1 536－1 541．

[26]　肖笃宁．试论景观生态学的理论基础与方法论特点[M]．北京：中国林业出版社，1991．

[27]　余蓉．城市绿地系统景观生态规划研究[J]．华中农业大学学报（社会科学版），2007，5：113－116．

[28]　姜允芳，石铁矛，赵淑红．区域绿地规划研究—构筑绿色人类聚居环境[J]．规划研究，2011，35（8）：27－30．

[29]　付帅，扈万泰．生态城市可持续发展的若干思考：中国城市规划年会论文集[C]．大连：大连出版社，2008．

[30]　屠梅曾，赵旭．生态城市可持续发展的系统分析[J]．系统工程理论方法应用，1997，6（1）：45－52．

[31]　葛剑强．园林化城市空间的建构[J]．科技情报开发与经济，2008，18（25）：73－75．

[32]　冯成果．植物生态规律在城市绿地系统中的应用[J]．农业开发与

装备，2012，6：238 – 239.

[33] 李敏. 从田园城市到大地园林化：人类聚居环境绿色空间规划思想的发展[J].建筑学报，1995，6：10 – 14.

[34] 张卫宁，李保峰. 人类聚居环境的可持续发展观：绿色建筑[J].中国环境管理，1998，8（4）：44 – 46.

[35] 于亚琴. 论人类聚居环境的发展[J].职业技术，2011，5：126.

[36] 陈照. 城镇绿地布局研究[D].北京：北京林业大学，2009.

[37] 张浪. 特大型城市绿地系统布局结构及其构建研究—以上海为例[D].南京：南京林业大学，2007.

[38] 方颖. 城市森林绿地系统的生态环境功能研究[D].南京：南京林业大学，2006.

[39] 陈佳楠. 浅谈现代城市绿地规划设计[J].内蒙古林业调查计，2013，36（6）：72 – 74.

[40] 闫勤玲，姜娜，董音. 小城镇绿地系统规划研究 [J]. 小城镇建设，2013，5：019.

[41] 王亦聪，黄赞，李瑶，等. 新型城镇绿地系统空间布局适用模式研究——以固安县为例[J].安徽农业科学，2012，40（20）：10 504 – 10 507.

[42] McHarg I. Design with nature：garden city [M]. New York：The Natural History Press，1969.

[43] 欧阳志云，王如松. 生态规划的回顾与展望[J].自然资源学报，1995，10（3）：203 – 215.

[44] 邢忠. 边缘效应与城市生态规划[J].城市规划，2001，25（6）：49.

[45] 黄光宇，杨培峰. 自然生态资源评价分析与城市空间发展研究[J].城市规划，2001，25（1）：67 – 71.

[46] 沈清基. 城市生态与城市环境[M].上海：同济大学出版社，1998.

[47] 王祥荣. 上海浦东新区持续发展的环境评价及生态规划[J].城市规划汇刊，1995（5）：46 – 50.

[48] 解晓南，于春，程俊军. 生态型城市用地布局的优化[J].城市环境与城市生态，2003，16（6）：151 – 152.

[49] 张利权，陈小华，王海珍. 厦门市生态城市建设的空间形态战

略规划[J].复旦学报（自然科学版），2004，43（6）：995 – 1 009.

[50]　王文杰，王桥，潘英姿，等.三峡库区生态系统胁迫特征与生态恢复研究：以重庆开县为例[M].北京：中国环境科学出版社，2007.

[51]　冯效毅，刘晓博，刘春阳.重要生态功能区划方法研究[J].污染防治技术，2006，19（5）：11 – 14.

第七章 城镇湿地碳汇保护与提升技术模式及其评价

第一节 城镇湿地碳汇功能形成和评估

一、城市湿地碳汇特征

对于全球生态系统来说，湿地生态系统通过生物、化学或物理过程从大气中捕获并长期储存二氧化碳，从而能够有效降低区域二氧化碳浓度，减少温室效应[1~3]。湿地植物通过光合作用吸收大气中的二氧化碳，并将其转化为有机质，积累大量的有机碳和无机碳。湿地土壤因长期处于水分过饱和状态而具有厌氧的特性，土壤中微生物以嫌气菌类为主，活动相对较弱，植物死亡后的残体经腐殖化作用和泥炭化作用形成腐殖质和泥炭，由于得不到充分的分解，经长年累积而逐渐形成了富含有机质的湿地土壤。不同类型的湿地固碳潜力不同，泥炭湿地的碳积累速率为 $20 \sim 50g/ (m^2 \cdot 年)$，在过去 6 000 年里泥炭湿地积累的碳是 $200 \sim 445Gt$，相当于将大气中 CO_2 浓度降低了 $50 \times 10^{-6} g/m^3$；沿海湿地的碳积累速率为 $(210 \pm 20) g/ (m^2 \cdot 年)$；红树林湿地能够将湿地生态系统中约60%的碳固定下来，固碳速率为 $99.6 \sim 280.8g/ (m^2 \cdot 年)$；湖泊湿地的固碳速率 $3.48 \sim 123.3g/ (m^2 \cdot 年)$，全球年固碳量可达到 42Tg；水库生态系统的固碳速率为 $400g/ (m^2 \cdot 年)$，全球年固碳量可达到 $160Tg^{[4]}$。湿地碳循环过程可用以下公式来描述：

$$NECB = dC/dt \tag{1}$$

$$NECB = NEE + FCO + FCH4 + FVOC + FDIC + FDOC + FPC \tag{2}$$

式中，NECB 为净生态系统碳平衡，NEE 为生态系统净交换率，FCO 为一氧化吸收率，FCH4 为甲烷释放率，FVOC 为挥发性有机碳吸收率，FDIC 为输入生态系统的可溶性无机碳，FDOC 为输入生态系统的可溶性有机碳，FPc 为动物活动、火灾、水分解或风蚀等引起的参与生态系统的额外碳输入。

对湿地固碳能力的研究有助于确立不同类型湿地固碳能力的国际化指标[5]。湿地固碳潜力通常可由公式（3）定义：

$$CSP = CSR \times A \tag{3}$$

其中，CSP 为固碳潜力，CSR 为固碳速率，A 为区域面积。湿地固碳速率可通过植物、土壤产生的碳储量及其之间的交换量来计算[6]。目前，湿地固碳速率的研究主要采用生物量测算法。通过对湿地植物地上、地下及其凋落物生物量的收割和估算，结合植物光合作用方程式 $6CO_2 + 6H_2O = $（酶/叶绿体，光）$C_6H_{12}O_6 + 6O_2$ 进行测算。例如，湿地植物年生产 162g 干物质，可吸收二氧化碳 264g，即 1t 干物质吸收二氧化碳的量为 1.63t。

$$WC = NPP \times A \tag{4}$$

式中，WC 为湿地植物地上干物质量（g），NPP 为湿地植物单位面积地上生物量（g/m^2），A 为区域面积（m^2）。根据二氧化碳的分子式和原子量，可转换为碳吸收量。该方法简便易行，能够体现湿地短期固碳效果。

城市湿地是在城市内或城市近边的湿地。城市湿地是城市景观单元中最重要的近自然空间，包括分布于城市区域内的河流湿地、湖泊湿地、沼泽湿地以及河口海岸湿地，既有天然的也有人工的，体现出类型的多样性和成因的复杂性，其构成了城市景观中的斑块和廊道。由于城市湿地在城市生态建设中具有特殊的作用，因此也被称为"城市之肾"。城市湿地公园是指纳入城市绿地系统规划，具有湿地的生态功能和典型特征，以生态保护，科普教育，自然野趣和休闲游览为主要内容的公园。随着经济的发展，现代城市生活的需要以及人们对湿地认识的提高，从 20 世纪 60 年代起，人们在全球范围内注意保护和恢复湿地生态系统，并取得了明显的成效。在此基础上，积极开展了湿地公园建设，对湿地生态系统开始了更为合理的利用，享受湿地赋予的特有的生态和景观等功能[7~9]。

（一）城市湿地的功能

城市湿地具备了其他城市自然生态系统不可替代的众多生态服务功能，是城市绿地生态系统的重要组成部分，它在保障城市生态安全方面发挥了巨大的作用，决定着城市的健康及可持续发展[10]。其具体的功能主要表现在以下几方面：

1. 净化水质，防洪蓄水

湿地在净化水质、防洪蓄水方面发挥着极其重要的作用。湿地可缓冲水流动，沉积淤泥和残渣；湿地中的水生植物能降低污染物浓度并吸收水中过高的

N 和 P 元素（例如：菖蒲，美人蕉等），防止水体富营养化[11]。湿地同时又是蓄水防洪的天然海绵，可从四周吸水并存储水资源，是世界的大水槽。因此，一方面，在降水季节分配和年度分配不均匀的情况下，通过天然和人工湿地的调节，储存过多的雨水，避免城市发生洪水灾害，保证城市工业生产和居民生活的稳定水源；另一方面，随着城市工业的发展，工业污染物、有毒物质进入湿地，通过湿地的物理、化学和生物过程，可使有毒物质沉淀、降解和转化，起到净化水质的作用。

2. 调节气候，改善环境

城市湿地影响着区域小气候。湿地植物，尤其是挺水植物和湿生植物的蒸腾作用可保持城市空气的湿度，使城市环境质量得到改善和提高。在有城市森林的湿地中，大量的降雨通过树木的蒸腾和蒸发，返回到大气中，然后又以降雨的形式降到城市森林周围地区。如果湿地被破坏，区域的降水量就会减少，城市的空气就会变得干燥，使人感到很不舒服。例如：中国西藏的拉鲁湿地，它不仅调节着拉萨干燥的气候，还日夜不停地制造大量的氧气，这在缺氧干旱的高原城市尤显珍贵[12]。湿地植物还可吸收大气中的 CO_2、H_2S 等有毒害气体，从而达到净化空气，减缓城市热岛效应，改善城市环境质量的作用。

3. 保护生物，建立家园

生物多样性是人类社会赖以生存和发展的基础，保护生物和遗传多样性在城市生态建设中具有特殊作用。湿地在维护生物多样性方面具有非常重要的地位和作用，淡水湿地拥有世界上 40% 的物种，其中 12% 为动物物种。依赖湿地生存、繁衍的野生动植物极为丰富，生物多样性越丰富，其城市生态系统的稳定性就越好[13]。例如：上海崇明东滩涂湿地是国内惟一的一处与候鸟保护区相邻的湿地公园，有 100 多种数量达 200 万～300 万只候鸟栖息在那里。上海的湿地若是丧失了，失去的不仅仅是鸟类，更是上海的文明形象和可持续发展。世界上淡水物种中，一半的物种受到灭绝的威胁，湿地作为重要的生物遗传天然的基因库，对维护野生生物种群的生存、筛选和改良均具有重要意义，它为野生生物物种繁衍、生息建立了家园[14]。

4. 提供资源，开发水电

湿地动植物资源极其丰富，可作为生产者为城市提供轻工业的主要原料，为城市居民提供营养美味的副食品，湿地动植物资源的利用还间接带动着城市加工业的发展。在杭州，人们吃的鱼大部分是西溪湿地提供的，很多水生植物也可以食用，例如：海菜花、莼菜等。岸边生长的桑树为蚕提供食物，很好地支撑了杭州的丝绸业。湿地还能够提供多种能源，从湿地中直接采挖泥炭用于燃烧，湿地中的材草作为一种生物质能可用做薪材，湿地中巨大的淡水资源也是人类发展工农业生产和生活用水的主要来源。城市湿地在输水、储水和供水方面也发挥着巨大的效益。如巢湖和董铺水库每年分别为合肥市提供城市用水约1亿t和0.7亿t。湿地还有着重要的水运价值，水电开发潜力等[15]。

5. 休闲娱乐，文化服务

城市湿地是城市居民日常休闲、度假的重要场所，也是外来游客观光旅游的好去处。仅杭州西溪国家湿地公园一期工程对外开放后，就吸引了国内外大量的游客，据2005年5月10日杭州日报报道，五一旅游黄金周期间，西溪国家湿地公园在一期工程结束后对外开放的3.46km^{2}的面积内共接待游客5.2万人次。在随后的5月17日一天竟接待游客近12万人次[14]。可见，在生活水平日益提高的今天，满足精神的愉悦已经成为现代人追求的更高的生活目标。有些湿地因含有过去和现在生态过程的痕迹，而被用来开展环境监测、全球环境变化趋势、城市热岛效应、对照实验等科学研究。同时，一些湿地物种烙下了生物进化、环境演变等方面的重要信息，这些都为环境教育和科学研究提供了重要的材料和实验基地。

城市湿地已被看作是城市生态基础设施或绿色基础设施之一，是城市生态安全的保障和城市文明的象征。城市湿地生态系统最主要的功能是环境功能和社会功能。一些学者在综合前人研究成果的基础上，根据城市湿地的特点，提出了相对比较完全的城市湿地功能界定，即环境调节、资源供应、灾害防控、生命支持、社会文化等5类15项生态服务功能；笔者认为城市湿地还具有中水利用、城市用水、水运交通、野生动物栖息地、教育科研、提供就业等6项功能[16]。

（二）人类活动对城市湿地碳汇功能的影响

人类对城市湿地资源的不合理利用，使维持湿地生态系统至关重要的生物、化学和物理过程普遍受到严重干扰，导致城市湿地生态系统退化、生物多样性丧失、环境服务功能下降等一系列生态环境问题，对城市自身的可持续发展造成危害。

1. 面积锐减，内部生境破碎化

在城市化的进程中，随着社会、经济的发展以及房地产的大幅度开发，城市湿地大量被城市建筑和人工地表所代替，城市水面率逐步降低，不透水地面积逐步扩大，由此导致城市湿地系统逐步消失，城市生态环境恶化。据相关研究，美国在上世纪初市区和郊区的湿地总面积为69 000km^2[17]。到了1990年，由于人类的强烈扰动引起土地利用和水文系统的改变，导致湿地面积减少了

50% 以上。我国近 40 年来，城市化程度较高的沿海地区已累计丧失湿地 2. 19 万 km²，相当于全部沿海湿地的 50%。其中上海的淡水河流、湖泊的河面率，由 20 世纪 80 年代初的 11.1% 减少到最近的 8.4%[18]。北京从 20 世纪 60 ~ 70 年代中期至目前，有 8 个湖泊共 0.334km² 湿地被填。具有 500 年历史的护城河也遭同样厄运，1953 年护城河长为 4 119km，现在剩下的总长度不到原来的一半。武汉市在 20 世纪 50 年代有大小湖泊 218 个，湖泊总面积达 879km²。到 90 年代初，武汉中心城区主要湖泊仅剩 35 个，总面积约 64km²。到了 1998 年，只剩 27 个湖泊，实际面积 60km²，比 10 年前净减水面 3.34km²，仅为 50 年代的 6.82%，湖泊面积锐减速度惊人。Arnold 和 Gibbons 研究指出城市湿地面积的缩小使城市地区的热岛效应明显加大，地表水洼蓄和下渗能力大大减弱，河道防洪压力明显加大，促使内部生境破碎化。Booth 和 Jackson 认为人类不断对湿地进行围垦、淤积、开沟排水，取得土地，使得大块湿地被分割成面积较小、孤岛式的零碎斑块，斑块之间连接度下降，增加了湿地内部生境破碎化程度[19]。

2. 湿地水质受到严重污染，富营养化加剧

在城市化的进程中，城市人口迅速增加，产业高度集中，生产和生活产生的大量污水和废水未经处理排入河湖湿地，大量化肥、蓄禽污染随地表径流汇入湿地，大大超过了河湖湿地的自净能力，造成河道水质下降，水功能萎缩，破坏了湿地环境。研究者对 1974—1995 年苏格兰水质的时空变化进行了分析，城市区域氨氮、磷悬浮物浓度、重金属含量较高，主要原因是城市地区的人类活动剧烈，对水资源的利用程度较高并造成了很大程度的污染。盖美和田成诗对我国大连市近岸海域湿地水环境质量、影响因素进行了分析，并建立了水环境特征值与影响近岸海域污染因子多元回归方程，结果表明废水排放总量、人均第三产业产值和城市污水处理率是影响近岸海域水环境的主要因素[20]。

北京五大水系 52 条河段中，BOD 超标的为 44 条，占污染河段的 89.8%[21]。据 2001 年上海市水资源公报，上海全市 16 条主要骨干河道Ⅳ类水及劣于Ⅳ类水的河道占 50%。水质恶化使河流湿地中的大量生物死亡，生物物种大幅度地减少，并由此造成水土流失，河道严重淤积，对其周围环境也造成污染，降低了湿地的生态及社会服务功能。

3. 过度挖掘、湖泊淤积

由于城市湿地承担着一个城市生态兼人文旅游景点的特殊性，就要求在湿地内修建许多人文及民俗景点和公共服务设施。这些地点的修建必然要占据一定的土地。在没有足够土地的情况下，人们只好围湖造地，过度的挖掘就可能

导致湿地沼泽化程度加剧，水面萎缩，水量减少，湖泊淤积，致使种群竞争加剧，生物多样性锐减。还有一些是因为人们盲目地追求经济利益导致湿地面积的萎缩。例如：四川若尔盖湿地，原为 50 万 hm^2 的泥炭沼泽地，如果利用的好将是一个巨大的水库，可以源源不断地为黄河输送水，同时也是一座天然的防风沙屏障，保护着成都的生态环境。但在 20 世纪 70 年代，为盲目追求畜牧业发展，人们将泥炭沼泽地的水排干，以扩大草场面积，提高载畜量，结果导致鼠兔泛滥，大面积草场严重退化、沙化，现在再难恢复到原来的样子[22]。

4. 人为破坏、功能降低

城市湿地是城市的生态屏障，并具有很高的休闲旅游价值[23]。但遗憾的是，在开发利用以及观光旅游的过程中，人为破坏现象很严重，如许多城市边缘的河岸与海岸被堆砌成高高的水泥墙，人为地束缚了江水、河水与海水，影响了河滩、海滩的发育，景观可视性下降，同时不利于防洪、防风暴；另一方面，许多工程（如沿海景观大道）直逼沙滩、海岸，在破坏景观的同时，还干扰了滩涂发育及水鸟的栖息和觅食。此外，在一些城市边缘湿地自然保护区，至今仍有不少违法活动，如炸山采石、围捕鸟禽，导致鸟类种群数量下降，严重影响了城市湿地休闲旅游功能的实现。

5. 生物入侵现象日趋严重

在城市湿地的治理过程中，外来物种的盲目引进，在很多方面已对当地湿地原有生物带来不利影响，并已成为威胁区域生物多样性与生态环境的重要因素之一。外来侵入种引起的生态代价是造成本地物种多样性不可弥补的消失以及物种的灭绝，其经济代价是农林渔牧业产量与质量的惨重损失与高额的防治费用。在美国，生物入侵给生态和经济造成了巨大损害，现在每年可造成 38 亿美元的经济损失[24]。生物入侵已经成为导致物种灭绝的第二位因素，仅次于生境的丧失。在湿地生态系统中，外来物种侵入而导致物种濒危和灭绝的现象尤其明显。施虐上海崇明岛的互米花草（*Spartina alterniflora*），因其具有固沙促淤作用，20 世纪 20 年代从美国引进，由于缺少天敌，互米花草目前成为整个崇明海滩的绝对霸主，导致鱼类、贝类因缺乏食物而大量死亡，水产养殖业受到致命创伤，而食物链的断裂又直接影响了以小鱼为食的鸟类的生存。互米花草目前又在福建沿海等地大量蔓延，造成沿海滩涂大片红树林的死亡。水葫芦（*Eichhornia crassipes*）在世界多个国家爆发成灾，从 80 年代开始，在我国南方许多河道泛滥成灾，殃及南方 10 多个省市。大米草（*Spartina anglica*）原产于英国南海岸，我国 20 世纪 60 年代从英国引种成功后，先后在全国沿海开始大面积推广[25]。到 1997 年北起辽宁南至广东均有分布，在我国引起生态灾害，在北美等地区引起大面积入侵，大米草已由保滩固堤、促瘀造陆的先锋植物转变成为一种全球性害草。

6. 管理混乱，法制体系不完善

城市湿地保护管理及开发利用牵涉面广、涉及部门多，至今尚未形成良好的协调机制。不同地区和部门因在湿地保护、利用和管理方面的目标和利益不同，矛盾较为突出，影响了湿地的科学管理。同时湿地保护、管理的技术手段也比较落后，缺乏现代管理技术和手段。目前还没有一部关于湿地保护与合理利用的专门法律、法规。已有的相关法律、法规中有关湿地保护的条款比较分散，且不成系统，无法可依或法条相互交叉、重复的情况并存，难以很好发挥作用。另外，目前湿地保护和合理利用的宣传、教育工作滞后于经济发展和资源保护形势的要求，宣传教育工作的广度、力度、深度都不够，全社会还普遍缺乏湿地保护意识，对湿地的价值和重要性缺乏认识[26]。

二、人类活动对城市湿地碳汇功能的影响

湿地由于其自身的特点，在植物生长、促瘀造陆等生态过程中积累了大量的无机碳和有机碳。加上湿地土壤水分子饱和状态，具有厌氧的生态特性，因此土壤微生物以嫌气菌类为主，活动相对较弱，湿地积累的碳每年大量堆积而得不到充分的分解，逐年累月形成了富含有机质的湿地土壤。因此许多类型的湿地都具有较高的固碳潜力。就全球湿地系统而言，固碳是湿地生态系统参与陆地生态系统碳循环的一项重要服务功能，湿地储存的碳占陆地土壤碳库的18%～30%，是全球最大的碳库之一[27]。湿地，特别是泥炭湿地，一方面因储存着大量的碳而具有碳"汇"的特征，另一方面因是温室气体的释放源而具有碳"源"的特性，因此它具有碳源、碳汇的双重性。此外，湿地沉积流域生态系统中的碳因溶解释放而进入邻近的生态系统，影响其固碳效率。

由于湿地生态系统类型的多样性和结构的复杂性，湿地在碳排放方面存在多种的限制因素（图7-1），通过对以上条件的总结整理，绘制如下临界条件因素关系图（图7-2）。从图中可以看出，湿地"碳汇/源"功能受植物、水位等几大因素的共同作用[28]。植株数量影响光合作用效率，进而影响 CO_2 的吸收与排放。植株数量增多，CH_4 排放通道更为顺畅，但过高的密度会起到相反的作用。植株高度一定程度上影响植物自身的通气组织，通气组织又为 CH_4 排放的主要通道，由于 CH_4 排放量中有90%是通过植物的通气组织传输至大气，植物通气组织宽阔与通畅会大大提高 CH_4 的排放，通气组织的宽畅也会使大气中的 O_2 顺利进入湿地中，加速 CH_4 与 O_2 作用生成 CO_2 的进程。植物

的种类与数量都会影响植株根部所释放的分泌物，作为产甲烷菌的营养物质，它的增加会在一定程度上增大产甲烷菌的活性，CH_4 产量增加，而分泌物对于 CO_2 通量的影响并不明显。植物的根系分泌物作为产甲烷菌/甲烷氧化菌的营养物质，其含量变化会影响到温室气体的排放[29]。就水分来讲，CH_4 排放量随积水高度增而增大，但当积水高度淹没植株茎部时，由于 CH_4 排放通道受阻，其排放量会减少；CO_2 的排放需要有氧环境，因此其与积水高度、潜水高度呈反比。在土壤湿度方面，通过给予土壤适当水分，增大土壤的团粒结构可

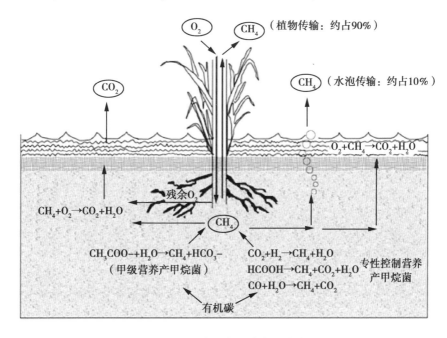

图 7 - 1　湿地生态系统碳排放过程

使 CH_4 氧化率增大。CO_2 排放伴随土壤湿度的增加而增加，但湿度过大会使土壤颗粒黏结性增大，通透性降低，因此 CO_2 的排放会受到抑制。目前尚未见到有关水质对于 CH_4 及 CO_2 排放量影响可能的作用机理的研究。但整体看来，水体质量的下降会引起水体透明度的下降、生物多样性的减少等后果。此外植物的死亡会使得湿地吸收 CO_2 的功能会大打折扣且温室气体的排放量会大大增加。因此湿地水质的恶化会严重破坏湿地的"碳汇"功能。研究表明：CH_4 排放通量随土层深度的增加而减少。究其原因，可能是由于湿地表层土壤沉积物有机碳年龄较少，对于例如 pH 值、温度等条件的变化较为敏感，有机质较易分解造成。pH 值、底物、温度等则是通过作用于湿地微生物、产甲烷

菌、甲烷氧化菌来影响 CH_4 通量，其中产甲烷菌的最适 pH 值为 6.9 ~ 7.2，25℃则是产甲烷菌的最适宜温度，但 CO_2 通量与其关系并不明显。CH_4 的排放往往是在厌氧还原条件下进行，即氧化还原电位较低时，CH_4 排放量较大。有研究显示，当氧化还原电位小于 - 150mV 时，产甲烷菌才能产生 CH_4，而当氧化还原电位从 - 200mV 下降至 - 300mV 时，CH_4 的排放量可增大 17 倍。CO_2 在湿地中有 CH_4、O_2 反应而成，因此其排放通量在一定程度上也受到氧化还原电位的影响[30]。

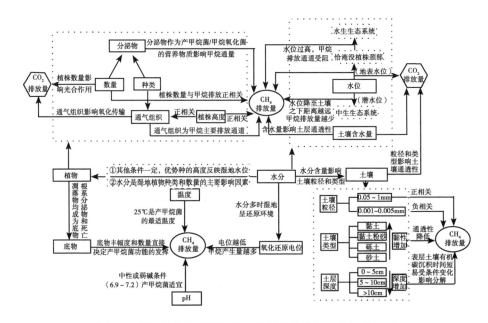

图 7 - 2　湿地生态系统碳源碳汇临界条件各因素之间的关系

水位是影响湿地碳源/汇功能最为主要的因素，其主要作用为影响湿地的氧气含量与植物的通气组织，进而影响温室气体的吸收与排放。降低水位会引起 CH_4 排放量的减少与 O_2 排放量的增加。如何平衡湿地中的水分状况对于湿地碳平衡的研究是当今研究中一个最为关键的问题。超过湿地土壤表层一段距离却又不淹没湿地植物茎部时为 CH_4 排放量最大的水位。土壤氧化 CH_4 的最佳水分含量则为与环境常年水分含量接近的土壤水分含量。在 Joshua 等对于阿拉斯加湿地的研究中发现，土壤排放 CO_2 的最佳水分含量高于氧化 CH_4 的最佳水分含量。土壤湿度越小，即土壤含水量越低，土壤的通透性越强，CH_4 排放量越大，但其对于 CO_2 排放的影响并不是很明显[31]。

植物的通气组织是影响湿地温室气体排放的重要因素，由以 CH_4 排放最为明显。通气组织的宽敞会使得 CH_4 排放速率大大增加，但通道的"宽广"也会使进入湿地中的 O_2 速率增加，因此 CH_4 受氧化，CO_2 排放增加[32]。但总体看来，其 CH_4 排放增大量远远大于 CH_4 受氧化量。

湿地土壤也是影响温室气体排放的一大因素[33]。由于有机碳形成时间问题，表层范围土壤有机碳最易被分解，生成温室气体。随土壤通透性的变化，CH_4 与 CO_2 的排放量均会发生相应改变。此外土壤粒径只是在一定范围内与 CH_4 排放呈现正负相关关系，但原因尚未明确。

pH 值、氧化还原电位、底物、温度等因素主要是影响温室气体中的 CH_4，对 CO_2 作用较小。其通过作用于产甲烷菌/甲烷氧化菌后对 CH_4 的氧化与排放产生影响。pH 值、氧化还原电位、温度对于 CH_4 排放均有最适宜的范围存在[34]。

城市湿地是指城市区域之内的海岸与河口、河岸、浅水湖沼、水源保护区、自然和人工池塘以及污水处理厂等具有水陆过渡性质的生态系统[35]。城市湿地作为城市中一个特殊的生态系统，具有重要的生态环境和社会服务功能。城市湿地对于城市的环境调节、资源供应、灾害防治以及人居环境的美化等方面都起到了不可或缺的作用，合理开发和利用湿地资源是确保城市可持续发展的重要前提。城市湿地对维持社会经济的可持续发展起着重要作用。居民对城市湿地的需求是客观事实，经济学家也将城市湿地视为自然资本，因为城市湿地具有经济价值、自然资源保护价值、文化价值和风景价值。城市湿地作为环境资源，经济学家将其总经济价值定义为行为使用价值和情感使用价值。行为使用价值源于人们对城市湿地资源的利用，它可细分为直接使用和间接使用两部分。城市湿地作为废水排放地就是直接使用，人们对具有观赏价值的城市湿地的欣赏则属于间接使用。城市湿地的情感使用价值体现在，许多行为上没有使用城市湿地的人们愿意为维护城市湿地的生态平衡而支付费用，这些人是情感使用者，他们愿意支付的费用就反映了他们赋予城市湿地的价值。城市湿地的经济价值依赖于支付愿望，在城市湿地质量变化的经济价值评估中，付意愿就是一个人愿意为改善城市湿地质量所支付的最大费用。人们通过交易选择物品和服务，支付意愿就是该支付者对城市湿地经济价值所作出的评价。

而城市化将农田、林地或草地变成了不透水地面，释放了植被和土壤中贮存的有机碳，减少了植被和土壤的碳汇功能。市湿地的固碳作用对于城市中各生态系统固碳的作用巨大。城镇湿地是具有固碳、景观等多重作用的生态系统。为提高我国城镇的碳汇水平和减少 CO_2 排放目标，具有重要的示范推广意义。

三、城市湿地生态系统的生态服务功能

(一) 为湿地物种提供栖息地，完善人类栖息环境

中国是世界上湿地资源最为丰富的国家之一，自 1992 年加入《湿地公约》起至 2008 年 5 月 5 日，已被列入国际重要湿地名录的湿地总面积达 316.821 万 $hm^{2[36]}$。湿地环境中物种极为丰富，仅在中国，记载的湿地植物有 2 760 余种，而湿地动物也有 1 500 种左右，其中不乏对某些领域具有重大科研价值与经济效益的物种，如阳澄西湖的渔业资源带来的收益约为 1 001.3 万元，而为这些湿地物种提供一个优质的栖息场所是维系自然生态系统健全平衡的基本前提条件[37]。研究表明，物种多样性与栖息地面积间存在着幂指数关系：

$$S = cAz$$

式中，A 为栖息地面积；S 为物种数；c，z 为常数。

城市湿地空间形态有深潭、浅滩、沙洲，为生物多样性提供了宜居的生存环境。湿地岸线有凹有凸呈曲线，且常与自然河道连为一体，和湿地中的树木和其他植被共同作用减缓洪水的流速，加之湿地本身的蓄水功能 ($1hm^2$ 湿地通常能存储大约 9 354t 水)，城市湿地可明显减轻洪水对城市地区的破坏力，且其调蓄洪水的能力可通过对其水文调节效应进行价值评价表现出来，如洞庭湖调蓄洪水价值为 107.44 亿元/年[38]。城市湿地不仅可以为自然界物种提供一个品质优良、种类丰富的栖息场所，同时也可满足人类休憩旅游等需求，是保障人类栖息环境安全、健康的重要组成部分。

随着城市的日益扩张，建筑用地面积不断扩大，天然的自然栖息场所的空间严重萎缩。城市中的湿地是伴随城市化进程中受人类活动影响退化最快的土地类型之一。20 世纪 50~80 年代，我国天然湖泊由 2 800 个下降到 2 350 个，面积减少了 11%，这些退化大多数是由城市扩张活动所致[39]。我国第五大淡水湖巢湖，20 世纪初其湖面面积为 800km²，但在 1955—1985 年，湿地面积急剧萎缩，30 年内减少了近 200km²。不断扩张的城市与自然空间的竞争日趋激烈，二者的博弈或走向两败俱伤或走向互利共生，而身处城市范围内的城市湿地或许是二者走向互利共生关系的重要维系场所[40~44]。

(二) 调节城市地区小气候

城市湿地对周边环境影响的数值试验表明，城市湿地对一定半径范围内的小气候具有明显调节作用，典型城市湿地的最大调节距离平均为 267.34m[45]。

这种对小气候的调节作用主要以热调节作用为驱动力，其结果主要表现为区域内温度和风速的差别。总体来看，湿地热调节作用的强弱主要取决于湿地面积的大小。城市湿地的土壤长期处于积水或过湿状态，由于水的比热容较大，因而受城市湿地影响的附近环境温度的改变幅度较无水的地表小。白天沿海地区比内陆地区温升慢，夜晚沿海温度降低少；一天中沿海地区温度变化小，内陆温度变化大；夏季内陆比沿海炎热，冬季内陆比沿海寒冷。这种现象正是由于水与陆地之间物质属性中比热容的差异导致的，不仅体现了城市湿地的调节原理，同时体现了城市湿地生态系统调节小气候的服务价值。比如，深圳市西丽水库在炎热夏天的降温作用的服务价值折算为 5 441.83 万元/年[46]，凸显了城市湿地对降低夏季因炎热运转空调所耗电能的贡献。由于城市湿地大量存在的水蕴含着巨大的热容量，城市湿地与建筑密集区近地层气温形成温差，温差形成空气密度差，因此形成城市内部地区间的风环境。城市湿地对内部风环境具有重要调节作用，且城市湿地空间相比于建筑密集区较为开阔，对气流的阻碍作用小。这种局部风环境有助于促进湿地环境与建筑密集区之间的空气对流交换，提高建筑密集区内空气含氧量，净化空气中细菌数量。根据各城市的具体情况对城市湿地的优化有利于湿地—风环境—城市生态系统的完善。此外，通常相同面积的城市湿地蒸发量是水体水面的 2 ~3 倍，从而提高空气湿度，增加人们舒适度，同时有助于补充当地的降水量等。

（三）调控城市生态系统中碳、氮等物质循环

城市生态系统是受人类活动干扰最强烈的地区，已经演化为一种高度人工化的自然—社会—经济复合的生态系统。由于城市的物质空间构成与自然界有很大区别，如城市普遍面貌之一——量存在的覆盖地表的建筑物和道路及硬质铺装层，打破了自然环境中土壤原本作为物质循环重要媒介的基本结构，造成城市生态系统中碳、氮等物质循环的断裂与不畅，而城市湿地的存在有助于弥补这些断裂与不畅[47]。

1. 固碳作用

全球湿地面积之和仅占地球陆地面积的 4% ~6%，但却是全世界最大的碳库，湿地生态系统储碳量占陆地土壤碳库的 18% ~30%，且具有持续的固碳能力，如水库湿地系统的固碳速率为 $400g / (m^2 \cdot 年)$，每年可为全球固碳 1.6 亿 $t^{[48~51]}$。在城市湿地系统内，植物的生长与衰亡产生了物质交换与循环，而湿地土壤作为物质交换与循环的媒介则积累了大量的有机碳与无机碳。由于湿地土壤富含大量有机残体、甲烷和氢等还原性物质，使其地表环境表现为还原环境，微生物的分解活动较弱，表现为土壤中有机残体和释放 CO_2 的速度较慢。湿地中土壤通过长期对碳的积累形成有机质丰富的湿地土壤层和泥炭层，起到了固碳作用。城市湿地内植物可大量截留空气中的 CO_2，如过去 6 000 年里泥炭湿地通过截留共使大气中的 CO_2 浓度降低 $5 \times 10^{-5} g / m^3$。植物通过光合作用将外界的 CO_2 转化为自身的生物量，则是城市湿地生态系统中固碳的最主要途径，植物每生产 1g 的生物量，可以吸收固定 1.63g 的 CO_2 和释放 1.19g 的 O_2。通过计算出植物固定 CO_2 的总量后经过折算得出总固碳量，再与碳税率相乘即可得到城市湿地中植物固定 CO_2 的总经济价值（如使用瑞典碳税率 150 \$/t 时，洞庭湖湿地植物的固碳价值为 14.31 亿元/a）。同时湿地植物固定 CO_2 时产生的 O_2 对提高城市空气的含氧量也具有重要作用，这在高海拔的拉萨市内表现得尤为明显。在拉萨市 O_2 的重要补给源拉鲁湿地范围内的植物每年可吸收 1.52 万 ~ 3.54 万 t 的 CO_2，产生 1.11 万 ~ 2.58 万 t 的 O_2[52~54]。

芦苇是湿地中最常见的水生挺水植物之一，生长较好的芦苇生物量可达 20 ~ 40t/hm^2，且固碳能力较强，是陆地植被平均固碳能力的 2.3 ~ 4.9 倍[55~57]。此外城市湿地的水底、污泥中还分布着光合细菌，据分析 1g 污泥里含有 10^5 个光合细菌，它们将 CO_2 还原为营养进行生长，但固碳总量较小，在城市湿地固碳作用中起到一小部分作用。不同类型的湿地固碳能力差异较大正是由营养物转化和有机物分解的速率和过程不尽相同所致。

2. 氮降解作用

在城市湿地中存在着大量参与不同形态氮转化的微生物，这些微生物主要来源于土壤、空气、污水或死亡腐败的动植物尸体等环境中。虽然城市湿地内植物也可直接摄取废水中的氨氮并通过合成蛋白质和有机氨来将其转化为自身的生物量，但植物的摄入量有限，氮降解作用微小。实验表明，通过植物吸收降解氮量只占 4% ~ 11%。湿地微生物是湿地环境中氮降解的主力军，湿地植物为其提供着良好的微生态环境。微生物对氮的硝化与反硝化过程是城市湿地系统中氮降解的主要途径，占湿地环境中总降解氮量的 89% ~ 96%，微生物中一部分固氮菌将大气中的氮还原为氨来完成固氮作用。同时城市湿地还可对城市空气中氮氧化合物（如 NO_2）和水体中的有毒物质（如亚硝酸根离子）的消除起着积极作用[58]。

3. 碳循环与氮循环

城市湿地通过湿地植物从大气中获取大量 CO_2 以及湿地中有机质的不完全分解产生的碳和营养物质的积累等固碳作用使城市湿地成为城市地区的重要

碳汇，其中部分碳又通过分解和呼吸作用以 CO_2 和 CH_4 的形式排放到大气中，实现城市湿地碳循环过程。微生物通过矿化作用将含氮有机化合物如动植物死亡后体内的氨基酸和水体中的含氮有机物转化为可溶性无机氮，并被植物所吸收。植物再将吸收来的可溶性无机氮通过植物体内几种重要酶的参与下实现氮同化过程，来合成氨基酸和蛋白质等有机氮化合物。动物通过捕食植物，完成有机氮从植物到动物间的转移，动植物死亡后沉积在湿地土壤中的有机残体被微生物分解为无机氮并参与到下一次的氮循环过程中。

（四）净化城市环境

1. 对含氮、磷污水的净化作用

城市生活着大量人口，同时伴随着大量生活污水的产生，虽有市政管网收集生活污水，但仍有一部分生活污水未能被收集处理而汇入到城市内地势低洼之处。中国城镇生活污水排放量为 330.0 亿 t，直接排入当地水库、湖泊、河流等水体中的农业与生活污水高达 95%，这些生活污水最大的特点就是氮、磷含量较高。湿地微生物对湿地环境中氮污染物具有高效去除功能，效率高达 70%~90%[59]。城市湿地中土壤湿度大，通气性差，这种土壤环境下微生物的反硝化作用较为强势，反硝化作用主要表现为将处于氧化态的氮化物转化为如氮气等气体释放或用于生物自身合成蛋白质。城市湿地对磷的净化主要通过土壤本身的吸附、沉淀和固定等作用将磷吸附于土壤颗粒之中，其余约 5% 的部分能被湿地植物吸收利用。以上净化作用对缓解城市水体富营养化以及对城市地表和地下水水质安全起到一定的保障作用。

2. 对石油等有机污染物的净化作用

石油型资源城市在石油的大规模开发过程中散失于地面的原油会造成土壤性质发生改变，引起城市生态系统的严重破坏。芦苇湿地对矿物油的净化率高达 88%~90%，对开采过程中落于地面的原油具有良好的净化效果。

3. 其他净化城市环境的方式

湿地水体可溶解空气中一些可溶性有害气体；湿地植物本身可吸收有害气体，如杭州西湖湿地每年吸收 SO_2 的总量为 621.7 t；湿地植物本身可吸附转化空气中的尘埃及有害气体，如拉萨拉鲁湿地每年可吸附拉萨市区环境空气中的尘埃总量达 5 475 t；湿地土壤对泥炭、灰尘等污染颗粒还有一定的沉淀作用[60]。

（五）重建城市传统物质空间格局

城市湿地具有丰富的平面与立体相结合的水体空间以及各种丰富的水生植

物、昆虫、鱼类及鸟类，这些都是充满灵韵的自然对人类的馈赠。它们的存在尽显自然界轮回罔替、生生不息的自然韵律。城市湿地构成了城市景观中的斑块和廊道，随着近些年越来越多城市湿地的出现，曾经独立存在于城市区域内的城市绿地系统固有的斑块结构（如传统的封闭管理模式下的公园）和廊道结构（如沿河湿地、绿带）的边界被逐步打破，城市湿地正在积极参与和城市其他功能区物质空间之间的互融进程以及对新型城市物质空间格局的构建过程。近些年来我国各地区展开了对城市湿地的生态恢复实践活动。在活动过程中，对城市湿地内部的恢复采用了传统生态学与景观设计学相融合的方法，在对城市湿地内物种进行合理配置的同时也对其内部景观要素的空间构成进行合理定向的组织，使之不仅满足生态系统基本功能同时又具有审美等文化艺术品质。通过将关于城市湿地内部生态恢复过程中得出的经验与传统的城市规划学科相结合，如把生态学中斑块、廊道等思想与模式延伸至城市湿地空间以外的整个城市规划领域当中，在完善城市生态系统的同时创造出生态化的景观效果，具有多重积极意义。人类天然就带有亲近自然的遗传属性，一个亲民的城市湿地不仅吸引着人们置身其中感受自然的美好，缓解由于快节奏的城市生活带来的身心压力，还能激发人们对自然依赖的感情，这种感情通过诗歌、绘画等文学艺术形式表达出来，丰富了市民精神文化生活，如在著名的杭州西湖湿地中，休闲旅游价值占其生态系统服务总价值的99.43%[61,62]，远超其他直接使用功能价值，可见西湖湿地主要提供文化旅游方面的服务价值。

（六）为公众提供生态教育场所

一种利益的快速发展往往伴随着以另一部分利益的牺牲与妥协。随着全球化进程的加快，湿地遭到人为破坏的因素增多，湿地面积减少、功能退化等环境问题日益凸显，如莱州湾区湿地 2005 年总平均生物量相比 1983 年时减少了 13.01 g/m^2，物种减少 58 种，由此导致了一系列的社会负面影响，湿地的保护与恢复成为了一个社会热点问题[63~65]。在这样的背景下，我国在全民湿地生态教育方面存在很大的欠缺。城市湿地在提供上述 5 种生态服务功能的同时还是一个对公众进行生态教育的天然的良好场所。城市湿地较为便捷的可达性能够吸引更多的公众深入其中游览、休憩，人们可以更加直观地观察湿地中丰富的动植物群落和珍贵的濒危物种，体验城市湿地这一小型生态系统。这种方式的生态教育不仅能普及人们有关湿地动植物的基本常识，增强人们对城市环境的保护意识，还能引发公众在观察与体验湿地之后产生的关于湿地带给人类的经济与社会效益的思考。通过对公众的生态教育，使社会形成一种新的生态自然观、生态价值观，对实现人类—社会—自然和谐发展、构建和谐社会、促进生态文明建设具有重要意义。

（七）间接产生其他效益

城市湿地不仅有助于其功能辐射范围内环境质量本身的改善，还会间接产生其他效益。一片优质的城市湿地带来的不只是一个或几个街区土地升值，而且会带动整个区域土地价值提高以及随之而来产生的一系列的经济与社会效益。近几年国内各大地产公司纷纷主攻以打造高品质宜居环境为主题的开发模式，其中有很多案例是利用靠近城市中湿地的区位优势或人造湿地的方法来提升开发地块的品质，这不仅引导着地产行业内部的发展趋势，同时也让人们在选择居住地时更看重周边的生态环境，更注重生活品质的提高。此外，城市湿地对空气过滤可减低居民患呼吸道疾病的概率，减轻医疗负担，提高居民健康水平与人口平均寿命；对水体的净化不仅可减轻市政系统的压力，与新技术相结合还可参与到新型水循环模式的过程中等等，城市湿地间接带给整个社会的效益是不可估量的。由于缺乏对自然环境的足够重视，我国大多数城市湿地发生退化或呈现出退化的趋势，自净和更新能力越来越差，生态服务功能逐渐衰退。被誉为云贵高原明珠的昆明滇池由于环境污染等因素导致的湿地退化已成为昆明市可持续发展的最大制约因素，滇池每年入湖污染负荷量超出其允许纳污量上限值的 2 ~ 3 倍，据测算滇池积累的总氮、磷量分别达 13.04 万 t、5.28 万 t[66,67]。想要改变这一现状除了增强对环境的重视程度外更需要的是加强对城市湿地领域科学、系统的研究。

四、城市湿地碳汇功能保护提升途径

（一）城市湿地保护与修复研究进展

1. 原则与目标

城市湿地的保护和修复要求生态、经济和社会因素相平衡。因此，除考虑其生态学的合理性外，还应考虑公众的要求和政策的合理性。其基本原则是：

（1）可行性原则　即环境的可行性和技术的可操作性；

（2）优先性原则　即恢复项目须有针对性，优先恢复稀缺湿地和濒临灭绝物种的生物栖息地；

（3）最小风险和最大效益原则　对被恢复对象进行系统综合的分析、论证，将风险降到最低程度；同时，还应尽力做到在最小风险、最小投资的情况下获得最大效益，在考虑生态效益的同时，还应考虑经济和社会效益，以实现生态、经济、社会效益相统一；

（4）连续性和整体性原则 城市中的水系廊道是城市内外湿地之间物质、能量和信息交流的主要通道，是联系市内自然栖息地斑块与市郊自然基质间的生物廊道；在城市湿地修复中，维护和利用城市的水系廊道、保持其连续性，是维持和恢复城市中自然景观生态过程及格局的连续性和完整性的主要措施；

（5）乡土原则 乡土原则是指城市湿地修复和景观建设需要尊重传统文化和乡土知识，维持当地自然生态环境的成分，保持地域性的生态平衡；

（6）美学原则 包括最大绿色原则和健康原则，体现在湿地的清洁性、独特性、愉悦性、可观赏性等许多方面。年跃刚提出城市湿地恢复与重建的三大目标：生态、景观和水质，即增加物种组成和生物多样性，实现生物群落的恢复，提高生态系统的生产力和自我维持能力；恢复湿地景观，增加视觉和美学享受；恢复湿地的水文条件，改善湿地的水环境质量。

2. 修复技术与进展

城市湿地的修复是指通过一些工程和非工程措施对退化或者消失的城市湿地进行修复或者重建，逐步恢复湿地受干扰前的结构、功能及相关的物理、化学和生物特性，最终达到城市湿地生态系统的自我维持状态，包括湿地水环境的修复和水质改善，湿地景观的修复与美化，生物、生境恢复与重建和生态系统结构与功能恢复与重建几方面[68]。自 20 世纪 70 年代开始，一些发达国家就开展了有关退化湿地生态恢复、重建的研究与实践，以保护并恢复退化的湿地生态系统。美国受损湿地恢复与重建开展得较早。在 1975—1985 年的 10 年间，美国联邦政府环境保护局（EPA）清洁湖泊项目（CLP）的 313 个湿地恢复研究项目得到政府资助，包括控制污水的排放、恢复计划实施的可行性研究、恢复项目实施的反应评价、湖泊分类和湖泊营养状况分类等。此后的几十年间，美国的水科学技术部（WSTB）、国家研究委员会（NRC）、环保局（EPA）和农业部（USDA）也对此展开了大量的相关研究[69]。加拿大、澳大利亚、英国、荷兰、瑞典、瑞士、丹麦、日本等国家在湿地恢复改善生态环境实践方面也取得了显著成效。比如，日本的霞浦湖湿地恢复计划，应用改进的分散家庭污水处理系统和除磷以及资源回收系统防止富营养化，采用河流/沟渠混合净化系统和电化学净化系统有效去除入湖河流的污染物质，采用疏浚底泥方法去除底泥污染，利用有益微生物去除藻类，获得了良好的效果。另外，随着城市化过程的加快和城市规划思想的发展，景观格局演变和景观生态规划已成为城市湿地研究的重要领域。在城市水环境治理中融入景观元素已经成为国内外研究的趋势，国外在水系治理的早期就应用景观生态学原理规划滨水区，并在设计中考虑了水质改善与景观的关系，如美国芝加哥海军码头的重建，英国利物浦的阿尔培托码头改建及曼彻斯特的运河河滨改建等。巴黎在1830 年的塞纳河污染整治方案中就涉及了两岸绿化带的设计[70]。

我国对退化湿地生态恢复、重建的研究与实践开始于 20 世纪 70 年代。研究主要集中在富营养化湖泊和滩涂以及一些城市湿地的生态恢复方面，尤其是在退化红树林恢复和综合利用方面。中国政府 1994 年制定的 "中国 21 世纪议程" 中，已经把水污染控制和湿地生态系统的保护和恢复作为我国的长期奋斗目标[71]。近年来，我国对东湖、巢湖、滇池、太湖、洪湖、白洋淀等浅水湖泊的富营养化控制和生态恢复获得了许多成功的经验。虽然我国对退化城市湿地生态恢复、重建的研究起步较晚，但发展很快。许多地区开展城市湿地的恢复研究，特别是在松花江流域的长春、哈尔滨；海河流域的天津；黄河流域的济南，长江中下游地区的杭州市、上海市等，西北地区的西安市，以及青藏高原的拉萨市拉鲁湿地区都实施了城市湿地恢复的重大生态工程。此后的发展方向必为把湖泊和河流等城市湿地的局部恢复扩大到整个流域的恢复，不但达到内环境结构和功能的调整和完善，而且在景观和生态系统水平上恢复其美学价值[72]。

（二）城市湿地的保护对策研究

一个健康的城市湿地系统，具有物种的多样性、结构的复杂性、功能的综合性和抵抗外力的稳定性特点。当外力扰动超过城市湿地的承受能力时，城市湿地的功能就会退化。城市湿地的保护及恢复，需要科学的规划理念和措施。水是湿地赖以生存和发展的根本，因此，开展城市湿地保护必须满足湿地对于水的基本需求。城市湿地物种多样性与流域不可渗透地面面积、湿地水面波动情况密切相关。当研究区域不可渗透地面面积高于 10% 时，城市湿地生境功能逐渐下降。有研究指出，在进行城市湿地物种保护时，对湿地水文特性要求应遵循：

（1）年均水面波动高度不能超过 20cm；

（2）一年的全部干旱期不能超过 2 周；

（3）避免流域发展过程中永久湿地转变为暂时湿地；

（4）一年中大于 15cm 水面波动的频率不能多于 6 次；

（5）一年中每一次大于 15cm 水面波动的持续时间不能超过 72h。

目前，对国内外城市湿地保护的研究集中在开展生态旅游、建立湿地生态保护区及湿地公园、加强湿地立法建设等方面。香港米埔湿地保护区的成功经验是开展生态旅游和环境教育，制定并成功执行一系列可行性的条例计划，施加可持续的管理措施。印度齐利卡湖的成功经验是：实施可持续管理，强调社区参与的重要性，注重环境监测和评估，采取各种措施，最大程度地减少对环境的消极影响，达到保护与合理利用湿地生态系统的目的[73]。美国的湿地缓解银行不仅在湿地缓解与补偿方面发挥越来越重要的作用，而且也向人们显示了湿地保护制度创新方面的一个重要方向和演进路径。近年来，我国大量研究者针对城市湿地保护措施也进行了一些相关研究。周玲霞和刘宏业研究了南京市浦口区城市湿地的开发利用现状，认为进行河流综合治理，保证湿地水源的补给是保护城市湿地的重要措施，另一方面，建立湿地生态保护区及湿地公园也有利于城市湿地的保护。李海生和陈桂珠也认为加强自然保护区的建设和管理、加强湿地公园的建设和管理是保护深圳城市湿地的重要措施。任丽燕等研究了环杭州湾城市规划及产业发展对湿地保护的影响，指出应通过调整建设用地规划、湿地占用补偿、城市湿地公园建设等措施，加强湿地保护[74]。

（三）城市湿地退化诊断与评价

建立定量的、动态的城市湿地生态系统退化诊断与评价指标体系，以定量方法划分城市湿地退化等级并确定相应的阈值，进而确定其退化的生态特征参数，探明退化过程与机制，并以此来研究退化城市湿地修复技术，是目前发展的一个重要趋势[75]。

（四）城市湿地退化机制

区分人为干扰的直接作用、生物入侵和全球气候变化导致城市湿地退化的过程与机制，以及对湿地生态系统的产生的影响[76]。深入研究城市湿地不同时间和空间尺度内的水循环以及水文特征变化对湿地沉积物、冲刷侵蚀以及水生生物的影响；定量分析和模拟城市湿地生物、物理及化学干扰幅度和频率对其生态系统的结构和功能的影响作用；分析全球气候变化带来的湿地面积减少、物种灭绝等一系列问题，定量揭示自然和人类活动各因子的影响。

（五）城市湿地退化修复技术

研究适合当地的城市湿地生物修复技术（物种选育和培植技术、物种引入技术、物种保护技术、种群动态调控技术、种群行为控制技术、群落结构优化配置与组建技术、群落演替控制与修复技术、生态系统结构与功能修复技术等）和生境修复技术（通过采取工程措施，维护基底的稳定性，稳定湿地面积，并对湿地的地形、地貌进行改造等措施修复湿地基地；通过湿地基底改造、湿地及上游水土流失控制清淤等技术修复湿地基底；通过湿地水状况修复和湿地土壤修复等手段修复、改善湿地水状况）[77]。

(六) 城市湿地的生态调控

研究城市湿地结构和功能退化过程，探求其演变的关键控制过程和关键驱动因子，辨析城市湿地主要退化机制和模式。将实体模型与数值模拟相结合，从流域尺度深刻剖析水循环过程对湿地演变的作用机制。模拟城市湿地生态系统的特征、结构、规模对人类活动及全球变化的响应，进而研究城市湿地优化管理和生态安全调控模式，也是将来发展的一个趋势。

(七) 城市自然湿地公园

城市湿地公园可分为自然湿地公园和人工湿地公园，自然湿地公园是指以保护自然为主，辅之以若干科学研究观测设施。保护湿地现有的景观、生物，最大限度减少人为的干扰对湿地生态系统的影响。发达国家的许多城市湿地公园都获得了成功，但是目前大多数仍是人工湿地公园，具有很高生态学价值和美学价值的城市自然湿地公园是目前城市湿地保护发展的一个方向。

(八) 城市湿地生态系统管理

城市湿地生态系统管理主要是通过调整城市湿地生态系统物理、化学和生物过程，保障城市湿地生态系统的生态完整性和功能的可持续性。一方面针对城市湿地生态系统本身功能和过程，另一方面，也包括引起城市湿地生态系统过程变化的自然、人为因素。由于调整人类活动要比调节影响生态系统结构和功能的自然因素更加实际，因此，对人类活动的管理是生态系统管理的重要内容[78]。

(九) 加强生态系统评估和监测，保护城市湿地生态环境

根据城市湿地的起始底线，进行环境监测，记录湿地生态特征的变化情况，将现代化3S技术用于动态监测，建立城市湿地信息系统，以便及时准确掌握环境状况，科学地采取保护措施，以辅助城市的科学管理与决策。

(十) 发展生态观光旅游业，加快湿地区域内的经济发展

在妥善解决好保护区附近居民生计问题的基础上，适当扩大保护区范围，以更好地保护湿地，为发展湿地观光旅游提供条件。同时要加大资金投入，尽快改善行、宿、食、游、观、购等旅游设施，具体如建标本馆、电教室，搭观鸟台，完善通讯设施。另外，要大打湿地环境和景观牌，大力弘扬湿地文化，吸引国内外游客前来观光。由此带动保护区相关产业的发展，推进保护区产业结构调整，解决保护区与周边群众的利益矛盾。

（十一）加大宣传和立法力度，培养湿地保护人文精神

要抓紧进行湿地立法，进一步完善地方法律法规，使湿地保护进入法制的轨道，使湿地资源的开发利用进入有序状态。与此同时，保护区管理机构要加大对湿地与湿地资源保护的宣传教育力度，定期开展一些保护湿地的活动。并长期向社会普及湿地及其保护的科普知识、法律法规，让全社会了解湿地的作用及保护湿地的意义，强化公众的湿地保护意识和生态忧患意识。

（十二）加强湿地科学研究，扩大国际合作

加强湿地的基础研究，包括湿地分类系统、分布、发生学及演化规律和湿地过程的研究；加强应用技术研究，包括湿地保护技术，湿地恢复重建模型，持续利用技术及管理技术研究、湿地效益评价指标体系和湿地与水旱灾害关系等的研究。以生态学、经济学、湿地学和生物工程学等理论为指导，研究湿地资源开发利用的最佳模式，在保护湿地的基础上充分发挥湿地资源的生态、社会与经济效益。及时掌握国内外最新的学术动态，总结和推广湿地保护、开发、利用的成功经验；建立国际交流机制，扩大合作领域，开展社会、经济、人文等多学科、多课题的综合研究。

（十三）微藻固定 CO_2 技术的研究现状

从目前全世界每年人为的 CO_2 排放比例来看，因化石燃料燃烧而排放到大气中的 CO_2 总量占人类活动排放总量的80%，因此，要控制 CO_2 排放，应该有效地处理因燃料燃烧而排放的 CO_2[79]。固定高浓度 CO_2 对所用微藻的要求十分严格，要求微藻必须能够耐受高浓度 CO_2、高温及 SO_x、NO_x 等的影响。通常化石燃料燃烧所排放气体中 CO_2 的含量能达到15%（v/v），甚至会高达20%～30%。一般适宜微藻生长的 CO_2 浓度是低于5%，而大于5%的高浓度的 CO_2 对微藻会产生毒害作用，过高浓度的 CO_2 对微藻细胞质有毒性作用，因为酸化导致麻醉，从而降低光合作用的水平[80]。微藻由低浓度的 CO_2 转入高浓度的 CO_2 时，其光系统会受到不同程度的影响，起初光系统（PS）会处于抑制阶段，活性降低，同时伴随着 PS 最大光化学效率和 PS 量子产率不同程度的降低，随着微藻生长速度的加快，PS 水平逐渐恢复正常。光系统（PS）则先显著升高，然后再回落至正常水平。同时高浓度 CO_2 会明显抑制微藻细胞的碳酸酐酶（CA）活性和 CCM 的形成，阻碍 CO_2 固定[81]。因此，很多研究工作都围绕分离和驯化具有高浓度 CO_2 耐受性的微藻展开，典型的研究成果有：

（1）国外研究者从韩国釜山海边培养出一种海洋绿球藻 *Chlorococcuml ittorale*[82]，该藻在 10%~20% 浓度的 CO_2 条件下能够快速地生长，生长速率达 0.078/h，试验采用 3 种不同容积的培养容器（10ml、4L、20L），分别通入 20%、20%、10% 浓度的 CO_2，考察不同环境下微藻的固碳情况，光照强度控制在 20 000lx 左右，结果发现该种绿藻的固定 CO_2 速率分别达到 4、0.65、0.85g/（Ld）[82]。另外对从温泉中培养 42 个样品进行耐热耐酸试验，对藻样通入 20% 的 CO_2，设定培养温度为 40℃，pH 值为 2，结果只有 3 种红藻存活，分别为：*Cyanidium caldarium*，*Galdieria partira* 和 *Cyanidil schyzonmelorae*。进一步提高温度到 50℃，调整 pH 值到 1，通入 10% 的 CO_2 及 50×10^{-6} 的 NO，3 种藻均可以继续生长，紧接着通入 50×10^{-6} 的 SO_2，经过 5d 培养，只有 Galdieria partira 能继续生长，5d 后藻液浓度增加 40%[83]。

（2）本研究者在 Kinki 地区海洋中通过对 74 种海藻进行筛选，得到一种海藻 *Nannochlorissp*，NOA – 113，并研究了 NO 对该藻的影响。培养过程中，在 4L 藻液中以 150mL/min 的流速通入 15% 的 CO_2，同时用白炽灯提供 9 500lx 的光照，培养 5d 后测得该种海藻有较高的固定 CO_2 速率，平均为 3.5g/（Ld）。在培养的第 4 天通入 NO 进行试验，浓度为 100×10^{-6} 和 300×10^{-6}，培养 2d，结果表明 2 种浓度的 NO 对 *Nannochlorissp*，NOA – 113 有微弱的抑制作用，但生长速率与无 NO 藻样相差不大[84]。

（3）有人研究了 3 种藻 *Nannochlorop sissalina*，*Phaeodacty lumtricormutum* 及 *Tetraselmissp*，TM – S3 对实际烟道气 CO_2 固定的效果[85]。烟气源自日本仙台 Tohoku 电厂，成分主要包括 CO_2：14.1%；O_2：1.3%；SO_x：185×10^{-6}；NO_x：125×10^{-6}，试验证明 3 种藻在高浓度 CO_2 环境下均可以快速生长，其中 *Tetraselmissp*，TM – S3 的固定 CO_2 速率最高达 40g/（m^2 d）（长方体培养容器；长 2.5m，宽 0.8m，高 0.25m）[85]。

（4）Watanabe 等从稻田中驯化出一种小球藻 HA – 1，该藻在 5%~50% 的 CO_2 下，均可以保持生长，并且当浓度在 10%，光照 55 000lx，CO_2 流速控制在 250ml/min 时，固定 CO_2 速率达到最大 6.04g/（m^2 d）（圆柱形培养器：直径 8cm，高 40cm）[86]。

（5）Morais 等对 *Chlorella kessleri*，*Chlorella vulgaris*，*Scenedesmusoliquus* 及 *Spirulinasp*，分别进行固定 CO_2 的试验研究，在藻液中分别通入 6%、12%、18% 浓度的 CO_2，测试微藻在不同浓度 CO_2 下固碳的效果，结果显示，这 4 种藻都可以用于固定高浓度 CO_2，*Chlorella kessleri* 在 2L 培养基中，以 300ml/min

速度通入 18% 的 CO_2，最大固定 CO_2 速率约为 0.38g/（Ld）。*Scenedesmusoliquus* 在 4L 培养基中，通入 6% 的 CO_2，最大固定 CO_2 速率约为 0.38g/（Ld），*Chlorella vulgaris* 在 2L 培养基中，通入 6% 的 CO_2，最大固定 CO_2 速率约 0.29g/（Ld）。试验结果表明 *Chlorella kessleri* 更适宜在高浓度 CO_2 下存活[87]。

第二节　城市湿地碳汇保护与提升技术

分析城镇湿地整治和湿地生态系统恢复等城镇湿地管理所蕴含的城镇湿地碳汇提升机理和理论潜力，提出在城镇实施高碳汇湿地构建、湿地碳汇保护和生态护岸碳汇的技术方案；采用实地测量和模型模拟相结合的方法，评价不同技术方案的碳汇提升效果，同时根据湿地碳汇提升技术的实施的自然条件和经济成本，分析城镇湿地碳汇提升技术可行性；选取具有可行性和显著碳汇提升效果的城镇湿地管理技术措施，形成城镇水系和湿地系统耦合碳汇建设模式，并构建城镇湿地碳汇建设模式示范技术方案。

一、高碳汇湿地构建技术

根据不同纬度和不同试验区的立地条件情况，设计和构建了适合当地的城镇湿地构建技术。

（一）反漏斗水底高碳汇湿地构建技术

示范区原本为右玉县南部公园内的景观水体，对其进行重新开挖、再造、引水，成为具有生态效益的城镇湿地。针对右玉这种冬季寒冷干旱，汛期短的气候特点，合理的选择和搭配抗寒抗旱的植物是非常重要的。城镇湿地植物群落的建立包括很多过程和机制，它们相互作用且受到物理、化学和生物因子影响。在城镇湿地构建过程中，需要明确以下问题：右玉县自然条件是否在植物所能忍受的范围之内；目标物种将如何与工程项目区的条件作用以及物种之间是如何作用的。

反漏斗水底高碳汇湿地构建技术，即将城镇湿地内的水体（全部或部分）水底进行硬化处理，并于硬化水底覆盖一定厚度的泥土，使得小型潜水植物可以正常生长，保证水生动物的栖息环境良好；然后再水体中浅水区配置多个大小不等高度相近的高台，高台侧面也同样硬化，根据右玉地区年降水量和地表径流的情况，合理确定高台高度，使顶部露出水面以上少许，顶部不硬化，顶部可以种植适应当地气候的植被（可参考驳岸植被选择）。当降水量较大或者地表径流较大时，水面高度将会超过高台高度，由于高台顶部非硬化，水可以直接下渗到地下，不影响当地地下水的补充，当水面高度低于高台顶部时，水可以尽量保持的水体范围内，维持水体景观和水体植物的生长（图7-3）。

图7-3　反漏斗水底高碳汇湿地构建技术示意图

　　干旱半干旱地区的城镇湿地创建过程中需要考虑的重要因素包括一下几点：第一，水情和水质是决定湿地植物分布的重要因素。湿地泛滥持续的时间越长，水越深，该地流水状态下的植物生产力一般都高于静水状态，这主要是因为随着水流的移动氧交换也不断增加。右玉示范区水量不丰富，可以选择抗旱性较好的植物品种，例如：肉苁蓉、大犀角、芦荟、秘鲁天伦柱、百岁兰、蒙古沙冬青、管花苁蓉、绿之铃金琥、红皮沙拐枣、生石花、中间锦鸡儿、盐生苁蓉、仙人掌、白刺、泡果沙拐枣、巨人柱、泡果沙拐枣、胀果甘草、光棍树、花棒、新疆沙冬青、河西菊、红皮沙拐枣、短穗柳、紫杆柳、沙棘、斑锦变异、长穗柳、沙葱、河西菊、佛肚树、白麻、沙漠玫瑰、罗布麻、胡杨等，利用种子库技术和常绿抗旱植物的搭配来建立植物群落，同时可以采用一系列的抗旱措施，例如穴居肥水等，可以保证在干旱的冬季植物的水分需求。第二，湿地基底土可以为湿地植物提供水分和营养物质，为植物根系的固定提供结构支持。所有的基底土特征（如质地、结构、密度、实度、肥度、盐度、PH以及渗透度）通过影响根部的容量、水分和营养物质从而影响了湿地植物的生长。适宜的基底土条件对于成功建立植物是非常重要的前提。然而右玉地处黄土高原边缘，土壤为沙质土壤，不利于水分的保持，对于水底和岸基的半防渗改造也是必要的，例如，水底和岸基铺设草木灰或者木炭，可以有效的延长水分保持时间；第三，城镇湿地小气候会直接影响植物的营造，包括温度、降雨、遮蔽、风、霜、湿度、干旱、太阳辐射、光周期等；第四，了解被选为城镇湿地构建的地区以前的利用状况，对于确定影响植物营造的潜在因素是非

147

常重要的，例如，该示范区选择的构建地点以前为景观用小河道，但是水量非常小，现要将其用来作为城镇湿地管理或城镇湿地构建，土壤中原本含水量、土壤肥力等都属需要考虑的范围。

（二）温带季节性湿地保水及高碳汇构建技术

根据示范区的自然资源、经济社会条件和城镇湿地的现状，确定总体规划的指导思想和基本原则，划定功能分区，确定保护对象与保护措施，测定环境容量和游人容量，规划游览方式、游览路线和科普、游览活动内容，确定管理、服务和科学工作设施规模等内容。提出城镇湿地的构建技术，城镇湿地功能的恢复和增强、科研工作与科普教育、湿地管理与机构建设等方面的措施和建议。

城镇湿地构建的关键在于湿地系统的恢复与重建，而核心是湿地水系的规划。因此技术措施重点包括：第一，城镇湿地水的自然循环规划。通过改善湿地地表水与地下水之间的联系，使地表水和地下水能够相互补充。同时采取必要的措施，改善作为湿地水源的河流的活力；第二，采取适当的方式形成地表水对地下水的有利补充，使湿地周围的岸基土壤结构发生变化，土壤的孔隙度和含水量增加，从而形成多样性的土壤类型；第三，对城镇湿地周边地区的给排水系统进行调整，确保湿地水资源的合理与高效利用，适当开挖新的水系并采取可渗透的水底处理方式，以利于整个示范区地下水位的平衡；第四，示范湿地规划必须在科学的分析与评价方法基础上，根据不同的土壤类型产生了不同的地表痕迹和景观类型的原理，利用成熟的经验、材料和技术，促进城市生态系统固碳效率。示范区的气候温暖湿润，比较适宜各种植物的生长，但是有由于干地区的季节性比较明显，所以宜根据季相来选择和搭配植物，可选择一些常绿的岸边植物，例如：大叶黄杨、小叶黄杨、紫叶女真、箬竹类、铺地竹以及云柏等。

二、湿地碳汇保护技术

（一）湿地灌草穴居肥水管护技术

对于该示范区来说，城镇湿地的构建只是工作的第一步，后续的湿地保护技术才是工作的重点，如何来保证该示范区湿地的可持续发展，需要认真研究和制定应对措施。一个健康的城市湿地系统，具有物种的多样性、结构的复杂性、功能的综合性和抵抗外力的稳定性特点。当外力扰动超过城市湿地的承受能力时，城市湿地的功能就会退化。城市湿地的保护及恢复，需要科学的规划理念和措施。水是湿地赖以生存和发展的根本，因此，开展城市湿地保护必须满足湿地对于水的基本需求，城市湿地物种多样性与流域不可渗透地面面积、湿地水面波动情况密切相关。可以采用有效的措施来保证示范区植物的需水量，例如：在示范区周边设立集水区，夏季将雨水汇集到水体之中；寒冷干旱的冬季，采用穴居肥水的方法贮存水分和肥力，并采用秸秆或者织物等保温材料对乔木类植物进行保温，防止冻害（图 7 - 4）。

图 7 - 4　湿地灌草穴居肥水技术示意图

穴居肥水是解决山区、干旱地区植树造林缺水缺肥矛盾的有效措施。现将具体操作方法介绍如下：

1. 处理草把

将玉米秸、麦秆或杂草切成 30 ~ 35cm 长的段，捆成直径为 15 ~ 25cm 的草把（共扎上中下三道），然后放在 10% 的尿素液中浸泡 2 天，让其吸足水肥。

2. 挖穴数量

据树冠的大小定挖穴数量，一般 5 ~ 10 年生的大树可挖 4 ~ 6 个穴。穴直径要略大于草把的直径，一般为 20 ~ 30cm。穴深 35 ~ 40cm，土层较薄时，可适当浅些，但必须比埋入的草把高 3 ~ 5cm。穴位在树冠垂直投影下稍里。

3. 埋草把

将经充分浸泡的草把垂直放入穴内，再用 50 ~ 100g 氯化钾、50 ~ 100g 过磷酸钙、50 克尿素与土壤混合均匀后填到草把子周围（也可根据当地情况调整肥料），踩紧踩实。草把顶部覆盖 1cm 厚的土，再施 50g 尿素，然后浇水，每穴浇水 4 ~ 5kg。

4. 覆盖薄膜

地膜选用 0.03mm 厚的聚乙烯薄膜，小树每株覆盖 4～5m²，成龄大树每株覆盖 6～8m²，地膜四周用土压紧，中间用土均匀压实，并在每个肥水穴的中央将地膜开小孔，以供浇水、追肥或承接雨水用。小孔平时要用瓦片盖严，防止水分蒸发。需追肥时，把化肥溶于水中后再浇施。浇后用土块压孔，防止风吹破薄膜。

5. 效果分析

穴贮肥水地膜覆盖对保持土壤水分和土壤养分有很大作用。据测定，实施穴贮肥水地膜覆盖技术的土壤，在植物生长季节其土壤含水量维持在 15% 左右，完全适宜植物生长发育的需要；覆盖地膜不但能保持土壤水分，而且能提高土壤的有效温度，促使根系活动，增强了吸收土壤养分和水分的能力；穴贮肥水地膜覆盖土壤水分充足，温度适宜，透气性好，有利于土壤养分的释放，土壤中速效氮、磷、钾的含量明显提高。另外由于草把被微生物分解时产生大量的二氧化碳，降低了土壤的 pH 值，难溶性的微量元素化合物溶解度增大，使土壤中微量营养元素有效性增加，利于根系吸收利用。总之，穴贮肥水地膜覆盖技术对改善干旱地区土壤的理化性状，提高保水保肥能力，培壮树体，保证树木成活率，降低灌溉成本有明显效果。该项技术具有方法简便，取材容易，投资少，见效快，节约用水，可广泛适用于干旱缺水地区。

（二）城镇湿地碳汇保持与管护技术

城镇湿地的保护技术体现在城镇湿地的长期管理上，示范区修复项目不断与周边环境发生响应，并随时发生演变和变化，因此修复措施完成后，仅仅是一个成功的湿地修复项目的开始，由于安吉的气候温暖湿润，利于植物生长和繁衍，因此保护技术相对简单，如水利设施的建设、监测制度的建立等，并要对生物群落和植被类型进行长期管理，解决入侵物种或沉积物过量的问题等，该地区雨量丰富，季节性洪水时有发生，解决类似的一些非预期的事件在城镇湿地保护和管理中也非常重要。许多水湿生植物的繁殖能力根强．若不加以适当控制，则会程快长满整个水面。当多品种植物同塘栽培时，生长势强的常常会侵没生长势较弱的，造成池塘内只剩下一种植物，或是各品种混杂在一起，达不到预期的效果。因此，可在塘底砌些种植小池，或这只浮圈，每个小池或浮圈内种植一个植物品种，或用容器把各品种限制在一定空间内生长，避免因水湿生植物的根茎任意穿行而造成水景杂乱无章，同时也有利于日常养护管理（表 7 - 1）。

表7-1　高碳汇湿地构建拟选用的主要植物

群落类别	水深	群落形态	主要植物种类
缓坡的自然式生态驳岸：湿生林带、灌丛，缓坡自然生草缀花草地，喜湿耐旱禾草莎草高草群落	常水位以上	植物喜湿，亦耐干旱，土壤常处于水饱和状态	灯芯草、水葱、芦苇、芦竹、银芦、香蒲、草芙蓉、稗草、马兰、香根草、伞草、水芹菜、美人蕉、千屈菜、红蓼、狗芽根、假俭草、紫花苜蓿、紫花地丁、菖蒲、燕子花、婆婆纳、大蓟、蒲公英、二月兰等
浅水沼泽挺水禾草莎草高草群落	0.3m以下	密集的高1.5m以上以线形叶为主的禾本科莎草科灯芯草科湿生高草丛	芦苇、芦竹、银芦、香蒲、菖蒲、水葱、野茭白、蔺草、水稻、苔草、水生美人蕉、水鳖、萍蓬草、杏菜、莼菜、三白草、水生鸢尾类、伞草、千屈菜、红蓼、水蓼、两栖蓼、水木贼
浅水区挺水及浮叶和沉水植物群落	0.3~0.9m	以叶形宽大、高出水面1m以下的睡莲科、泽泻科、天南星科的挺水、浮叶植物为主	荷花、睡莲、萍蓬草、杏菜、慈菇、泽泻、水芋、黄花水龙、茨实、金鱼藻、狐尾藻、黑藻、苦草、眼子菜、沮草、金鱼草

三、生态护岸碳汇技术

(一) 纵隔保水高碳汇护岸技术

在城市河道、湖泊整治保护和园林水体构建中，应结合具体环境，合理采用驳岸类型（表7-2）。在园林水体和城区河湖的水湾内，由于水位落差少和流速较缓，应采用自然岸线和生物有机材料生态驳岸为主，既有利于降低工程造价，更能保持河岸的自然形态，并且有利于岸栖植物的生长。在城区河道干流和开阔的湖泊岸边，以工程材料生态驳岸为主，同时控制其岸顶标高在附合工程要求的最低点。在水闸、堤坝等水利工程设施和桥梁附近，可采用硬质工程驳岸。同时在硬质的水泥或者石块驳岸的基础上进行合理的植物配制，例如，采用盆栽，条栽或者沿岸的藤蔓植物等。总之，驳岸的类型选择和施工，在满足高碳汇的基础上，既要满足水体岸线的稳定、强度要求，又要尽量减少驳岸对水陆生态关系的破坏，为岸栖生物群落的生长恢复提供良好的栖息环境。

纵隔保水高碳汇换技术即在不适宜种植大型乔木或者灌木等深根植物的岸基采用半透水板纵向埋入岸基内，半透水板交错埋放，两列之间间距根据不同岸基进行调整，较缓的岸基间距适当加大，较陡的岸基间距适当减小。透水板露出地面以上少许，板与板之间种植较矮的草花、草皮或小灌木。纵隔保水可以减缓地表径流的速度，使地表径流尽可能多的留在岸基土壤内，保证驳岸植物的生长；同时又可以对松散的岸基土壤起到加固的作用，辅助减小了水土流失（图7－5、图7－6）。

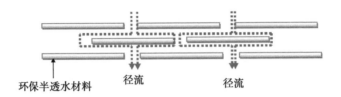

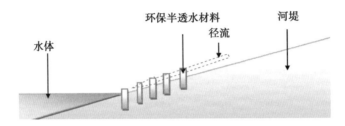

图7－5 纵隔保水高碳汇护岸技术示意图横切面（上）纵切面（下）

图7－6 纵隔保水高碳汇护岸技术施工图

（二）城镇居民区河道高碳汇护岸构建技术

城镇湿地生态系统尺度较小，易受外界环境的影响，因此，驳岸构建技术要考虑安吉以及周边环境的影响，驳岸技术主要包括以下内容：驳岸处理、植被修复等，采用土壤种子库技术、植物定植/回归技术（营养体移植法、草皮移植法和种子播种法）等方法进行湿地植物修复，技术路线如图7－7。

根据当地气候和立地条件，选取主要的驳岸构建植物如表7－2，由于该区域靠近道路，驳岸为石块和水泥，只有少部分的松散土壤岸，因此不适宜采用高大的乔木，宜采用灌木和草本植物。水深最深处为1m左右，浅水区的植物修复为主要部分，浅水区挺水植物可选择种类繁多，为避免直接种植的不便，采用盆栽后沉入水面以下的方法，降低成本并便于管理。根据水体，选择合适种类，由于各类水体的深度、形式、特性和功能等均有不同，在水、湿生植物种植配置时，首先要根据水体条件安排适宜的水、湿生植物种类，如在浅水处或水旁湿地，可种植雨久花、花菖蒲、千曲桑、美洲大慈姑、伞草、五彩鱼腥草、水杨梅、小叶蚊母、花叶卢竹等；在水位较深处，可选择一些沉水植物及对水位要求不严的菱、大藻、风眼莲、荇莱等；荷花、睡莲等水生花卉因品种不同对水深的要求也不同，在水流速较大的溪、渠中不适合选种荷花、睡莲、王莲，因为它们喜欢在静水中生长。同时，配制比例要恰当，注重均衡和谐。用植物美化水面时，种植的覆盖率一般以30%～50%为宜，过多会使人感到拥挤。当水中有观赏鱼类或水边有美好景色时，水面上应少种或不种植物，以免影响水中鱼类和美景所形成倒影的观赏效果。此外，在配置设计中还应注意根据水面和环境的大小运用植物，并注意保持水景的均衡和谐，如较小的水面环境适合选用睡莲、萍蓬草、大藻、风眼莲、石菖蒲等小型植物，大水面则可选用较大型的植物如王莲、芡实、海芋、芦苇等。

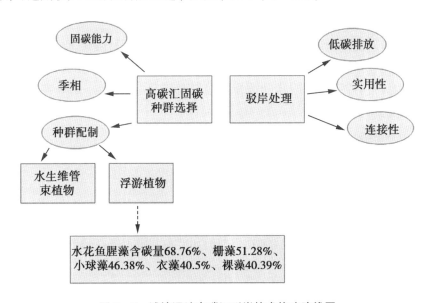

图 7-7　城镇湿地高碳汇驳岸技术构建路线图

表7－2　不同类型驳岸高碳汇构建技术

	使用材料	景观、生态效果	适用场所
自然岸线	沿岸土壤和植物，适当采用置石、叠石，以减少水流对土壤的冲蚀	岸栖生物丰富，景观自然，保持水陆生态结构和生态边际效应，生态功能健全稳定	坡度自然舒缓，在土壤自然安息角范围内，水位落差小，水流平缓
生物有机材料生态驳岸	树桩、树枝插条、竹篱、草袋等可降解或可再生的材料辅助护坡，再通过植物生长后根系固着成岸	通过人为措施，重建或修复水陆生态结构后，岸栖生物丰富，景观较自然，形成自然岸线的景观和生态功能	坡度自然，可适当大于土壤自然安息角，水位落差较小，水流较平缓
结合工程材料的生态驳岸	石材干砌、混凝土预制构件、耐水木料，金属沉箱等等构筑高强度、多孔性的驳岸	基本保持自然岸线的通透性及水陆之间的水文联系，具有岸栖生物的生长环境；通过水陆相结合的绿化种植，达到比较自然的景观和生态功能	适于4m以下高差，坡度70以下岸线，无急流的水体
硬质工程驳岸	现浇混凝土和浆砌块石	切断了水陆之间的生态流交换，岸栖生物基本不能生长，硬质景观，不能演化为自然的景观和形成良好的生态功能	具有较强的稳定性和抗洪功能，适于水流急，水面与陆地高差大，坡度陡地段

第三节　城镇湿地碳汇保护与提升技术示范

城市湿地公园规划设计应遵循系统保护、合理利用与协调建设相结合的原则。在系统保护城市湿地生态系统的完整性和发挥环境效益的同时，合理利用城市湿地具有的各种资源，充分发挥其经济效益、社会效益，以及在美化城市环境中的作用。

一、城镇湿地低碳保护原则

（一）系统保护的原则

1. 保护湿地的生物多样性

为各种湿地生物的生存提供最大的生息空间；营造适宜生物多样性发展的环境空间，对生境的改变应控制在最小的程度和范围；提高城市湿地生物物种的多样性并防止外来物种的入侵造成灾害[88]。

2. 保护湿地生态系统的连贯性

保持城市湿地与周边自然环境的连续性；保证湿地生物生态廊道的畅通，确保动物的避难场所；避免人工设施的大范围覆盖；确保湿地的透水性，寻求有机物的良性循环。

3. 保护湿地环境的完整性

保持湿地水域环境和陆域环境的完整性，避免湿地环境的过度分割而造成的环境退化；保护湿地生态的循环体系和缓冲保护地带，避免城市发展对湿地环境的过度干扰。

4. 保持湿地资源的稳定性

保持湿地水体、生物、矿物等各种资源的平衡与稳定，避免各种资源的贫瘠化，确保城市湿地公园的可持续发展。

（二）合理利用的原则

1. 合理利用湿地动植物的经济价值和观赏价值。

2. 合理利用湿地开展休闲与游览。

3. 合理利用湿地开展科研与科普活动。

（三）协调建设原则

1. 城市湿地公园的整体风貌与湿地特征相协调，体现自然野趣。

2. 建筑风格应与城市湿地公园的整体风貌相协调，体现地域特征。

3. 优先采用有利于保护湿地环境的生态化材料和工艺。

4. 严格限定各类管理服务设施的数量、规模与位置。

二、示范区示范工程

（一）浙江安吉示范区

1. 示范区概况

安吉隶属于浙江省湖州市，在东经 119°14′～119°53′ 和北纬 30°23′～30°53′，面积 1 885.71km²，地处长三角腹地，地势西南高、东北低，属亚热带海洋性季风气候，年平均气温为 17～18℃，光照充足、气候温和、雨量充沛、四季分明，适宜植物的生长。生态环境优美宜居，境内"七山一水二分田"，层峦叠嶂、翠竹绵延，被誉为气净、水净、土净的"三净之地"，植被覆盖率 75%，森林覆盖率 71%，是国家首个生态县、全国生态文明建设试点县、全国文明县城、国家卫生县城、国家园林县城和国家可持续发展实验区，是全国联合国人居奖唯一获得县。历史人文底蕴深厚，曾是古越国重要的活动地和秦三十六郡之一的古鄣郡郡治所在地。上马坎遗址赋予了安吉独具魅力的文化符号，成为"浙江旧石器文化遗址考古第一点"休闲旅游蓬勃发展，是全省首批旅游经济综合改革试点示范县、长三角首选乡村休闲旅游目的地，被评为中国最佳生态旅游县。

示范区位于城镇规划红线内（偏郊区）—剑山村居委会、横山坞村居委会附近，上游地区自然湿地保持良好，河道下游地区湿地遭到破坏，驳岸需要重新构建。该示范区主要示范内容为城镇湿地高碳汇驳岸技术和城镇湿地高碳汇保护技术，根据该示范区城镇湿地立地条件，制定有针对性的城镇湿地驳岸构建和城镇湿地保护技术。

2. 示范工程概况

示范工程位于安吉县横山坞村，该示范点为一处半自然水体，自然状态良好。示范工程面积约 1 500m^2（包含水体和一段岸基），水体深度平均 0.8m，最深处约 1.2m。对安吉示范点土壤和植被的取样工作，对原本的土壤和植被的碳储量进行测定和计算。由于该示范区立地条件优越，因此工程重点为碳汇的提升与保护。在水体中增植了适应当地气候条件的挺水植物、浮水植物和潜水植物，浅水区定植了茅草，水面利用浮基种植了水葫芦等，深水区利用定植盆种植了睡莲，整个水底分散种植了金鱼藻等绿色藻类，并对水面以上的人工栈桥进行了立体绿化，主要采用吊挂式种植箱和卡扣式栽培槽。对示范点宽 2m 的岸基进行高碳汇驳岸处理，乔灌草搭配种植，如金叶女贞、鸢尾、红枫等，建成植被覆盖绿高，高碳汇低排放的驳岸，同时兼顾高碳汇和景观效果。对城镇居民区河道高碳汇护岸构建技术在实际中的应用奠定基础（图 7 - 8 至图 7 - 10）。

图 7 - 8　安吉示范工程区位图

图 7 – 9 安吉示范区河道高碳汇护岸技术应用情况

图 7 – 10 高碳汇水体和桥体构建效果图

3. 示范工程要点

（1）植被选择 广泛采用安吉示范区当地特有的原生品种，既可以提高成活率，又可以降低养护成本，选择的植物种类如表7-3。

表7-3 安吉示范工程植被选择

植被类型	驳岸	桥体	水体
乔木	香樟、马褂木	—	—
灌木	紫叶李、小叶女贞、金叶女贞、黄杨	金叶女贞、麦冬（吊兰）	鸢尾、麦冬（浮基）
草本	鸢尾、狗牙根、萱草、美人蕉	铁线莲、萱草、矮牵牛（吊兰）	金鱼藻、水葫芦、睡莲

（2）示范区桥体立体构建 示范点桥体为水泥质地，无法直接种植植被，因此采用立体种植的方法来提高空间的利用效率。桥体总长度约为20m，为折线形5折造型设计，共有20个桥墩，10根栏杆。在每两个桥墩之间的栏杆处，设置2个立体定植槽，定制槽长宽高分别为50cm、20cm、20cm。在桥体栏杆上打直径0.5cm的孔，用长度为15cm的螺丝固定定植槽卡扣，然后将定植槽卡放在卡扣处。整个桥体共设置20个立体定植槽，采用较轻的基质，种植麦冬、铁线莲等草本和小灌木。

（3）示范区水体构建 由于示范区水体为一处人工水体，水底已经被硬化，且积存的土壤厚度不足以种植水生植物，因此利用沉降的方法将水生植物事先定植在开口直径15cm的培养钵内，然后轻轻沉入水底，以保证水生植物生长多需要的土壤条件。在面积约为300m² 的水面设置5处水面漂浮种植，其中3处采用特制的浮基材料，种植麦冬、金叶女贞等植被，2处种植睡莲、水葫芦等浮水植物，浮水植物用铝丝圈住，防止过度生长。

（4）驳岸高碳汇构建 对水体的岸基进行改造，去除不必要的水泥硬化部分，采用植被等生物材料来固定岸基土壤。在2m宽的岸基部分配置小檗、金叶女贞、萱草、鸢尾、马褂木等乔灌草植物，在视觉上形成高中低搭配的立体效果。种植的马褂木等乔木为2年生的幼苗，株间距为2m，行间距为1.8m，共种植两行，共16棵。

（二）山西右玉示范区

1. 示范区概况

右玉县隶属于山西省朔州市，位于山西省的西北边陲，以古关杀虎口为"咽喉之地"，为古北方要塞。北以外长城与内蒙古和林格尔县、凉城县为邻，西与平鲁区接壤，南与山阴县毗邻，东临左云县。东距大同市80km，南距朔州市110km，北距呼和浩特市150km。南北长67.7km，东西宽45.7km，总土地面积 1 964km²。属晋北黄土高原组成部分，地势南高北低，中间平缓，周围群山环抱。旧城关、威远堡和梁家油坊的附近为平川区，海拔 1 250～1 350m。西部山地诸峰海拔在 1 500～1 750m；南部是洪涛山脉，主要山峰平均海拔 1700 米；东部山地诸峰海拔在 1 700m 以上，其中红家山海拔 1 975m，为县境最高点；北部诸山 1 600m 上下，全县平均海拔 1 400m，属黄土丘陵缓坡区，森林覆盖率达到 52%，有"塞上绿洲"之称。示范区为温带大陆性季风气候，四季分明，年平均气温 3.6℃，极端最高温度 36℃，极端最低气温 -40.4℃，平均日温差 15.4℃。年降水量平均为 420mm，集中在 6～9 月。气候干寒多风沙，年均气温 4℃，一月 -15～-11℃，7 月 19～20℃。年降水量450mm，初霜期为 9 月上中旬，无霜期 100～120d。因此，抗寒抗旱的植物种类适宜在此地生长。该示范区的主要示范内容为城镇湿地的构建技术和城镇湿地的保护技术（图 7-11）。

图 7-11　山西右玉示范区区位图

2. 示范工程概况

该示范区主要示范技术为反漏斗水底高碳汇构建技术和灌草穴居肥水技术，示范工程地点都设在南山公园，反漏斗水底高碳汇构建技术示范地点为南山公园内一处人工水体，命名为园林湖。该水体西邻迎宾大道，东临鑫宇生态度假村，水体深度平均为 1.2m，水面面积约为 1 000m²。水底为自然状态，全年有水时间约为 3 个月。灌草穴居肥水技术示范地点紧挨园林湖的一处樟子松林，苗龄为 6 年，与樟子松林内随机选取一块面积约为 2 亩的地块，共有樟子松 66 棵，在此区域内进行示范，其他地块为对照。

3. 示范工程要点

反漏斗水底高碳汇湿地构建技术主要应用于干旱半干旱的地区，右玉示范

159

点属于黄土高原范围，降雨和地表径流较少，单纯硬化水底来保水会影响地表水的下渗，对地下水造成一定影响。施工地点为右玉县南山公园内一处半自然水体，示范面积约为500m²（包含水体和部分岸基）。对水体进行临时截留后排空，对水底进行了硬化，在水体范围内建设5个"反漏斗"，底部直径2.5m，顶部直径2m，高0.5m，顶部以土覆满，并定植侧柏、迎春等小灌木，间种草花和草皮。水体硬化部分重新将水引入，水底沉入土壤，散种金鱼藻等绿色藻类。

灌草穴居肥水示范点位于右玉县南山公园内半人工水体的岸基附近，岸基宽2.5m，长50m，分别定植75棵3年生油松幼苗和3年生樟子松幼苗，其中30棵油松幼苗和30棵樟子松幼苗在定植时就采用管草穴居肥水技术，以示范该技术对成活率的影响；另选20棵油松和20棵樟子松于缓苗后开始使用本技术，以示范该技术对已建成的苗圃或林地节水灌溉的效果，剩余的15棵油松和15棵樟子松用作对照（图7-12）。

图7-12 右玉示范区水体

（三）河南竹林实验区

1. 示范区概况

竹林镇位于河南省巩义市东部浅山丘陵区，是巩义市镇区面积最小、人口最少、人均纳税最多、人均纯收入最高的镇。总面积7.5km²，镇区建成面积3.2km²，耕地面积1 920亩。居民1万余人，其中竹林籍人口6 200人。属暖温带、湿润—半湿润季风气候,冬季寒冷雨雪少,春季干旱风沙多,夏季炎热雨丰沛,秋季晴和日照足,年平均气温为 12 ~ 15℃,气温年较差、日较差均较大。雨量相对较丰富(图 7 – 13)。

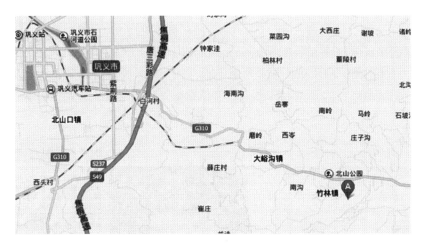

图 7 – 13　河南竹林示范区区位图

2. 示范工程概况

示范工程位于当地北山公园景区内,半人工的水体,在雨季汇水形成季节性湿地(图 7 – 14),每年 4 ~ 6 月干涸,其他月份有水。水体面积约为 1 000 m² (包括岸基和假山等),水面最深处约为 80cm,主要示范内容为城镇湿地构建技术和生态护岸技术两方面。

图 7 – 14　示范点水体全景

3. 示范工程要点

该水体主要示范纵隔保水技术和湿地干碳汇构建技术，纵隔保水高碳汇换技术示范点位于北山公园景区内，首先对该水体工程进行了测量和设计，岸基宽3m，长度35m，工程覆盖面积约 1 000 m²。半透水板为定制的 50cm × 30cm×3cm 的水泥半透水板，在岸基上按横向间隔20cm、纵向间隔10cm铺设，半透水板纵向埋入岸基内20cm，地面以上露出大约10cm，半透水板交错埋放，埋完后将原有土壤回填并平整，板与板之间种植较矮的草花、草皮或小灌木，如矮牵牛、仙客来、鸢尾、萱草和麦冬等草花和金叶女贞、小檗等小灌木（图7－15）。

区内按原有道路系统、地形、小品以及原有植物，以种植设计为主。
乔木：雪松、白皮松、桧柏、水杉、银杏、乌桕、垂柳、栾树、玉兰、紫薇、早园竹类；
灌木藤本：沙地柏大吐黄杨、石楠、荚蒾、珍珠梅、牡丹、榆叶梅、连翘、中华常春藤、五叶地锦；
草本：结缕草、早熟禾、白三叶、美人蕉；
盆栽：彩叶草、一串红、万寿菊、郁金香；
水生植物：千屈菜、水生鸢尾、荷花、芦苇。

图 7－15　竹林示范区水体设计平面图及植被种类

第四节　城镇湿地碳汇保护与提升技术效果评价

分别在示范工程进行的前期、中期和后期，对示范点内的水体、土壤和植被进行了采样和分析，分别测定了水体中 BOD5 值、土壤有机碳含量和示范区生物量，并对各个示范区内的示范工程的总体效果进行了评价。

一、评价结果与分析

（一）水体 BOD5 的测定

分别对安吉示范区、右玉示范区和竹林示范区内的对照水体和示范水体进行了取样，并对水体中的 BOD5 进行了测定，结果如图7－16。

由图7－16可以看出，3个示范区对照水体的 BOD5 含量在3次采样期间变化不大，而示范水体的 BOD5 含量均有所降低，在 $P \leqslant 0.05$ 情况下，3个示范区前期采样的示范水体和对照水体 BOD5 含量均无明显差异，中期和后期示范水体和对照水体的 BOD5 含量均具有显著差异。

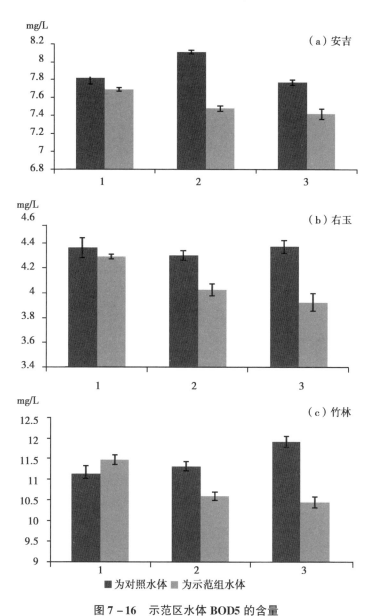

图 7－16 示范区水体 BOD5 的含量

（二）土壤有机碳含量测定

分别对 3 个示范区的水底土壤进行取样，取样时间同样为示范工程的前期、中期和后期。对所取样品进行有机碳的测定，结果如图 7 – 17。

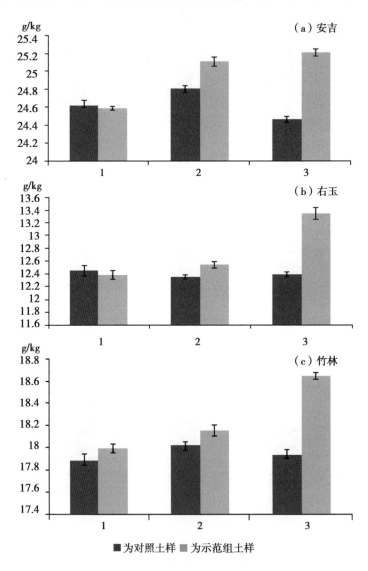

图 7 – 17　示范区土壤有机碳的含量

由图 7 – 17 可以看出，3 个示范区对照土壤有机碳含量在 3 次采样期间变化不明显，而示范组土壤的有机碳含量均有所提高，其中安吉处理组的土壤有机碳最高达到 25.21g/kg，比对照组提升了一倍左右。在 $P \leqslant 0.05$ 情况下，3个示范区前期采样的土壤有机碳和对照土壤的有机碳含量无显著差异，而中期和后期采样的示范土样有机碳含量和对照土样的有机碳含量均具有显著差异。

（三）驳岸单位面积生物量

对 3 个示范区内驳岸处理的示范点分别在前期、中期和后期进行取样，每次取样都全部取光 $1m^2$ 样方内的所有植被，并作 3 个重复。测量所取植被的干重，结果如图 7-18。

由图 7-18 可以看出，3 个示范区内示范组和对照组的单位面积生物量变化都有所提升，后期采样的结果看出 3 个示范区示范组比对照组都提升了一倍以上，安吉示范区从 55.3g 提高到 152.32g，右玉示范区从 6.31g 提高到 20.54g，竹林示范区从 25.78g 提高到 53.24g，其中由于右玉植被基数较小，所以变化也最明显。在 $P \leqslant 0.05$ 情况下，3 个示范区前期采样的示范组单位面积生物量和对照单位面积生物量无显著差异，而中期和后期采样的示范组单位面积生物量和对照单位面积生物量均具有显著差异。

（四）各示范区城镇湿地单位固碳量

由于各示范区地处纬度不同，且立地条件差异较明显，安吉示范区以乔—灌—草—水生植物为主的配置形式，右玉示范区主要以灌—草—水生植物为主，竹林示范区主要以草—水生植物为主。各示范区的植被类型配置不同，而不同的植被类型的日净固碳量也不同，因此对各个示范区的日净固碳量进行计算，结果见表 7-4。

表 7-4　示范区单位面积日净固碳量 （g/m²）

植被类型		乔木	灌木	草-水生	总量
安吉（乔灌草）	对照	15.33	7.43	15.78	38.64
	示范	35.77	23.17	9.87	68.81
右玉（灌草）	对照	13.13	16.72	9.31	39.16
	示范	17.02	29.56	13.28	59.86
竹林（草本）	对照	6.06	8.31	5.39	19.76
	示范	6.24	7.54	16.73	30.51

由此可见，3 个示范区内示范组的日净固碳量都明显高于对照组，固碳效果提升接近一倍。乔—灌—草—水生相结合的多层复合结构的植被类型，单位面积上的日净固碳量最高，而较单一的草本植物和水生植物的日净固碳量较低。安吉为多

层复合的植被配置类型，其日净固碳量每平方米可达到68.81g，而竹林的植被配置类型较单一，日净固碳量为每平方米30.51g，不及安吉示范区的半数。

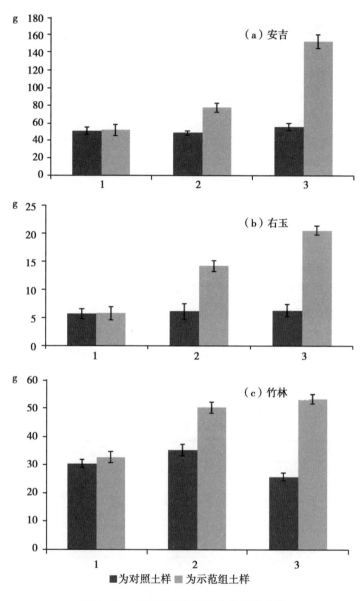

图7-18　示范区单位面积生物量的含量

（五）示范区年均固碳量

根据示范区的面积和植被覆盖率，及其日净固碳量，可以计算出各示范区示范范围内的年固碳量（表 7 - 5）。

表 7 - 5　各示范组日净固碳量与年固碳量

示范区	单位面积日净固碳量（g/m²·D）	示范面积（m²）	植被覆盖率（%）	日净固碳量（kg/D）	年固碳量（t/Y）
安吉	68.81	1 500	70	72.25	26.37
右玉	59.86	500	65	19.45	7.10
竹林	30.51	1 000	70	21.36	7.80

（六）各示范区固碳成本

根据计算出的年固碳量，可以计算出年固碳成本。城镇湿地基础工程寿命约为 15 年，初次投入较高，以后每年养护的费用因地区而异，安吉示范区地处长江中下游地区，立地条件优越，养护成本较低，而右玉示范区旱季较长，冬季寒冷漫长，后期养护成本较高。因此按每 15 年一个工程循环来计算固碳成本（表 7 - 6）。

表 7 - 6　示范区固碳成本

示范区	年固碳量（t/Y）	首次工程投入（万元）	年养护成本（元）	固碳成本（元/tC）
安吉	26.37	1.76	5 100	237
右玉	7.10	1.35	8 600	1 338
竹林	7.80	1.90	7 000	1 059

由此可以看出，城镇湿地由于特殊的小气候环境及人文景观的需要，初期投入和后期养护成本都较自然湿地和自然森林的固碳成本高。右玉地区右玉其干旱和低温的环境，使得其后期养护成本较高，决定了固碳成本达到每吨1338 元，安吉示范区的固碳成本最低，为 237 元。

二、结论与讨论

1. 通过对本文提到的 6 种湿地高碳汇技术的实地示范，示范点土壤有机碳的含量随着示范工程的推进而升高，且显著高于同期的对照水平，因此可以得出结论，通过示范工程有效提高了示范区内土壤中的有机碳含量，提升了土壤的中碳的固定。因 3 个示范区气候条件和立地条件不同，右玉示范区中土壤有机碳含量提升最为明显，第三次采样时结果超过了对照值的 3 倍，这可能是由于右玉示范点的土壤主要以沙土为主，有机碳含量基数较小。安吉示范区气候和立地条件较好，土壤中有机碳含量在对照和示范组都是 3 个示范区中最高的。

2. 3 个示范区内驳岸单位面积生物量随着示范工程的推进而不断升高，随着多年生地被植物的生长，其固碳能力也越来越强。这说明示范工程有效的利用了植物的生长而达到固碳的目的，且在一定时间内，随着植物的生长固碳效果越来越好。安吉示范区的植物生长速度快，且大部分为常绿植物，生长季较长，因此固碳量也大，是 3 个示范区中单位面积生物量最大的示范点；右玉示范区植物生长期短，每年少于 7 个月，植被生物量增加的缓慢，固碳效果也是 3 个示范区中最低的。

3. 安吉、右玉、竹林 3 个示范区内水体 BOD5 值随着时间的推移显著下降，这说明湿地构建及保护技术不仅能有效提升碳汇，而且还可以有效的降低水体中的有机污染物的含量。这有可能是随着藻类和其他水生植物的繁衍壮大，有效吸收并固定过了水中的有机污染物。

4. 城镇湿地低碳技术在不同气候环境的示范区内的固碳效果明显，分别在西北干旱地区、中部平原地区和长江中下游地区的城镇湿地中取得了明显的碳汇提升效果，因此本文中城镇湿地技术可根据需要广泛应用到全国大部分地区。

5. 单位城镇湿地面积的净日固碳量取决于植被类型、所种植物的单位叶面积固碳量和植物绿量。因此，在城镇湿地构建工程中，应以单位面积生态效益的最大化为主要目标。所以，城镇湿地生态系统在结构设计及植被种类配置时应以生态效益最大化为优先原则，根据地区自身的地理气候条件在相应的乡土植被中选择高绿量、高固碳能力的品种并组成良好的乔灌草水底复层结构，强化城镇湿地的生态功能，达到释氧固碳的最优化。

6. 乔木树种在释氧固碳方面的能力要优于灌木、草本和水生植物，而且其寿命长，随着树龄的增长，树木绿量明显增加，包括释氧固碳在内的生态效益也相应增加，小型灌木、草本和水生植物绿量增长慢，而且不易管理，特别是草地，养护成本较高。因此，发展以乔木为主的复层绿化结构，也符合可持续发展的需要。

7. 由于植物都有其特有的生长期，一般为一年，各个季节植物的固碳能力和绿量都会发生不同的变化规律。因此，以净日固碳量这种瞬态的指标衡量固碳释氧能力并不完全准确，如果以全年每天植物固碳量的累计值，即年固碳量做为评价指标，更能反映固碳释氧的动态变化和能力水平。但目前各地尚缺乏有关乡土植被和常用植被的动态固碳释氧量的数据，因此现在难以按照年固碳量进行评价。因此，对绿色植被全年固碳量的研究显得尤为重要。

总之，通过对上述一系列技术体系进行示范和评估，发现城镇湿地低碳技术体系对城镇湿地碳汇水平的提高都具有很明显的效果，在不同纬度和不同气候条件的示范区内示范点的碳汇水平都具有明显提升，因此本文描述的技术体系对城镇湿地的构建和养护工作具有很高的推广价值。

主要参考文献

[1] Solomon, Susan, et al. Climate Change 2007 – The Physical Science Basis: Contribution of Working Group 1 to the Fourth Assessment Report of the Intergovernmental Panel on Climate Change [M]. Cambridge, United Kingdom and New York, NY, USA: Cambridge University Press, 2007.

[2] Cao M K, Gregson K, Marshall S. Global methane emission from wetlands and its sensitivity to climate change [J]. Atmospheric Environment, 1998, 32 (19): 3 293 – 3 299.

[3] Roulet N T, Lafleur P M, Richard P J H, et al. Contemporary carbon balance and late Holocene carbon accumulation in a northern peatland [J]. Global Change Biology, 2007, 13 (2): 397 – 411.

[4] Smith L C, Macdonald G M, Velichko A A, et al. Siberian peatlands a net carbon sink and global methane source since the Early Holocene [J]. Science, 2004, 303 (5 656): 353 – 356.

[5] Bridgham S D, Megonigal J P, Keller J K, et al. The carbon balance of North American wetlands [J]. Wetlands, 2006, 26 (4): 889 – 916.

[6] 李兆富, 吕宪国, 杨青. 湿地土壤 CO_2 通量研究进展 [J]. 生态学杂志, 2002, 21 (6): 47 – 50.

[7] 王德宣, 丁维新, 王毅勇. 若尔盖高原与三江平原沼泽湿地 CH_4 排放差异的主要环境影响因素 [J]. 湿地科学, 2003, 1 (1): 63 – 67.

[8] Hirota M, Tang Y H, Hu Q W, et al. Methane emissions from different vegetation zones in a Qinghai-Tibetan Plateau wetland [J]. Soil Biology and Biochemistry, 2004, 36: 737 – 748.

[9]　王明星，戴爱国，黄俊．中国 CH_4 排放量的估算[J]．大气科学，1993，17（1）：52 – 64.

[10]　Khalil M A K, Shearer M J, Rasmussen R A. Methane sources in China：historical and current emissions [J]. Chemosphere, 1993, 26：127 – 142.

[11]　孙广友，王海霞，于少鹏．城市湿地研究进展[J]．地理科学进展，2004（9）：94 – 99.

[12]　Dixon J A, F. Scura R A. Carp enter and P. B. Sherm an. Economic Analysis of Environmental Impacts [M]. Earth scan Publicities, 1994：4.

[13]　邝奕轩，杨芳．城市湿地可持续利用的经济学分析[J]．城市问题，2008，3：72 – 74.

[14]　Freeman A M. The Measurement of Environmental and Resource Values：Theory and Methods [J]. Resources for the Future, 1993, 11：114 – 115.

[15]　伦纳德·奥托兰诺．环境管理与影响评价[M]．郭怀成，梅凤乔，译．北京：化学工业出版社，2003.

[16]　崔海亭．景观污染：一个亟待解决的问题[J]．生态学杂志，2001：20（3）：60 – 62.

[17]　崔丽娟．湿地价值评价研究[M]．北京：科学出版社，2001.

[18]　傅伯杰，陈利顶，马克明，等．景观生态学原理及应用[M]．北京：科学出版社，2001.

[19]　高超，朱继业，戴科伟，等．快速城市化进程中的太湖水环境保护：困境与出路[J]．地理科学，2003，23（6）：746 – 750.

[20]　高念东，文剑平．建设健康湿地对北京市水环境的影响[J]．北京水利，2004，（2）：40 – 41.

[21]　李伟峰，欧阳志云，王如松，等．城市生态系统景观格局特征及形成机制[J]．生态学杂志，2005，24（4）：428 – 430.

[22]　陆健健．河口生态学[M]．北京：海洋出版社，2003.

[23]　冉星彦．浅论城市水环境的治理[J]．北京水利，2001（4）：12 – 14.

[24]　宋志文，毕学军，曹军．人工湿地及其在我国小城市污水处理中的应用[J]．生态学杂志，2003，22（3）：74 – 78.

［25］　孙广友，王海霞，于少鹏．城市湿地研究进展［J］.地理科学进展，2004，23（5）：94－100.

［26］　唐继刚．南京市湿地资源动态遥感监测与分析［J］.生态经济，2005（8）：40－45.

［27］　佟凤勤，刘兴土．中国湿地生态系统研究的若干建议［M］.长春：吉林科学技术出版社，1995.

［28］　王海霞，孙广友，宫辉力，等．北京市可持续发展战略下的湿地建设策略［J］.干旱区资源与环境，2006，20（1）：27－32.

［29］　王伟，陆健健．三湿地生态系统服务功能及其价值［J］.生态学报，2005，25（3）：404－407.

［30］　王宪礼，肖笃宁．湿地的定义与类型［M］.长春：吉林科学技术出版社，1995.

［31］　吴玲玲，陆健健，童春富，等．长江口湿地生态系统服务功能价值的评估［J］.长江流域资源与环境，2003，12（5）：411－416.

［32］　杨永兴．国际湿地科学研究的主要特点、进展和展望［J］.地理科学进展，2002，21（2）：111－118.

［33］　印红．对我国湿地保护问题的思考［J］.湿地科学，2003，1（1）：68－72.

［34］　余国营．湿地研究的若干基本科学问题初论［J］.地理科学进展，2001，20（2）：177－183.

［35］　张学勤，曹光杰．城市水环境质量问题与改善措施［J］.城市问题，2005，（4）：35－38.

［36］　赵焕庭，王丽荣．中国海岸湿地的类型［J］.海洋通报，2000，19（6）：72－82.

［37］　赵魁义．中国湿地生物多样性研究与持续利用［M］.长春：吉林科学技术出版社，1995.

［38］　王虹扬，黄沈发，何春光，等．中国湿地生态系统的外来入侵种研究［J］.湿地科学，2006，4（1）：7－12.

［39］　赵振斌，包浩生．国外城市自然保护与生态重建及其对我国的启示［J］.自然资源学报，2001，16（4）：390－396.

［40］　金相灿．中国湖泊环境［M］.北京：海洋出版社，2000.

［41］　戴星翼，俞厚末，董梅．生态服务的价值实现［M］.北京：科学出版社，2005.

[42] 吕宪国. 湿地生态系统保护与管理[M]. 北京：化学工业出版社，2004.

[43] Bubier J L, Bhatia G, Moore T R, et al. Spatial and temporal variability in growing-season net ecosystem carbon dioxide exchange at a large peat land in Ontario, Canada [J]. Ecosystems, 2003, 6: 353 – 367.

[44] 段晓男，王效科，逯非，等. 中国湿地生态系统固碳现状和潜力[J]. 生态学报，2008, 28 (2): 463 – 468.

[45] Brix H, Sorrell B K, Lorenzen B. Are phragmites-dominated wetlands a net source or net sink of greenhouse gases [J]. Aquatic Botany, 2001, 69 (22): 313 – 324.

[46] Franzen L G, Chen D, Klinger L. Principles for a climate regulation mechanism during the Late Phanerooic era, based on carbon fixation in peat-forming wetlands [J]. Ambio, 1996, 25 (77): 435 – 442.

[47] Alongi D M, Wattayakorn G, Pfitzner J, et al. Organic carbon accumulation and metabolic pathways in sediments of mangrove forests in southern Thailand [J]. Marine Geology, 2001, 179 (11): 85 – 103.

[48] Dean W E, Gorham E. Magnitude and significance of carbon burial in lakes, reservoirs, and peatlands [J]. Geology, 1998, 26 (6): 535 – 538.

[49] Collins M E, Kuehl R J. Organic matter accumulation in organic soil [M]. Richardson J L, Vepraskas M J. Wetland soils: genesis, hydrology, landscapes, and classification. Boca Raton, Florida: CRC Press, 2000.

[50] Hartel P G, Sylvia D M, Fuhrmann J J, et al. Principles and applications of soil microbiology (2nd ed) [R]. UpperSaddle River, New Jersey: Pearson Prentice Hall, 2005.

[51] 杨洪，易朝路，谢平，等. 武汉东湖沉积物碳氮磷垂向分布研究[J]. 地球化学，2004, 33 (5): 507 – 514.

[52] 姚书春，薛滨，夏威岚. 洪湖历史时期人类活动的湖泊沉积环境响应[J]. 长江流域资源与环境，2005, 14 (4): 475 – 480.

[53] 姚书春，李世杰. 巢湖富营养化过程的沉积记录[J]. 沉积学报，

2004，22（2）：343－347.

[54] 刘恩峰，沈吉，朱育新．西太湖沉积物污染的地球化学记录及对比研究[J].地球科学，2005，25（1）：102－106.

[55] 张恩楼，沈吉，夏威岚，等．青海湖沉积物有机碳及其同位素的气候环境信息[J].海洋地质与第四纪地质，2002，22（2）：105－108.

[56] 吉磊，夏威岚，项亮，等．内蒙古呼伦湖表层沉积物底矿物组成和沉积速率[J].湖泊科学，1994，6（3）：227－232.

[57] 杨钙仁，张文菊，童成立，等．温度对湿地沉积物有机碳矿化的影响[J].生态学报，2005，25（2）：243－248.

[58] Russell R C. Constructed wetlands and mosquitoes：Health hazards and management op tion-An Australian perspective [J]. Ecological Engineering，1999，12：107－124.

[59] Thurston K A. Lead and petroleum hydrocarbon changes in an urban wetland receiving storm water runoff [J]. Ecological Engineering，1999，12：387－399.

[60] Schueler T R. The importance of imperviousness [J]. Watershed Protection Techniques，1994，1：100－111.

[61] Shutes R B E，Revitt D M，Mungur A S，et al. The design of wetland systems for the treatment of urban runoff [J]．Water Science and Technology，1997，35：19－25.

[62] 刘晓海，高云涛，陈建国，等．人工曝气技术在河道污染治理中的应用[J].云南环境科学，2006，25（1）：44－46.

[63] Owen C R. Water budget and flow patterns in an urban wetland [J]. Journal of Hydrology，1995，169：171－187.

[64] 郑小康，李春晖，黄国和，等．流域城市化对湿地生态系统影响研究进展[J].湿地科学，2008，6（1）：87－96.

[65] 张绪良．莱州湾南岸滨海湿地的退化及其生态恢复、重建研究[D].青岛：中国海洋大学，2006.

[66] 吴瑞金，项亮，钱君龙．滇池近代环境恶化的沉积记录[J].中国科学院南京地理与湖泊所集刊，1995，13：1－10.

[67] 王曦，朱建国．中国湿地保护立法研究[M].北京：法律出版社，2004.

[68]　湿地国际—中国办事处．社区参与湿地管理[M]．北京：中国林业出版社，2001．

[69]　Ferrier R C，Edwards A C，Hirst D. Water quality of Scottish rivers：Spatial and trends [J]. Sci. of Total Environ.，2001，265：327 –342．

[70]　Claridge G F，O'Callaghan B. Community involvement in wetland management：Lessons from the Field [M]. Kuala Lumpur：Wetlands International，1997．

[71]　刘恩峰，沈吉，朱育新．西太湖沉积物污染的地球化学记录及对比研究[J]．地球科学，2005，25（1）：102 –106．

[72]　姜加虎，黄群，孙占东．长江流域湖泊湿地生态环境状况分析[J]．生态环境，2006，15（2）：424 –429．

[73]　国家林业局．全国首次湿地资源调查[J]．新安全，2004，2（9）：24 –25．

[74]　李海生，陈桂珠．深圳市湿地的保护与修复研究[J]．热带地理，2007，27（2）：107 –110．

[75]　钟建红．城市河流水环境修复与水质改善技术研究[D]．西安：西安建筑科技大学，2007．

[76]　王建华，吕宪国．城市湿地概念和功能及中国城市湿地保护[J]．生态学杂志，2007，26（4）：555 –560．

[77]　王曦，朱建国．中国湿地保护立法研究[M]．北京：法律出版社，2004．

[78]　赵生才．中国湿地退化、保护与恢复—香山科学会议第 241 次学术讨论会侧记[J]．地球科学进展，2005，20（6）：701 –704．

[79]　李红丽，智颖飙，赵磊，等．大米草自然衰退种群对 N、P 添加的生态响应[J]．生态学报，2007，27（7）：2 725 –2 732．

[80]　张永泽，王烜．自然湿地生态恢复研究综述[J]．生态学报，2001，21（2）：309 –314．

[81]　Kondil I E M，Kaldellis J K. Biofuel Implementation in East Europe：Current Status and Future Prospects [J]. Renew Sustain Energy Rev，2007，11：2 137 –2 151．

[82]　岳丽宏，陈宝智，王黎，等．利用微藻固定烟道气中 CO_2 的实验研究[J]．应用生态学报，2002，13（2）：156 –158．

[83] Li Y, Horsman M, Nan Wu, et al. Biofuels from Mi croalgae [J]. Biotechnology Progress, 2008, 24 (4): 815 – 820.

[84] 韩博平, 韩志国. 藻类光合作用机理与模型[M]. 北京: 科学出版社, 2003.

[85] 庞鱼华, 沈瑞芝, 程平. 三种植物对 COD 的耐受极限与净化效果[J]. 农业环境保护, 1997, 16 (5): 209 – 213.

[86] 袁东海, 任全进, 高士祥, 等. 几种湿地植物净化生活污水 COD、总氧效果比较[J]. 应用生态学报, 2004, 15 (12): 22 – 25.

[87] Mark T S, Heather C V, Steve W. Exploiting the attributes of regional ecosystems for landscape design: The role of ecological restoration in ecological engineering [J]. Eco. Eng., 2007, 30: 201 – 205.

[88] 柘元蒙. 滇池富营养化现状、趋势及其综合防治对策[J]. 云南环境科学, 2002, 21 (1): 35 – 38.

第八章 城镇建筑物立体空间碳汇
保护与提升技术模式及其评价

第一节 城镇建筑物空间立体绿化技术集成研究

一、城镇空间立体绿化的研究意义

近年来，在建设生态城镇等发展思路的指导下，"低碳"理念的应用越来越广泛[1]。依照碳循环和碳平衡的原理，低碳发展主要是从减少碳源和增加碳汇出发。减少碳源方面包括石化能源和资源的减量高效以及再生能源的增加使用和工程项目的系统减排、低碳化等；增加碳汇方面主要是保护好森林、湿地、海洋等自然碳汇源，并要加强全方位的绿化建设，增强植物的碳汇功能。

在这一趋势的推动下，低碳景观成为城镇景观设计的主流方向之一。低碳景观指在景观设计、选材、施工建设和景观维护使用的整个过程中，尽量减少能源的消耗，降低二氧化碳向大气中的排放量。在加快生态城镇建设进程的今天，传统的绿化充斥着人们的生活空间，城镇中大量土地用于绿化，人们逐渐意识到土地资源的不可再生，新型绿化模式亟待发展，立体绿化应运而生，并且得到了越来越广泛的认同。

我国是一个"人多地少"的国家，采用立体绿化技术，提高城镇绿量在我国显得尤其紧要。伴随着我国城镇化进程的加快，城镇的人口、规模都在扩大，城镇绿化的压力越来越大，生产功能与生态功能常发生矛盾，在中心城区更是如此。城镇中心地区高楼林立，寸土寸金，地面可绿化用地少，拆迁腾地费用昂贵，各级规划部门尽充分利用各种手段，增加绿地面积，见缝插绿。即使这样，绿地率、绿化覆盖率和人均公共绿地指标达标困难，还是很难满足人们对绿地的需要。传统的绿化模式已经不能满足新形式下的需求，而立体绿化则是解决这一难题的有效途径，它可以提高绿化覆盖率、增加绿量、丰富绿化景观、提高生态效应、改善环境质量，具有其他绿化形式所没有的优势[2]。

因此，立体绿化是城镇绿化的必由之路。从这个角度来说，对我国建筑环境空间立体绿化进行全面系统的研究具有十分重要的现实意义和实践意义。立体绿化既能够节约用地、节省能源、节减开支，又是建筑和绿化艺术、人类与大自然的有机的结合，可以收到景观、环保、节能和服务社会等综合效益。在城镇环境日趋恶化的今天，发展立体绿化能丰富城镇园林绿化的空间结构层次和城镇立体景观艺术效果，有助于进一步增加城镇绿量，减少热岛效应，减少噪音和有害气体，改善城区生态环境。

在现代建筑体系中，有生命的绿色植物系统是功能和结构复杂的生态系统，与建筑有着较为广泛的联系。立体绿化充分运用现代技术、材料，能创造出各种丰富的空间环境，同时也能有效的改善人们的生活和居住环境，是建筑空间和形态创作的重要因素。在人们对人居环境要求不断提高的前提下，绿色植物及其他形式的自然因素更多的被人们引入到城镇和建筑空间中，不仅加强了人和自然环境之间的联系，同时也在一定程度上改善了生态环境，是增加碳汇的有利途径[3]。

城镇空间绿化可以补充公共绿化。以北京为例，2006年数据表明，二环路内热岛面积已占总面积52.6%[4]。而城镇空间立体绿化是城镇常规绿化方式的重要补充，具备一定的生态功能和节能减排作用，对于缓解城镇热岛效应，建设宜居城镇，提高城镇绿化率具有重要意义。

可以缓解土地利用矛盾。以北京屋顶绿化为例，目前，北京城镇中心区地面绿化的建设造价约每平方米2万元（含房屋拆迁费用），而屋顶绿化（含简式和复式）造价约每平方米150~650元[5]。因此，利用建筑屋顶、墙体、建筑外檐等空间进行绿化，可以大大缓解城镇用地紧张的矛盾，亦可创造全方位、立体化的北京城镇空中景观。

保温隔热，节省建筑能耗。研究表明，绿化屋顶顶板全天热通量值变化极其微弱，对建筑屋面顶板有明显的保温、隔热作用。绿化屋顶夏季室温比未绿化屋顶室温平均低1.3~1.9℃；冬季室温比未绿化屋顶室温平均高1.0~1.1℃[6]。

保护建筑结构防水。城镇空间立体绿化可大大降低建筑屋面结构及材料的热胀冷缩变化幅度，延缓建筑结构及屋面材料因热胀冷缩所导致的老化进程。研究测定结果，裸露屋顶表面年最大温差达到58.2℃，而绿化屋顶表面年最大温差仅为29.2℃，绿化屋顶与裸露屋顶的年最大温差相差29℃。

缓解城镇热岛效应。研究表明，大量的建筑屋面所产生的强烈的热辐射是导致城镇热岛效应的主要因素。建筑顶板吸收的太阳辐射热仅有5%传递至室内，其余95%向大气辐射（图8-1）。

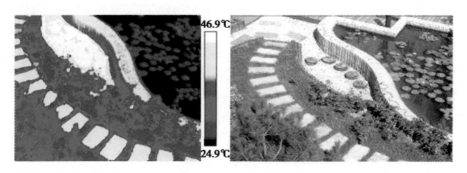

图8-1　水体、植物和铺装汀步的热辐射效应对比热像图

滞尘效果显著。城镇空间立体绿化面积可大大改善城镇空气质量。研究结果表明，花园式绿化平均滞尘量为12.3g/m²·年，简单式绿化平均滞尘量为8.5g/m²·年。

可有效截留雨水。研究结果表明，花园式绿化可截留雨水64.6%；简单式绿化可截留雨水21.5%。城镇空间立体绿化可有效截留雨水，缓解城镇雨洪压力。

按北京地区年降水量60mm测算，假设将北京规划市区内现有7 000hm²建筑平屋顶的30%即2 100hm²进行种植屋面，则可截流雨水资源905.1万T/年，并减少了905.1万T/年的城镇污水处理量。

二、城镇空间立体绿化的基本组成

城镇空间立体绿化是指利用城镇地面以上的各种不同立地条件，选择各类适宜植物，栽植于人工创造的环境，使绿色植物覆盖地面以上的各类建筑物、构筑物及其他空间结构的表面，利用植物向空间发展的绿化方式[7]。目前广泛使用的形式有屋顶绿化、墙体绿化、挑台绿化、柱廊绿化、立交绿化和围栏、棚架绿化等。

（一）屋顶绿化

屋顶绿化包括在各种城镇建筑物、构筑物等的顶部以及天台、露台上的绿化。根据屋顶不同的立地条件，常见的主要有3种屋顶绿化系统：开敞型屋顶绿化、半密集型屋顶绿化、密集型屋顶绿化[8]。开敞型屋顶绿化系统采用抗逆性强的草本植被平铺栽培于屋顶绿化结构层上，重量轻，适用范围广，养护投入小，但缺点是景观可塑性小。半密集型屋顶绿化允许使用少部分低矮灌木和更多种类的植被，能够形成高低错落的景观，但是需要定期养护和灌溉。密集型屋顶绿化可以使用更多的造景形式，包括景观小品、建筑和水体，在植被种类上也进一步丰富，允许栽培较为高大的乔木。值得一提的是最近兴起的一种移动式屋顶绿化技术。这种技术其实是开敞型屋顶绿化的改良，使用可移动的一体化屋顶绿化模块，施工上更为简单，而且可拆卸替换的特征使养护管理更易操作。

在世界七大奇观中有巴比伦王国的空中花园，为世人所垂慕。在当今许多园林绿化先进国家或一些建筑密度过大的城镇，除了尽量扩大绿地面积进行高标准的园林建设外，还利用广大的楼顶面积，进行精雕细刻的园林布置，以优美的园林植物和精巧的亭廊、花架、假山、喷泉、水池等园林建构物和雕塑小品，构成美丽的空中花园。在我国的上海、广州、合肥、成都、大连等城镇，也有一些屋顶花园[9]。

屋顶花园的建设方式也是多种多样的，如用盆景、盆栽花草等合理摆设，形成盆景观赏园、结合场地情况，设置固定的种植坛和藤架，种植攀援植物和花木、全面铺垫种植土，植树、栽花、种草、参照地面小型庭园、游园的布局，修筑水池，堆叠山石，设置喷泉、亭廊花架、雕塑小品和其他技术装饰，并开辟小径，安置桌凳，供人们在楼顶花园观景、交往、休憩。植物配置做到疏密有致，色彩、季相富于变化，使人赏心悦目，流连忘返。

屋顶花园的建设不同于其他两类垂直绿化形式，在建筑设计和结构上有一定的技术要求，在建设过程中必须注意以下事项[10~11]：

（1）在建筑设计和结构上，必须将屋顶绿化的总体重量计入，得出屋架承重。如原建筑设计未考虑绿化荷载，则不宜进行绿化，否则会引起建筑安全问题。一般的被式绿化土层需 6~10cm，荷载达 $200kg/m^2$，如种植草皮\地被植物等、种植式绿化土层需 20~30cm，荷载达到 $200~350kg/m^2$，如种植花卉等、花园式绿化土层需 30~50cm，局部达到 70~80cm，荷载达到 $750kg/m^2$。

（2）防水渗透措施需周密设计，一般植床底应铺一层直径 2~3cm 的陶粒或石砾、焦碴等，陶粒上铺玻璃纤维层，以便通气和渗水。

（3）屋顶花园绿化种植床内的土壤必须人工调配，土壤配比一般以一份园土、一份塘泥、两份砂土为宜，并适当配有机肥料。经验证明，这样配置土壤的透气、透水、肥力效果好，有利于植物生长。

（4）屋顶绿化树种，包括一些乔木树种的矮化种，要选用苗圃培育的树干矮小、树冠较大、水平根系分布广的乔木、花灌木等浅根植物。草皮应选用适应性强、管理方便的草种。

（5）堆石、桌椅、花台、亭廊花架、雕塑小品等，宜选用轻质材料制作，尺度不宜太大，亲切可人为佳。

（二）墙体绿化

墙体绿化是指在与水平面垂直或接近垂直的各种建筑物外表面上进行的绿化[12]。包括攀援类墙体绿化和设施类墙体绿化。攀援类墙体绿化是利用攀援类植物吸附、缠绕、卷须、钩刺等攀缘特性，使其在生长过程中依附于建筑物的垂直表面。攀援类墙体绿化的问题在于不仅会对墙体造成一定破坏，而且需要很长时间才能布满整个墙体，绿化速度慢，绿化高度也有限制。设施类墙体绿化是近年来新兴的墙面绿化技术，在墙壁外表面建立构架支持容器模块，基质装入容器，形成垂直于水平面的种植土层，容器内植入合适的植物，完成墙体绿化。设施类墙体绿化不仅必须有构架支撑，而且多数需有配套的灌溉系统。

（三）挑台绿化

挑台绿化是技术上最容易实现的立体绿化方式，包括阳台、窗台等各种容易人为进行养护管理操作的小型台式空间绿化，使用槽式、盆式容器盛装介质栽培植物是常见的绿化方式[13]。挑台绿化应充分考虑挑台的荷载，切忌配置过重的盆槽。栽培介质应尽可能选择轻质、保水保肥较好的腐殖土等，云南黄馨、迎春、天门冬等悬垂植物是挑台绿化的良好选择，同时也可以选用如丝瓜、葡萄、葫芦等蔬菜瓜果，增添生活情趣。

城镇越来越多的高层建筑拔地而起，其阳台和窗台是楼层的半室外空间，是人们在楼层室内与外界自然接触的媒介，是室内外的节点。在阳台、窗台上种植藤本、花卉和摆设盆景，不仅使高层建筑的立面有着绿色的点缀，而且像绿色垂帘和花瓶一样装饰了门窗，使优美和谐的大自然渗入室内，增添了生活环境的生气和美感。

阳台绿化不同于地面，由于其特殊位置界定，形式上有凸、凹、半凸半凹3种，日照及通风情况各不相同，具有种植营养面积小、空气流通强、墙面辐射大、水分蒸发快等特点，给管理带来了很大的不便。因此，需要做种植箱和盆景架等。阳台绿化的方式也是多种多样的，如可以将绿色藤本植物引向上方阳台、窗台构成绿幕；可以向下垂挂形成绿色垂帘，也可附着于墙面形成绿壁。应用的植物；可以是一、二年生草本植物，如牵牛、茑萝、豌豆等，也可用多年生植物，如金银花、蔓蔷薇、吊金钱、葡萄等；花木、盆景更是品种繁多。但无论是阳台还是窗台的绿化，都要选择叶片茂盛、花美鲜艳的植物，使得花卉与窗户的颜色、质感形成对比，相互衬托，相得益彰。

（四）廊柱绿化

主要是指对城镇中灯柱、廊柱、桥墩等有一定人工养护条件的柱形物进行绿化。一般有两种模式：攀援式和容器式。攀援式可选用具有缠绕或吸附功能的攀援植物包裹柱形物，形成绿柱、花柱的艺术效果；容器式是通过悬挂等方式固定，人工定期管理的小型盆栽来实现绿化[14]。

（五）桥体绿化

立交绿化指对立交桥体表面的绿化，既可以从桥头上或桥侧面边缘挑台开槽，种植具有蔓性姿态的悬垂植物，也可以从桥底开设种植槽，利用牵引、胶粘等手段种植具有吸盘、卷须、钩刺类的攀援植物。同时还可以利用攀援植物、垂挂花卉种植槽和花球点缀来进行立交桥柱绿化等[15]。这种绿化形式属于低养护强度的空间形态，要求植物具有一定的耐旱和抗污染能力。

（六）围栏、棚架绿化

道路护栏、建筑物围栏可使用观叶、观花攀援植物间植绿化，也可利用悬挂花卉种植槽、花球装饰点缀。棚架绿化宜选用生长旺盛、枝叶繁茂、开花观果的攀援植物，常见如紫藤、凌霄、藤本月季、忍冬、金银花、葡萄、牵牛花等[16]。同时可视建筑物的质地、体量以及环境要求来选择合适的植物材料。

三、城镇空间立体绿化的研究重点

为改善城镇气候，减轻热岛效应，防止过度干燥，针对城镇空间绿化对建筑物的压力破坏和功能单一等问题，研究适合房屋、构筑物、城围、立交桥等不同建筑物的空间绿化技术模式，主要包括防水、蓄水和排水等保护技术，绿化设施工程技术，栽培基质、营养液配比、自动化灌溉/施肥等综合管理技术，绿化植被筛选与品种优化配置技术，提出适合不同示范区城镇低碳发展的点缀式、地毯式、花园式和田园式等建筑物空间立体绿化技术体系，保护与提升城镇建筑物空间绿化系统的碳汇能力。

四、城镇空间立体绿化的研究目标

提出适合不同示范区城镇低碳发展的点缀式、地毯式、花园式和田园式等建筑物空间立体绿化技术体系，保护与提升城镇建筑物空间绿化系统的碳汇能力。最终目标是要解决主要技术难点和问题。

五、城镇空间立体绿化的关键技术

（一）适生植物选择

设计合理的绿化基盘，并且选择合适的植物，可以降低立体环境对技术条件和后期养护的要求，大大降低建设和维护成本。例如屋顶在白天和夜晚的极端温度与地表相差很大，选择对于极端温度耐受性强的景天类植物，才能良好生长并抵御住夏季的炎热天气。

（二）栽培基质选择

立体绿化的最大问题就是荷载。为能支撑植物，且能持续为植物提供稳定的水分和养分，选用轻质高效的人工基质就显得尤为重要。应寻找一种轻质、高效的栽培基质，可以减少建设费用，并且实现真正的环保理念。

（三）系统化配套技术

随着立体绿化产业的兴起，屋顶、阳台以及墙面等特殊场所的绿化材料和技术应运而生，产生了"特殊绿化产业"，同时也推动了一批新技术、新材料的发展，如透水材料、排水材料及浇灌装置等，以及利用乔灌木进行立体绿化的"墙面贴植技术"，还有一部分植物和组合为整体的轻质化施工产品等，这些都促进了特殊绿化产业的发展[17]。

六、城镇空间立体绿化的技术路线

本课题通过筛选适合空间绿化的植物种类，建立房屋、构筑物、城围、立交桥等不同建筑物的空间绿化技术模式，提升城镇碳汇能力。并依托国家可持续发展实验区（示范区）建立浙江省安吉县城镇建筑物空间立体绿化技术体系碳汇提升与保护示范基地，其技术路线见图 8-2。

（一）空间立体绿化技术体系

通过筛选适合空间立体绿化的植物品种和培育，制定墙体、路桥、屋顶和阳台绿化技术体系和标准，达到提高城镇碳汇能力的目的。

（二）城镇建筑物空间立体绿化示范基地

运用空间立体绿化体系的技术体系和标准与国家可持续发展实验区浙江省安吉县共同建立空间立体绿化示范基地。

（三）城镇碳汇计量与评估

根据课题研究制定的城镇碳汇计量与评估标准评价空间立体绿化示范基地

碳汇能力提升状况。

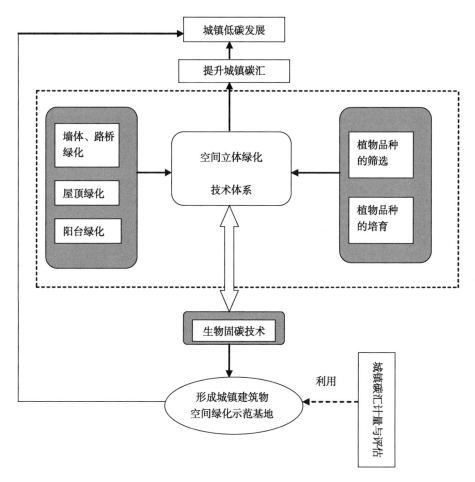

图8－2　城镇空间立体绿化的技术路线

第二节　建筑物空间立体绿化技术模式

一、阳台建筑物空间立体绿化技术

阳台绿化种植模式有5种，分别为容器栽培种植模式、多层栽培种植模式、吊挂栽培种植模式、附着栽培种植模式、无土栽培种植模式，其中，容器栽培种植模式是最基础的种植模式，其他栽培模式基本上都是在容器栽培种植模式的基础上发展起来的。

（一）容器栽培种植模式

阳台是城镇楼房建筑中的一部分，通常为水泥结构，植物无法在其上生长，在阳台上进行园艺活动，最常用的就是利用容器进行植物的种植。容器栽培是阳台园艺主要的种植模式。容器栽培就是利用容器种植植物的一种生产方式，它与露地栽培的最大区别是，容器栽培不受土地的影响，根系基本上在容器中生长。阳台园艺所用的容器多种多样，有盆钵、框篮、袋式容器等等，可以根据所栽种植物种类、大小及阳台空间特点进行选择，家庭生活淘汰的盆、钵等器具可以废物利用，也是很好的阳台栽培容器。理想的阳台栽培容器应具有经济、轻便、搬运方便、耐用、不易破碎、透气、排水性好等特点。

1. 盆钵类

阳台园艺中最常见、最传统的栽培容器就是盆钵类容器。盆钵类容器种类很多，尺寸多样，通常按使用材料来称呼，如泥盆、瓷盆、紫砂盆、塑料盆、木盆等。泥盆也叫素烧盆、瓦盆，是由粘土烧制而成，有红、灰两种，质地粗糙，经济耐用，非常适合阳台种植；瓷盆、紫砂盆色泽好、美观、质地细腻，但透气、排水较差；塑料盆轻便、价格便宜，但通气性和排水性差，容易老化；木盆装饰效果好，通气性好，但没涂抹防腐剂的部位易于发霉腐烂。盆钵类容器形状以圆形居多，尺寸多样，规格很多，花卉种植可根据植物大小进行选择合适的容器，蔬菜种植和盆栽果树一般应选择直径 20cm 以上的盆钵容器。

2. 箱、槽类

是特别适合阳台园艺的一类栽培容器。箱、槽类容器的材料一般源于废弃的包装木箱、塑料框或泡沫苯乙炼箱，也可专门制备阳台蔬菜用的栽培箱（槽），制作材料可用塑料板、木板、竹片等。泡沫苯乙稀箱常用于市场上装鱼贝及蔬菜等，轻便结实，而且隔热和保温性能良好，非常适用于容器栽培。木箱（槽）应在里面做防腐处理或铺一层塑料薄膜减少土壤水分的腐烛。箱、槽类容器一般为长方形，在阳台摆放或悬挂都比较节省面积和空间，特别适用蔬菜种植。箱、槽类容器宽度宜为 20cm 左右，高 15～20cm，长度依阳台的大小而定。

3. 袋式容器类

以内盛栽培基质进行栽培的各种塑料袋称为袋式容器。袋式容器的最大优点是经济、简易、灵活，塑料袋的大小、形状、放置方式可随场地空间而改变，特别适合立体空间利用，进行多层次、多组合的阳台园艺。例如，小型袋式容器可以挂放在阳台的支架、墙上，也可放在其他容器的间隙，充分利用光能和空间。小型袋式容器也适用于阳台食用菌种植。

（二）多层栽培种植模式

大多数城镇楼房阳台面积有限，一般只有几平方米，怎样合理利用空间，增加阳台的种植面积，获得更大收成是阳台园艺首要考虑的问题。最直接的科学利用阳台空间的种植模式就是多层栽培种植模式。多层栽培种植就是在阳台容器栽培的基础上，利用各种支架把栽培植物的槽、箱、盆、袋等容器多层架起来或由特别的容器相互堆积形成多层次的栽培组合。多层栽培种植有书橱式多层栽培、阶梯式多层栽培、附壁式多层栽培、柱式多层栽培和容器堆积多层栽培等数种栽培方式。

1. 书橱式多层栽培

书橱式多层栽培架结构简单，制作容易，制作材料可用招合金、木材、塑料等，一般 3~6 层，每层高度可调，适用于阳光充足的阳台园艺蔬果和观赏植物栽培，也可用于阳台食用菌类种植。书橱式多层栽培优点是占地小，增加空间大，这种模式能最大限度的利用阳台空间，每增加一层就等于阳台面积增加了一倍。缺点是当栽培植物比较茂密时，下层光照较弱，影响植物生长，可以选择上层种植阳性植物，下层种植耐阴植物以避免下层植物生长不良的情况。

2. A 式（半 A 式）多层栽培

A 式多层栽培是书橱式多层栽培的变型，从截面看像大写字母 A—样，故称 A 式多层栽培，这种栽培架的优点是各层向外错开，每层都能获得充足的光照，缺点是相对于书橱式多层栽培占地较大。

半 A 式多层栽培只有一侧支架，适合小阳台园艺生产。现在市场上有用 PVC（聚氯乙烯）管作为容器和不锈钢支架制作的半 A 式多层栽培非常实用。

3. 附壁式多层栽培

附壁式多层栽培也是书橱式多层栽培的变型，这种多层栽培的优点是不用支架，占地少，利用卡具在阳台墙壁上固定，象家居的隔板一样，可以层层重叠，也可相互错开，已获得更好光照。

4. 柱式多层栽培

柱式多层栽培也称为塔形多层栽培，是中央用一根支柱固定，四周将圆形、方形、多边形等各种形态的栽培盘层层布置的一种多层栽培方式。该方式的优点是占地小，增加空间大，能最大限度的利用空间。柱式多层栽培现多用于无土栽培，制作材料一般选用泡沫塑料和 PVC 管。

5. 容器堆积多层栽培

容器堆积多层栽培是将特别制作的容器层层放置，错落有致，每层容器都可暴露在外以种植蔬果。这种多层栽培的优点是可以随意调整层数，便于移动，缺点是下层容器容积被上层容器遮蔽，得不到充分利用。容器堆积多层栽培有凸型盆堆积多层栽培和墙式容器堆积多层栽培等方式，现在市场中已有容器堆积多层栽培的专利产品。

（三）吊挂栽培种植模式

吊挂栽培种植模式是在容器栽培模式的基础上，应用支架、钩环将栽培容器悬挂起来的一种栽培模式，在吊挂容器中以花卉为主，也可以种植蔬果。这种模式可以充分利用阳台空间，不用占用地面，可以在阳台上实现"立体栽培"的效果，具有很好的效果。吊挂栽培种植模式分为吊式栽培和挂式栽培两种方式。

1. 吊式栽培

在从阳台顶悬挂的容器中栽植各种花卉或草质类蔬果植物，形成的垂吊栽培方式称为吊式栽培。阳台挂蓝放置的位置要选择好，不能影响行走，必须方便饶水、修剪等管理工作。吊式栽培挂蓝的高度最好为离地 1.5 ~ 2.2m，这一高度的挂蓝修剪、绕水很容易，并便于观赏。如果是高楼阳台，强风季节不适合吊式栽培，以防发生意外。塑料花盆、塑料袋、用柳条、竹、藤编织的花篮、用铁丝等爆接的框架容器或用废弃的家用容器等都可用作吊式栽培的容器。塑料袋、框架容器或废弃的家用容器等本身不美观，配植植物时可以选择蔓生性或藤本花草把容器隐藏起来。用陶瓷花盆等较重的容器作为垂盆也可以，但要慎重，这些容器装上基质种上植物后相当沉重，因此它们必须要有个牢靠的支点。

2. 挂式栽培

挂式栽培是通过钩子、钉子或金属支架将容器悬挂在阳台防护壁或墙壁上的栽培方式。挂式栽培一般位于阳台四周半空中，不占用地面，不影响人们阳台行走，又能美化单调的阳台角隅和墙壁，是一种很好的阳台园艺模式。现在城镇阳台的防护壁很多是金属框架式构造，套上特制的金属支架后，可放置较大的箱、槽式容器，非常适合种植花舟或蔬果。

（四）附着栽培种植模式

在阳台园艺中经常栽培一些如葡萄、丝瓜、豆角、番琉等攀援性果、菜类植物，这些植物的莲不能直立，必须在其他物体上攀援才能更好的生长发育。

所以在阳台上种植此类植物可以利用阳台墙壁，也可以搭上合适的支架进行栽培，这种种植模式称为附着栽培种植模式。附着栽培种植模式有附壁式和支架式两种种植方式。

1. 附壁式栽培

附壁式栽培是利用阳台墙壁进行攀援类植物种植的栽培方式。附壁式栽培不但节约用地、美化环境，同时在阳台墙壁栽培攀援类植物还可以降低夏季室内温度，防止城镇粉尘和噪声污染。爬山虎等攀援植物有极强的攀援能力，可以直接攀附在墙上向上生长，而果、菜等大部分攀援类植物则需要附加攀援物，最实用的有两种。一种是附壁篱架法，利用阳台墙壁搭上篱架，一般距墙壁 20 ~ 30cm，材料用细竹竿、木条等绑扎成花篱架，用木钉固定即可。二为钉桩拉线法，在墙上钉入 20 ~ 25cm 的木钉或铁钉，纵横距离 50cm 左右，然后在钉上拉上 1 ~ 3mm 的渡锌铁丝形成 50m × 50m 的方形网格。

附壁式栽培可种植葡萄、豆角、黄瓜、丝瓜等蔬菜以及乌萝、牵牛等花卉，植物能顺镀锌铁丝或篱架而向上生长，形成碧绿有花的墙壁。

2. 支架式栽培

支架式栽培是指在栽培攀援性植物时，人为搭建支架方便植物攀援生长的栽培方式。支架搭设要做到既科学又美观，科学是指支架牢固，能方便植物生长；美观是指支架搭设要有一定的艺术性和美感，对阳台要有独特的装饰效果，体现阳台园艺的特色。支架可根据植物特点、阳台情况及个人喜好，按适用、美观和牢固三条原则进行设计制作。支架有两类，一类是临时性支架，材料用细竹竿、木条等搭制而成，特点是经济、拆装方便；一类是永久性支架，材料用水泥桩、铁管、塑料管等制作，特点是坚固耐用，造型美观。阳台支架常用的有斜花篱架、方格篱架、团扇篱架、折扇式篱架等架式。

（五）无土栽培种植模式

无土栽培是指不用土壤，而用人工配置的营养液供给水分和各种矿质元素来栽培物的方法与传统土壤栽培相比，无土栽培具有产量高、品质好、安全无污染、无杂草、清洁卫生、栽培场所不受限制等优势，是阳台园艺理想的栽培方式，是未来城镇家庭园艺的发展方向。无土栽培可分为水培和基质培两种类型，水培是将植物根系直接接触营养液的一种无土栽培方式；基质培是将植物栽种于具有良好物理结构、稳定的化学性质的基质中，供以营养液的来满足植物生长需要的无土栽培方法。基质培具有简单、经济、管理容易的特点，是家庭阳台园艺无土栽培主要采用的方式。基质的作用是固定植株、保水、保肥、透气、缓冲离子浓度等作用。无土栽培所用基质种类很多，一般家庭阳台园艺所用基质要求轻便美观、安全、干净、有足够的强度和适当结构以满足根系生长的需要，不宜使用有异味的、易滋生蚊蝇的有机基质，故适合家庭阳台园艺无土栽培的基质主要有岩棉、蛭石、珍珠岩、草炭等无机基质。营养液的配方和制备是无土栽培成败的关键所在，每种植物所需的营养液配方都不完全相同，甚至同一种植物不同生育期也不一样，但家庭无土栽培受条件限制，不可能每一种植物都配有专用营养液，一般都用通用配方（日本园试配方）或蔬菜常用营养液配方（山崎营养液配方），有条件的可以自己动手配制营养液。现在市场上已有无土栽培营养液如901无土栽培液、"美卉"水栽花舟培养液等产品销售，可按使用说明直接用于自家阳台无土栽培。

用于家庭阳台无土栽培的容器很多，常见的箱、槽、管、柱、盆和筒等，只要容器不渗水，都可以作为无土栽培的容器，现在市场上已有很多家庭用小型无土栽培装置，非常适合城镇阳台进行无土栽培。根据无土栽培器材和方法的不同，阳台园艺无土栽培模式分为静水简易无土栽培、柱式无土栽培和管式无土栽培3种方式。这3种方式都适合城镇家庭阳台园艺。

1. 静水简易无土栽培

静水简易无土栽培是最简单的一种无土栽培方式，一般指营养液不流动，靠栽培植物的根深入营养液中或靠基质的吸附作用使植物获得矿质营养和水分。静水简易无土栽培有很多种形式，可以根据实际条件制作适宜的装置。简易浮床无土栽培和浅盘式无土栽培就是两种典型代表。

2. 柱式无土栽培

柱式无土栽培属于多层栽培，可以水培，也可以基质培。装置中间是立柱，中可通营养液，围绕立柱有很多栽培孔，可以种植叶菜、草莓、草花等植物。柱式无土栽培占地小，种植量大，非常适合阳台园艺。现在市场上有标准柱式无土栽培装置出售。标准柱是组合式的，由数个泡沫苯乙烯盆钵组装而成，每个盆钵有5个由PVC（聚氯乙烯）管组成的栽培孔，内有蛭石等基质和泡沫材料。标准柱立在集液盆中，盆内有小型电机，通电后可将营养液输送到标准柱内，形成一个循环，可以保证立柱上的植物有充足的营养。

3. 管式无土栽培

管式无土栽培属于多层栽培，一般为水培。高低不同几层管道连接在一起，中通营养液，管道上有孔，可以种植叶菜、草莓等植物。现在市场上称为蔬菜机的无土栽培设备就是一种简易管式无土栽培装置，它是由粗细不同的PVC（聚氯乙稀）管连接而成。出管口有集液盆，内有小型电机，通电后可将营养液输送到最上面的进管口，形成一个循环，可以保证横管孔上的植物营养供应。

二、庭院建筑物空间立体绿化技术

所谓庭园空间立体绿化，即将建筑物或者构筑物形成的平台空间与园林绿化相结合，通过多层次、立体化地利用场地空间，为高层用户（多为居住建筑，此时即高层住户）提供交往平台、重建邻里关系。同时提高绿化率、改善居住生活环境。将屋顶花园、空中花园、阳台花园、入户花园、高台花园、退台花园以及架空庭园等等各种形式结合起来，是高层庭院建筑立体化的一个倾向。它充分利用地形地利，设置多种绿化形式（包括平台绿化、垂直绿化），可以极大程度上"还地于城镇"。提高建筑绿化率，同时取得很好的遮阳、隔热和景观效果。

由于庭院的立体绿化是随着建筑的立体化而产生的，其物质的载体当然是建筑。其空间不可能是地面庭院的简单重复，必将依附于建筑而有其自身的特征。为了满足其可达性，必将与交通空间相连接；为了使其与建筑使用功能紧密结合，其空间载体必将与建筑内部空间相联属或相兼容。而作为外部空间主体的庭院，其立体化设计不仅丰富了外部空间环境的类型，创造了多样性的外部空间，其与建筑内部空间相连属或兼容的属性也使得内部空间与外部自然环境联系更紧密，这必将增加建筑中的人们进行户外活动的频率、丰富户外生活的内容。如建筑内部的交通空间：楼梯、廊道，内部的半室内空间：阳台，以及建筑外部空间；屋顶等都可扩展成为外部庭院空间或联系外部庭院空间的灰色空间，使传统院在空中存在，最终使城镇空间元素能够更丰富、活跃地向天空拓展。

传统民居建筑院落受到自然气候、地理气候的影响呈现不同的平面尺度与围合方式。如庭院的开间方向受到日照程度的影响有着不同的尺寸；庭院的空间纵深尺度、铺装以及建筑出檐、坡向受到降水量的影响产生了合院式与厅井式的区别；受到季候风的影响，建筑和庭院的布局有了"负阴抱阳"的讲究，还产生了丰富多样的室内外空间过渡，防止风沙的细部做法；为了调解小气候和增强趣味性，庭院造院也展现了丰富多彩的绿化、陈设技法。立体化庭院要起到这样的调节生态的作用在借鉴传统庭院的设计手法与思路的同时也应结合现代居住建筑的技术优势并适应空间立体化的特征。

庭院的立体化在建筑节能和生态环境的保护和优化上可以借鉴当前对绿色建筑的探索。在高密度的城镇公建中，绿色建筑的特点在于以工业为基础，来对现代建筑进行修正和深化。围绕能源的利用与节约，此类在立体化空间的处

189

理上有这样的模式：以建筑布局结构本身形成一个良好的能量循环系统，内部设通高中庭，其他空间围绕布置，活设共享的室外过渡空间，这是设计中节能的关键。例如福斯特设计的法兰克福商业银行，建筑平面三角形，中心为通高的中庭，三边中两边为办公空间，另一边加入四层高的空中花园，可以种植树木，每隔四层空中花园转到另一边，空间效果简洁而富有趣味。花园设计依朝向不同而终止不同的植物，如西向种植北美枫树，东向种竹，南向种地中海橄榄树。花园14m高的玻璃幕墙顶部可以开启，纳入新鲜空气，控制建筑内部小气候。该建筑就是空中花园 + 中庭模式。住宅建筑中进行该尝试有其局限性，由于居住空间的体量较小，分割较多，难以在平面上结合体量较大的中庭空间来布局。而且人们居住生活中所释放的废气较公用建筑多而混杂，需要及时通风排散，建筑中组织中庭不利于空气的对流和住户，还会使得各住户之间混合气体串通，不利于健康。而空中花园的绿化却是可以参考这种模式的。对于局部的立体化庭院小空间也可以借鉴中庭空间烟囱效应的做法。如北方由于冬季气温较低，空中庭院可以考虑设在南向，附以玻璃的外部围护结构。这种做法使视觉可以通透，玻璃顶部和底部可以开闭，夏季打开利用烟囱效应促进空气流通带走热气，防止持续日照造成的升温，加快废气排出。冬季白天关闭，接受太阳能量成为暖房。采光量亦可以按照气候的不同依照需要用遮阳板调节。这样的空中庭院与交通空间相结合，配合绿化布置，成为进入户内的过渡空间，有着适宜的温度和空气质量，成为邻里视觉与活动的中心。

居住环境的绿化是近30年来世界各国共同关心的课题，随着人口密度的增加，城镇高楼林立，绿化面积越来越少。说到绿化人们总是想到地面的花草树木，而很少想到空中绿化的概念。现代住区为了提高居住质量和居住环境品位，在地面绿化上花了不少工夫，借鉴国内外的绿化景观设计手法，呈现了风格迥异、情趣多样的绿化和环境设计作品，有借鉴传统园艺设计手法的，也有古典欧式花园风格的等等。为了通风和防潮并使地面绿化体系连贯，许多南方住宅如前面所述，建筑采用架空的方式，还在架空层布置休闲设施、绿化、环境小品等。然而，对比传统民居庭院，这种地面绿化的方式虽然在形势上得到了继承和发扬，但由于建筑尺度与原来不同了，绿化与建筑的关系也不同了。传统庭院的绿化调节小气候的影响对于传统民居的居住空间来说效果比较明显，而居住空间立体化了以后，地面绿化对气候的调节作用相对减弱，如许高层住户就很难感受到绿化对空气的调节作用、树荫带来的阴凉、绿色景观带来的情趣等。空中绿化目前比较成熟的一种开发形式是屋顶绿化。在一些发达国家屋顶绿化受到普遍的重视，屋顶花园已成为我国城镇绿化的一条新途径。屋顶绿化不仅仅是美化了城镇，活跃了城镇景观，向稠密的建筑群索取绿化空间的一个有效办法，对于一个城镇来说它更是保护生态、调节气候、净化空气、遮荫覆盖、降低室温的一项重要措施。据科学测定显示，一个城镇如果把屋顶都利用起来进行绿化，那么这个城镇的二氧化碳含量较没有屋顶绿化的城镇要降低70%以上（平均值）。我国一些住宅建筑已经开始尝试这种做法。屋顶绿化适宜的植物一般是喜光照、耐干燥、耐温热的品种，此外还应考虑到观赏价值、植株矮小等特征。当然一些树干稍高直的花卉乔木也不妨适当栽种，使之形成高低互衬的美感效应。搭配一些藤本花卉引以攀木，形成绿色帐幕，可以起到隔热降温的作用，此外屋顶绿化还要考虑到丰富多彩为好，要选择四季都宜生长的常绿花卉，注意不同花期的搭配、色彩的调和。在树木和花卉之间再添置一些可供坐靠的石凳，摆些盆景，有条件的还可以布置假山、鱼池等。

在多、高层建筑设计中设置空中庭院进行立体绿化可软化建筑的生硬感，使处在建筑不同高度的使用者处于可以接触到植物的有益环境中，满足人接近自然的精神需要。其中的植物也可以吸收二氧化碳放出氧气，促进夏季凉爽，形成宜人的小气候。建筑的立体绿化包括墙面爬藤类植物的绿化和空中庭院的绿化设计可以起遮阳降温，美化环境的作用，使得人们在这里可以享受到小庭院的乐趣与良好、舒适的小气候。墙体绿化一般是结合攀援植物的运用来实现，如长春藤、葡萄树、地锦、牵子和叶子花等，夏季枝叶繁茂，遮挡炎炎烈日，冬季竹子脱落不影响对阳光的吸收。绿化层也是对墙体的保护，减轻墙面受聚变的冷热作用。空中庭院的绿化除摆放盆载之外常见的有沿边设花槽，种植垂花，阳台饰边等。也可以借鉴传统庭院中的小庭院的设计手法，结合假山石，配置立体图画般的山水绿化以衬托周围的陈设。形成小趣味的停留和观赏的空间。

三、墙体建筑物空间立体绿化技术

墙体绿化在没有占用土地资源的情况下，大幅度地增加了绿化面积。占用土地面积少，而绿化面积大是墙体绿化突出性质。在绿化方面的作用不但包括了确切的生态功能，同时能够在建筑外立面，特别是老旧建筑的外立面起到装饰、美化的功能。墙体绿化的形式多种多样，除了传统的利用攀缘植物的生态习性的直接附壁形式和在墙面安装条状、网状支架供植物攀附的悬垂形式外，还有一些新技术的应用，如在墙面建立构架支持可种植植物的容器模块等，大大丰富了墙面绿化的植物品种。城镇中建筑物的外墙、围墙、墙体都可进行绿化，提高城镇人均绿地面积和城镇绿化覆盖率。在进行墙面绿化的前提下，建筑物愈多的城镇，生态状况愈好，其效应与设计、维护绿化墙面所需的经费开支相比都是有过之而无不及的。以下介绍几种墙体绿化的模式和方法。

（一）藤蔓式

利用藤蔓类植物的吸附、缠绕、下垂等特性进行墙面绿化的做法，称为藤蔓式墙体绿化。

1. 藤蔓式植物分类

根据藤蔓植物攀援方式的不同将植物分为：

（1）吸附攀爬型　在自身的节上，生长出许多分泌粘液的吸盘，分泌附生根，或生成气根，吸附在其他物体上攀附生长的植物类型"如爬山虎（卷须端部有黏性吸盘）、常春藤（茎枝有气根）、地锦（既有卷须又有吸盘）、凌宵花（有气根）等。

（2）缠绕攀爬型　植物利用卷须、勾刺、缠绕茎等缠绕在物体上向上生长。如五味子、葡萄、紫藤、铁线莲等，还有一些草本的蔓生植物如筼萝、牵牛、丝瓜、葫芦等，通过牵引都可以缠绕在支架上生长。

（3）下垂型　种植蔓生性攀缘、匍匐及俯垂型植物，使其枝叶从上披垂或悬垂而下。如藤本月季、蔷薇、迎春等。

藤蔓植物种类不同，植物吸附能力不尽相同，应用时需了解各种墙面表层的特点和植物吸附能力，墙面越粗糙对植物攀附越有利。根据植物攀爬方式和攀援能力的不同，将藤蔓式墙体绿化分为两大类：

（1）直接攀爬式　不需要支架或其他牵引措施，植物直接攀爬在墙面上，绿化墙体。主要利用吸附攀爬型植物和下垂型蔓生植物，同时利用吸附攀爬型植物和下垂型蔓生植物可达到全面绿化的效果。有些吸附攀爬型植物可以生长到墙面以上。

（2）支撑式　在墙面的前面安装网状物、格栅或设置混凝土构件，使许多卷攀型、钩刺型、缠绕型植物都可借支架绿化墙面的形式。常用于较大规模的壁面绿化。支撑式墙体绿化可以细分为：点式支撑、点线式支撑、线式支撑、面式支撑和三维网格支撑。

2. 藤蔓式墙体绿化的应用

（1）直接攀爬式墙体绿化的应用　直接攀爬式墙体绿化是应用最早、应用范围广泛的一种墙体绿化方式。在很多城镇的街头都可以看到直接攀爬式墙体绿化，绿化的建筑立面。如北京昆仑饭店的部分墙体绿化，就是利用爬山虎直接攀爬墙面形成绿化效果。北京的长城饭店，就是利用地锦进行的墙体绿化。

（2）支撑式绿化的分类和应用 对于攀援植物的支撑结构，往往根据不同习性的藤本植物作不同的处理。支撑系统和墙体的距离一般控制在40cm以内，远了建筑节能的效果就差了。可以总结为以下几个方面：

①点式支撑：在建筑墙体上预埋或安装一系列金属小构件，将藤蔓固定在一定位置上。利用钢丝绑扎把植物固定在墙面上，适合小型植物使用。

②在墙面上安装固定点，各点之间用金属绳横向或纵向或两向同时连接，可以称为点线式支撑。

③线式支撑：在建筑墙体前面固定横向或竖向的竿或绳索等，供植物攀爬，植物离开墙体一段距离。缠绕性植物的支撑体多以垂直立竿或绳索为主。攀援植物的支撑体则以立柱与横竿相结合的支架为多。

④面式（平面网格）支撑：平面网格体系有金属网格也有木质网格，可以根据支撑膝本植物的大小制作网格尺寸。

例如，同济大学行政楼墙体绿化以藤蔓型为主，容器型为辅，形成整个立面的墙体绿化效果藤蔓植物的支撑主要采用的便是平面网格支撑，局部采用线式支撑。在建筑的外立面上增加钢框架，横向框架支撑种植植物的容器，竖向框架支撑供攀援植物缠绕的木格栅。局部增加竖向的绳子来供植物缠绕攀爬生长。植物或缠绕在绳子土或攀援在木格栅上形成设计的效果。同济大学行政楼藤蔓式墙体绿化主要采用两种植物进行绿化"花期较长，植株较矮的月季和可以生长到10m高的藤蔓。种植的植物皆为落叶植物，夏季遮阳，冬季亦不会减少建筑得热。使用木质格栅和绳子为支撑物，夏天不会因为温度过高而灼伤植物。

⑤立体（三维网格）支撑三维网格系统也称绿色屏幕系统（Green Screen），包括三维的金属网格面板和附属构件。这种网格系统可以根据设计师的意图做成各种形状，也可以根据需要涂成各种颜色。独特的网架结构重量很轻，强度却是相当惊人，可挂在各种墙体的前面支撑植物生长，形成大面积的墙体绿化效果。植物攀爬在远离建筑表面的支撑网架上，保护建筑物的防水层。并且把植物的重量转移到墙体和屏幕系统上。整个墙体绿化系统应该严格设计，以满足所需的跨度和设计负荷，也可作为独立的围墙、栅栏使用。三维网格面板还可以当成模块使用。根据墙体所需要绿化面积的不同，把面板进行竖向或横向的连接，满足不同形状和面积的绿化需求。此外它的两面均可为植物生长提供支撑，可以根据需要在一侧或是两侧种植植物，绿化效果优越。三维网格支撑的墙体绿化特别适合已有建筑的立面改造工程。使用三维网格系统时可以使用独立式三维网格系统，这种支撑系统有单独的地基处理，可以不和

墙体发生关系，独立承担网架、植物、风和雪等等的荷载。植物攀援在上面也不会对墙体产生任何的破坏。

选择墙体绿化类型在一定程度上取决于墙体上植物的支撑系统。应该检测外立面增加额外荷载的能力。支撑构件必须固定牢固以支撑植物重量，风压及雪荷载，并且应该由结构工程师来设计。对于利用盘绕、攀爬、卷曲以及蔓延型的藤蔓，要比气生和吸咀根系的藤蔓更加适合应用三维网格支撑系统。带有柔软的茎系木性质较少的葡萄科藤类最适合缠绕在面板上。一些藤类，比如紫藤，一般来说生长迅速，且树形良好，适合种植在大的容器堆，因太重而不适合三维网格系统使用。使用金属件做支撑时，要注意做相关处理，以免夏季温度过高而灼伤植物。

3. 藤蔓式墙体绿化选用原则

（1）植物因素　墙面绿化选择植物时要了解当地的气候特征。在植物搭配中尽可能利用不同种类的植物以延长观赏期，创造出四季景观的效果。在选择藤蔓植物进行墙体绿化时，要注意以下几个问题[18]：

①地域因素：藤蔓植物种类繁多，在应用时应选择适合当地生态环境的乡土植物，乡土植物经过长期的生长驯化，已具备了抵御极端气候因子变化的功能，可增加绿化种植的成活率。如在北京可以利用爬山虎、凌霄、地锦等。

②气候与环境因素：由于我国南北地区存在很大差异，北方应考虑植物材料的抗寒、抗旱性，如爬山虎、山荞麦、啤酒花、扶芳藤、木香和七姐妹都适合在北方城镇使用。南方则应考虑其耐湿性，可选择叶子花、炮仗花、常春藤等。除此以外还要考虑垂直绿化对环境的改善功能，根据不同目的合理配置。

③植物搭配：进行墙体绿化时首先选择生长快速、攀附能力强，能较快地覆盖墙体的藤蔓植物。为了丰富景观层次，应注意品种间的合理搭配，如常绿藤蔓与落叶藤蔓的搭配、观花植物与观叶植物的搭配、草本植物与木本植物的结合等。

（2）建筑因素　建筑的墙体绿化应满足功能要求、生态要求、景观要求，根据不同绿化形式正确选用植物材料。如以降低室内气温为目的，应在墙面绿化中选栽叶片密度大、日晒不易萎蔫、隔热性好的攀援植物。建筑墙体上北墙面应选择耐阴植物，西墙面绿化则应选择喜光、耐旱的植物，还应注意与建筑物色彩、风格的协调。

①建筑朝向：在不同朝向的建筑立面上做藤蔓式墙体绿化，其降温增湿效果不同。同种藤蔓植物、同样的做法绿化墙面时，其降温增湿效果在南立面最好，东立面次之，再次是西立面，北立面几乎没有效果。建筑朝向不同，其绿

化立面所选用的植物不同。不同植物适合不同的支撑方式，对墙体的影响也不相同。

在南立面做藤蔓式墙体绿化时，建议首先选用有支撑的、离开墙面的绿化方式。这种绿化方式，植物不会对墙体造成破坏。在南立面做藤蔓式墙体绿化要选择喜阳的植物，如紫藤、括楼、鸡血藤、葫芦、葡萄、蔦萝、木香、牵牛、藤本月季、香豌豆、爬山虎、三角花、凌霄等。

在东、西立面更适合做绿屏式墙体绿化。在离开墙体 40 ~ 60cm 的地方设置种植槽和三维支撑网格，种植藤蔓植物，使之沿着网格生长（可以在网格两面或任意一面种植）。不用留出窗的位置，单面种植不会影响采光，开窗可直接通风。热量被绿屏吸收阻挡，不会随通风进入室内。同时为墙体遮阳，墙体温度降低，向室内的热辐射也会减少。建议采用当地落叶藤蔓，冬季不会减少建筑得热，不会加大采暖负荷。

在北立面做藤蔓式墙体绿化对建筑节能的影响很小，但是可以起到美化环境，降低噪声等功能。在北立面做藤蔓式墙体绿化时，要注意植物材料的选择，主要要求植物的耐阴性强。可以选择以下植物：油麻藤、猕猴桃、何首乌、薜荔、常春藤、五味子、铁线莲、络石、、木通、蔷薇、金银木、南蛇藤等。

②建筑高度：单层建筑利用藤蔓类植物的吸附、缠绕、下垂等特性进行墙面绿化的做法比较常见。在墙体底部种植藤蔓植物，使之沿墙体生一长，在屋顶设置花池种植俯垂型植物，使其枝叶从上披垂或悬垂而下，形成全面绿化的效果。直接攀爬式和支撑式都可以利用。使用的植物也无需要求攀爬高度，故植物选择广泛。如植株纤小的蔦萝，可长到 3m 的牵牛、金银花、嘉兰，植物长 3 ~ 6m 的铁线莲等。葡萄、杠柳、葫芦、瓜蒌、金银花、紫藤、丝瓜、木香都可以长到 5m 左右适合单层建筑使用。

多层建筑利用藤蔓植物进行绿化时通常使用有支撑的绿化类型。其中使用平面网格支撑和三维网格系统进行支撑是比较常见的做法。三维网格面板以自身的模数，横向或纵向连接组成一个大的面板以满足立面长度和高度的要求。此时多用壁挂式三维网格面板，面板通过膨胀螺栓或是建筑预埋金属件与墙体相连，面板、植物以及一些活荷载由墙体或是面板和墙体共同承担。面板到墙体的距离决定与面板与墙体的连接方式，以及绿化的目的。此时选用的植物，攀援能力强，像中国地锦、美国地锦、美国凌霄、山葡萄等都可以长到 5m 以上，珊瑚藤、葡萄等可以生长到 10m 以上的高等。

4. 植物管理与墙体维护

（1）植物种植与维护　壁面绿化要求藤蔓植物生长迅速，所以需要供水性良好的、有一定厚度的肥沃土壤。在大多数情况下建筑的基础限制了植物根的生长，可以使用含有大量有机物的土壤以及使用可以帮助保湿、营养丰富的腐土来解决这个问题。

墙体基部有裸露土地的可直接种植，为防止人为践踏，可在离墙基 30～50cm 处砌护栏，形成一个种植槽，把苗植于槽内；若墙基无土，可建槽填土种植；也可把苗栽植于可移动的种植容器内，沿墙摆放。若采用下垂式绿化方式，则在墙面的顶部、阳台窗台或是檐口等部位安装种植容器或是预留花池，放入人工轻质土壤，种植枝蔓伸长力较强的藤蔓植物。

不管运用哪种类型的绿化，种植土壤应保证厚度在 45cm 以上同时应做好防水和排水工作。在进行植物选择时，首先尽量选择节水、耐旱、耐瘠、抗热、抗病虫害等的植物品种；其次要活用藤蔓植物，常绿和落叶类并用；蔓卷型、吸着型区别应用，各得其处。

混种藤类时要考虑到所需的土壤性质、日照、水分和供养情况的兼容性。一年生植物与多年生植物的混合保证他们有同样的"侵略性"，否则，生长旺盛的藤类将阻碍细弱藤类的生长。同时还要十分了解植物的喜阴或喜阳性、藤蔓的年生长量，以及成为观赏对象的花果等。

为了保证植物的正常生长，要对植物进行定期的维护。如浇水、补施肥料、须根的切除与疏苗、须根的更新，有一些还要求更新土壤环境。

（2）墙体维护　有些种类的攀援植物会腐蚀建筑物墙体，究其原因，其一是某些植物的根（如爬山虎）会分泌某些具有腐蚀作用的酸性物质；其二是一些植物（爬山虎薜荔）的枝条爬过的地方枝条上会长出许多根，这些根一遇缝隙就钻，深入缝隙，引起墙壁坚固的水泥表面剥落；其三支撑构件对墙体的影响。

使用与墙体连接的支撑系统时，处理好支撑系统与墙体的连接关系。如使用螺栓连接支架和墙体时，保证螺栓固定在承载力强的材料上，像砖或混凝土。轻质墙做墙体绿化时要预先留有混凝土带或是有几皮砖的位置，也可以直接连接在楼板或是梁上，在梁上出挑构件直接与支撑系统连接也是不错的选择。

为了避免对建筑的破坏，选择与建筑表面兼容的植物种类很重要。确保植物不要进入不应有植物存在的地方（如排水管、排气孔等）。维修检查将有助于确定潜在的问题，并保证在没对建筑物造成任何破坏之前解决这些问题[19]。

（二）模块式

模块式墙体绿化是把草木板，种植模块、种植槽等垂直安装在墙体结构或框架中的绿化形式。这些种植容器可由塑料、弹力聚苯乙烯塑料、合成纤维、黏土、金属、混凝土等制成，可种植多样性的巨大密度的植物。他们通常比藤蔓式墙体绿化需要更多地维护，但不管在内墙或外墙使用都具有优势。

模块型墙体绿化种类丰富，几乎可用于所有结构类型的墙体。模块型墙体绿化的模块种类众多、尺寸可选范围广泛，可以拼接成任意大小和图案，考虑到了各种需要。模块式墙体绿化细分成两种类型：固定容器型和可拆卸模块型。

1. 模块分类

（1）固定容器型　将花槽安装到墙体上，可以使用多种品种的植物，但当作为生根区的面积有限时，需要用人工轻质保水土壤。可以在设计时把墙体设计成自身带种植槽的，也可以在墙体改造时安装种植容器。

特点：容器一旦安装到墙体上，正常情况下不会移除。需要时可以直接更换容器中的土壤和植物。

上海世博卢森堡馆的墙体即被设计成带有种植槽的。钢制外墙与钢的种植容器成为一个整体，种植槽中放置土壤，栽种多种植物，绿化建筑立面。

（2）可拆卸模块型　植物生长在种植板上，种植板安装在框架中，框架可以安装在墙体上，也可以独立存在。推荐临时建筑使用，因为它可以轻易拆卸。植物需要定期更换，更换时可以单个模块进行，施工方便，不影响整体绿化效果。模块寿命可长达十几年，可以用于长期效果的墙体绿化。上海世博法国馆使用的就是可拆卸模块型墙体绿化。通过挑梁的方式使绿化离开墙面，在每个面都可以观赏，区别于其他的墙体绿化。法国馆的墙体绿化还自带复杂的滴水灌溉系统，保障了长期的景观效果。墙体绿化不是墙面的一个装饰。而是与建筑融合，成为一种立面的风格。进行墙体绿化时可以根据设计，完成所需要的墙面效果。而且可拆卸模块的安装小会对建筑采光造成影响。成熟的模块式墙体绿化系统自身带有灌溉系统，考虑到了水的进入和流出，适合在室内应用。相比固定容器型墙体绿化，可拆卸模块式墙体绿化具有更强的适应性。

可拆卸模块式墙体绿化相比其他类型的墙体绿化具有以下几个特点：

①模块式：标准化生产和安装。

②系统化：一般含有种植部分（容器、基质、防水）、灌溉系统（包括监控、排水、有一些还有雨水的收集和利用系统）、支撑系统（固定模块、与墙体连接）。

③可移动：模块大小不一，单个模块种植完成后一般都能人工搬移。

④易装卸：模块尺寸合适，自带组装构件。

⑤速成景：通常提前种植，一旦安装即可成景。

⑥便养护：含有浇灌系统，方便浇灌，液体肥料可随浇灌进行。模块可单独更换，不影响整体景观。

因此使用可拆卸模块系统绿化墙体、美化环境时具有以下几个优势：

①能够在不可能绿化的区域里快速地建造一片绿色区域。

②能够改善那些最没有美学前景地区的景色。

③为个性设计和速成景观提供了一个独一无二的创造机会。

④可以用于室内和室外的墙体。

⑤可以应用多种多样的常绿的和季节性的植物。

模块大小不同，适应不同植物的生长需要。可拆卸模块式墙体绿化可用于大厦的外墙、商店和办公室的内墙、公司的 Logo 造型、制作广告牌和标志、卖场和商业展览的陈列摊、特殊事件的计时表以及用于其他露天场。

每个模块都可以单独拆卸，更换方便，不会对景观造成影响。通常每个模块都有单独的灌溉口，水分在一个单元内活动，不会出现养分随水下流到墙体底部的情况，保证了植物的均匀生长。

2. 模块式墙体绿化的技术措施

固定容器式墙体绿化的安装：固定容器式墙体绿化的容器可以做成任何形状和颜色，适应不同植物的生长需要，应用比较广泛。容器式墙体绿化的安装一般来说分为两个类型：

①把容器通过膨胀螺栓直接连接到墙体上或框架上。通常是在墙体上安装一部分容器作为装饰存在。这种做法一般步骤如下：第一步安装连接构件；第二步安装种植槽或种植板，常见为铝质容器或是不锈钢容器，还有一些是先安装金属框架再在里面安置种植容器；第三步放入种植土壤，种植植物。

②把容器作为建筑墙体的一部分，一同施工。再在容器中放置种植基质，栽种植物。将容器当成建筑外立面设计的一部分一起设计施工创造出完美的立面效果。这样也不会对墙体或是建筑带来任何破坏。

③可拆卸模块式墙体绿化的安装。可拆卸模块式墙体绿化，是将种植模块安装在墙体上，或是墙体前面的支撑构架之上。根据模块材质、尺度的不同，安装方式也有不同，但一般都配有灌溉和排水设施，所以即使在20m高的墙面也能满足植物生长对水的需求。根据模块的大小不同，墙体的面积不同，安装的工具和方法也有很大的不同。模块要用人工安装，尺寸不能太大，也不能太重，要考虑人的适应能力。重量建议不超过15kg，尺寸不超过50cm。

小面积的可拆卸模块式墙体绿化一般直接安装在墙体上。通过膨胀螺栓或是建筑预留连接件将种植好的模块安装到墙体上。

大面积的墙体绿化一般步骤：第一步安装连接构件，第二步安装支撑框架，第三步将种植完植物的模块安装到框架当中。模块式墙体绿化可以组成丰富多姿的图案，绿化整个建筑立面或是部分立面。支撑框架有些是安装成网格状龙骨，有些是安装成主次龙骨分明的支撑框架（主要决定于模块的大小）。框架材料可以是钢筋、铝合金等，也可以是木材。框架龙骨的规格、尺寸都山模块的尺寸决定。

3. 模块式墙体绿化选用原则

（1）植物选择　选择适合墙体微气候和光照条件的植物类型，是问题的关键。首先，分析植物生长的需求，设计与之相适应的维护措施，帮助维持植物的垂直生长。

模块式墙体绿化的植物可选种类广泛，根据需要可以选择各种颜色的植物和容器。当地物种优先选择，但要经过一定的测试，确保其在垂直环境中的生长能力和可持续性。如上海世博主题馆东西墙的绿化选用了5种植物：红叶石楠、金森女贞、亮绿忍冬、六道木及花叶络石，能随季节产生色彩上的变化，呈现不一样的风采。而且具有较强的综合抗性，要求养护量少，能抵抗较为恶劣的气候环境条件。表8-1有备选的植物，它们更易维护，需水量小，且四季都呈现漂亮的颜色。

表8-1　墙体绿化备选植物

英文名或拉丁名	中文名	各注
Centnnthus Ruber	红色拔地响	常绿、耐碱、半灌木
Erigeron Karvinskianus	加勒比飞蓬	飞蓬属
Fngaria Vesca	野草莓	多年生草本，遍布全世界
Helleborus Foetidus	熊族铁筷子、异味铁笼子	
Hemiaria Glabra	治疝草	多年生草本，喜潮湿沼泽地
beris Sempervirens	屈曲花	一两年生草木、耐寒、忌炎热、喜向阳、花期春夏
Pachysandra Terminalis	富贵草	常绿小灌木，极耐阴、耐寒、耐盐减，花期6~9月
Primula Vulgaris	欧洲报春、西洋樱草	耐潮湿，怕暴晒，喜凉爽、不耐高温，冬季10℃左右可越冬
Sedum Acre	苔景天	景天属，气候适应性强
Sedum Album	玉米石	多年生草本、喜回阳光充足、耐半阴

（续表）

英文名或拉丁名	中文名	备注
Sedum Ewersli	圆叶八宝	生长在海拔 1 800～2 500 m 的林下沟边石缝中
Sedum Kamtschaticum	北景天	多年生宿根，耐寒、耐旱、喜光，忌湿涝、稍耐阴
Sedum Reflexum	反曲景天	多年生草本，耐寒、耐旱、喜光，忌水涝、耐半阴
Sedum Sexangulare	六棱景天	常绿、多年生草本，花期 6～7 月
Sedum Weihenstephaner Gold	景天"金唯森"	常绿、多年生草本，花期 6～7 月
Sempervivum Montanum	杂交长生草	景天科生长属
Silene Schafta	夏佛塔雪轮	景天科生长属
Teucrium Chamaedrys	矮香科	多年生草本
Hyssopus Officinalis	海索草	多年生草本，抗寒性强
Mentha Spicata	留兰香	多年生草本，喜潮湿，耐寒，适应性强
Organum Vulgare Parsley Curled	牛至	多年生草本，药用
Sage	鼠尾草	多年生草本，夏季开花，耐病虫害
Salvia officinalis	药用鼠尾草	抗寒（忍耐－15℃低温）、耐旱
Thymus Vulgaris	百里香	常绿、半灌木、多年生，喜阳
Euonymus Gaiety	银边扶芳藤	常绿藤本，喜光且耐阴，耐寒性强，耐干旱贫瘠
Vinca Minor	小曼长春华	多年生草本，药用，不耐寒
Bergenia Cordifolia	岩自菜	常绿、多年生草本，药用，耐旱性强，不耐旱、怕高温和强光
Tiarella Cordifolia	心形叶黄水技	虎耳草科，适应潮湿环境
Viola Queen Charlotte	香堇菜"夏洛特皇后"	
Festuca Glauca	蓝羊茅	喜光，耐寒（到－35℃），耐旱，耐贫瘠，忌低注积水
Asplenium Trichomanes	铁角蕨	多年生草本，生于山沟中石上
Blechnum Spicant	穗乌毛蕨	常绿、簇生，喜光
Cyrtomium Fortunei	贯众	喜光、耐贫瘠
Dryopteris Affinis	金黄鳞毛蕨	药用，分布与云南和西藏
Polypodium Vulgare	多足蕨	药用，附生于石上
Polysticitum Polyblepharum	棕鳞耳蕨	小型陆生植物，高 60～80 cm
Lledera Helix Shamrock	三叶常青藤	常绿藤本
Hedera Helix White Ripple	银边常春藤	常绿藤本，耐寒

　　这些植物包括灌木、多年生草木、一年生草本植物和季节性植物使全年都有景观。为使植物安装后能生长茂盛，安装前要对植物进行培育。培育在安装之前的两个月进行，安装后即可形成景观。这些植物不仅美化城镇环境还能为

野生鸟类和昆虫提供栖息地，提高环境水平。

（2）模块选择　模块型墙体绿化，还要根据容器的尺寸选择种植植物。模块大小与承载力和基质多少有关，限制了植物的选择。墙体绿化产品各不相同，其中一些更利用后期的维，如有不同深度选择的金属和塑料制造的容器，可以根据植物需要设置土壤厚度。土壤厚度从几厘米到几十厘米。

用于模块式墙体绿化的种植基质应具有以下特点：肥效长、质量轻、含水率一般等。基质土多为园土、珍珠岩、素沙、椰糠以及熟化的动物有机肥。根据植物的不同要求，做不同的配比。可拆卸模块式墙体绿化可以在安装前，提前种植植物，把生长好的模块直接安装在支架上，安装完即能形成景观效果。

维护也可以只针对某一个模块，维修或是更换，操作较为简单快捷。

（3）建筑朝向与高度　建筑的朝向和高度，决定了所选植物的习性，是喜阴还是喜阳，是耐旱还是耐湿等。在北立面做绿化时要选择喜阴的植物，其他立面要选择喜阳的植物。在绿化墙体上部的植物比处在墙体下部的植物，要更耐旱和高温。

阿尔萨斯案例馆的墙体绿化采用模块式绿化方式，选用多种植物种植形成色彩丰富的图案[20]。模块尺寸较大，安装在支撑框架上。灌溉时模块上部的水分和养分随水下流到模块底部，时间一长，模块内部养分不均匀，植物生长将显底部茂盛上部荒凉的状况。

4. 养护措施

（1）植物养护　首先，评估植物的需求，制订种植和维护计划。了解植物生长习性，如喜光还是耐阴，耐热和耐旱性如何，是否需要持续的水分以及生长速度怎样等等。这些决定了将来的维护措施和维护量。每种植物都有自己的维护要求。常见做法包括所有植物材料的物理检查。这些检查都是视觉上可见的，包括植物的病状、枯萎、死亡和植物叶子的生长状况。这时需要对植物进行修剪、补栽和清理。室内墙体绿化的植物还需求除尘。

模块式墙体绿化，要检查容器的腐蚀程度或基质流失的状况。寻找裂缝，看墙上的模块或种植槽是否需要更换。从表面上看，金属容器不易因太阳的暴晒或是天气的寒冷而扩张或收缩。在对植物进行维护时，检查墙体结构的完整性也可能更容易。这是看到被植物覆盖的内部墙体的一个机会。

增加天然肥料和生物肥料成为生命墙种植基质的一部。它将减少综合性肥料的使用，并且它不会浸出合成物质。成为墙体绿化的有机基地，以补充营养元素。对于墙体绿化，由茶发酵的基质成为高品质的生命墙的种植基质。

（2）检查和操作浇灌系统　需检查的项目包括发射器的堵塞状况、连接处的渗漏状况以及排水管的漏水状况等等。这时从灌溉系统中清除堵塞物或是替换过滤器是可行的。这将防止杂物进入滴灌器造成堵塞和管道漏水。灌溉，不论是喷灌、漫灌、滴灌还是其他一些低技术的灌溉类型，都需要按照正规说明进行。还需要检查连接零件如计时器、带阀及其他连接构件等。

检查灌溉系统的时候也正是检查收集多余灌溉水和雨水的排水系统的时机。排水管，不管内排水还是外排水，都必须保证在大雨或是灌溉失败的情况下能顺利的收集多余的水。灌溉出现故障，就会有水溢出的可能，检查排水设备时必须考虑到这种可能。从灌溉渠中清除落叶、泥浆、土壤、垃圾等物质。

（3）墙体检查维护　墙体的检查一般针对以下5个方面：

①在建筑内部检查整个墙面的渗水情况，或是由于水带来的任何其他破坏。

②沿着墙体绿化的边缘检查可能出现的物理破坏，如水的渗透或是防水膜的剥落等。

③检查墙体绿化外墙面的物理破坏，如水的渗透或是防水膜的剥落等。

④检查植物的根是否穿透容器，是否对墙壁产生破坏。移除外来物种并替换掉根穿透力强的植物。

⑤检查排水通道中的落叶、泥浆和杂草情况，并清除。主要从预防的角度考虑，分析结构潜在的可能出现的问题制订相应的维修计划，创建一个简单的任务分析体系和维修系统。即使最熟练的安装，机械故障也是不可避免的，所以应该检查防水层和排水设施。在一些系统中，结构支架的组装是一项非常复杂的工程，需要深入检查。其他的一些简单的结构安装允许空气和水蒸气在墙体绿化的背后自由流动。检查墙体的第一步是看一看安装机制、防水层以及内墙等的结构完整性。

（三）铺贴式

铺贴式墙体绿化是指在墙面上通过一定的构造处理，填充土壤或是液体基质，供植物自由生长。铺贴式墙体绿化是墙体构造的一个层次，通过支架固定在墙体上。

1. 分类

铺贴式墙体绿化可以分成两个大类，含有种植土壤（基质）的和水培型的[21]。含有种植土壤的也可以称为基质型墙体绿化。

（1）基质型　将种植基质固定在墙体上供植物生长。其一是通过种植毯实现，其二是将种植基质直接放入墙体。

①利用种植毯。其中一种方式是用聚酯、尼龙、聚乙烯、聚丙烯等制成种

植挂毯。种植挂毯本身具有一定的弹性、通气性和不透水性。种植挂毯分为多个格，每个格开若干缝隙。绿化时，先在格子内放入土壤，再种植植物，然后挂到需绿化的墙上。另一种方法将毛毡毯作为种植基质，植物的根生长在毛毡之中，布满整个墙面。

②基质墙体。在墙面上留缝，填入种植基质和植物种子，植物长出后即可绿化墙体。像一些石墙，缝隙中能长出植物。还有些砌块墙，砌块本身就是容器，内填种植基质，供植物生长。

（2）水培型　种植水培植物的生命墙，利用水的循环直接向植物的根提供营养物质。法国的植物学家和设计师 Patrick Blance（以下简称布兰克）的作品被认为是真正的水培型生命墙。布兰克发明了一个能让植物在没有土壤的情况下轻易地垂直生长的溶液培养结构。大部分植物的根系可以在没有土壤的情况下存活，只要有阳光，矿物质和水。由于不依赖土壤，这种墙体绿化质量轻而且容易建成。

安装金属框架用来支撑两层聚酰胺毛毡。聚酰胺毛毡主要用来模拟苔藓和支持植物的根系。由小管子构成的网络提供含有可溶矿物质的液体养料。植物的根吸收它所需的养分，过多的水会在墙的底部收集起来由阴沟排走、放置、重新进入毛细灌溉系统。植物的根布满墙面生长，吸收循环水中的营养元素。

2. 铺贴式墙体绿化的特点

种植挂毯是铺贴式墙体绿化中最简单的一种类型。墙体承担种植毯、土壤以及植物的重量。最新的种植挂毯都具有防水阻根功能，对墙体的破坏减少。利用种植毯进行墙体绿化最大的优点是其能适应曲面的墙面。

基质型墙体绿化的安装相对比较昂贵，但是适应性较广，可自在寒冷或多雪的地方建造，且持久便携。水培式的"生命墙"主要使用再利用的塑料瓶作为种植槽。

基质型墙体绿化的成本取决与他们所处的位置和植物的选择。布兰克的水培型墙体绿化的价格一般是每平方英尺 100 美元。自己动手安装的 50.8cm × 50.8cm 的墙体绿化在旧金山需要 100 美元。

只要空气中有一定的湿度，选择合适的植物，铺贴式墙体绿化几乎可以安装在任何气候带。因为植物生长在垂直面上，受冰雹和雪的影响较小。在炎热地区，可以通过吸收太阳光来给大厦降温。但是墙体绿化要移植或重组时，要分割成小块，增加了费用。

3. 铺贴式墙体绿化的技术措施

（1）种植介质的选择应用　植物除了需要阳光和水以外，还要求自由排水。种植基质中的水要能自由流动以防比根的腐烂，促进根的呼吸和微生物的活动。植物还需要空间去扩张自己的根系，根系满塞容器时，植物会窒息而死。压实的硬黏土类种植基质会限制根系的发育，通过淹没最终杀死植物。最开始的设计是利用铁丝网包裹泥炭鲜、粗硬纤维果壳或者矿毛绝缘纤维，造成三维的块体，当然还有使用其他种植华质的类型。目前，有很多种方法使植物待在墙上，其中最大的进步在种植基质方面岩棉、椰子壳、泥炭醉等多孔疏松，在水培类生命墙上非常常见。种植水培植物的生命墙，利用水的循环直接向植物的根提供营养物质。优点是利于排水和根的生长，自身重量较轻。缺点：需要灌溉和施肥，需要人为的调节生长环境（始终要监测酸碱度水平），并且没有有利的微生物活动，特别是在植物的根附近。

另一种植基质主要是泥炭醉。但是对泥炭醉开采的可持续性存在争议和质疑，因为这涉及历史比较长的沼泽生态系统，提供维持植物生长所需要元素。新基质型的墙体绿化在2004年左右出现，使用高品质的生长基质。添加了碱基和微生物的泥炭是一种比较老的种植基质。较新的沼泽泥炭含有更多的纤维，是种植基质的理想选择。高质量的种植基质中纤维的含量应该在60%以上，这样的基质能有较高的保水率，排水性较好，并且能维持一个平衡的酸碱环境。但是，这种基质也需要定期施肥。即使是低维护的景天科植物也需要施加氮、钾、磷等微量元素。当化学元素不被吸收时，便成为径流的一部分。

从发酵旧的集装箱中开发新的基质，这种基质含有高质量的纤维性的肥料，3%的有机氮肥以鸡粪作为主要成分（鸡粪被掺入水或是浓度有问题时不能作为产品使用）在含有氮、磷、钾的肥料中加入丰富的其他微量元素形成最终产品，而在这个过程中将100%清除甲烷气体。

（2）基质型绿化在建筑墙面上的安装

①种植毯作为种植基质使用：使用种植毯时，有时种植毯做成防水阻根的，里面填充基质，种植植物。有时种植毯本身就充当种植基质。

中国石油奥林匹克展示厅，整个外立面做成了墙体绿化。采用种植毯，内种百慕大草。种植毯利用棉纱、纤维、稻秆加工而成，作为营养基供植物生长，不需要额外增加土壤。在主题钢结构外面焊接1m×1m的铝合金网格状龙骨，用膨胀螺栓将种植毯固定在上面。草皮后面衬2mm厚镀锌铁皮防水。优点是重量轻，缺点是需经常浇水，维护量巨大。

上海世博印度馆墙体绿化和屋顶绿化，都是采用铺贴种植毯实现的。利用废旧布料加工成棉毯，代替土壤。营养元素和水通过滴灌输送进棉毯，植物根系直接吸收棉毯中的营养元素和水。

②种植毯中放置土壤：此处以海纳尔绿化墙的种植毯的安装为例。海纳尔墙体种植毯，同时具备防水、蓄排水和植物根阻拦功能。植物图案可以自由设计，配置花草。配有胶管系统。该系统可应用于砖墙面、混凝土墙面、钢结构墙面、木质墙面等。

这种绿化方式施工相对简单，效率高。结构轻薄，适应性比较强。水直接进入到各个小的种植袋中，营养均衡，植物生长也可以比较均匀。利于植物与种植基质的更换。最轻每平方米35kg，包括植物和水的重量。

（3）水培型绿化在建筑墙面上的安装　具体尺寸要根据工程的情况确定。毛毡本身具有防水阻根功能，营养液和植物的根填充在两层毛毡之间。塑料面板同时具有防水和支撑功能。塑料面板贴在金属支架上，使空气可以在建筑墙面和立体绿化之间流动。

（4）维护措施　铺贴式墙体绿化都需要后期维护。根据墙体绿化的面积大小、所在位置和植物选择情况确定维修的频率。维修一般包括以下几个方面：

①根据季节变换，监控和调整灌溉系统；②适当的时候添加营养物质；③在需要的时候进行杀虫；④去除杂草；⑤每年都要施行修剪；⑥清除所有废弃物。

水培型墙体绿化特别适合冬暖夏热地区。水培型墙体绿化设计手段的构思主要是复制热带地区，特别要严格控制用水。用水过多会带来水培型墙体绿化的众多并发症。植物根部氧气供应不足，加上温和的温度是造成植物脱落的主要原因。这些都和水供应有关。

4. 铺贴式墙体绿化选择原则

（1）植物选择原则　墙体绿化也是优先选择当地物种，为了特殊的景观效果也可选择外来物种。植物除了适应当地气候以外，还要适应垂直生长的需要。一般生长在悬崖峭壁或是斜坡上的植物更适合用在墙体绿化上。各种植物都可以使用，景天植物是不错的选择，但是不推荐使用藤蔓植物。

（2）植物与建筑的结合　根据植物所处建筑墙体上的位置，植物品种也有所不同。一般处于墙体上部的植物，选择适合生长在高海拔的植物。建筑越高，这个趋势越明显。铺贴式墙体绿化适合单层和多层建筑使用。

墙体朝向也是植物选择所必须要考虑的因素。北立面选择耐寒耐阴的植物，南立面选择耐旱耐阳的植物，东西立面可选择喜阳的植物。

四、屋顶式建筑物空间立体绿化技术

屋顶绿化常见的3种形式"屋顶草坪"、"空中花园"、"棚架绿化"是屋顶绿化最常见和最主要的3种类型。调查发现人们对屋顶绿化功能的需求中对屋顶隔热的要求最为强烈。考虑到城镇发展现状，仍需适当开辟供人们进行户外活动的场所，因此目前具备遮荫条件又能提供适当活动区域的屋顶绿化设计最受人们欢迎。

植物的选择要求严格，应以植物多样性为原则，以选择生长特性和观赏价值相对稳定、滞尘控温能力较强的地带性和引种成功的植物为主；为尽量减少屋顶荷载，以小乔木、低矮灌木、草坪、地被植物和攀援植物等为主，减少大乔木的应用，有条件时可少量种植耐旱小型乔木；为避免植物长大后对建筑静荷载的影响，应选择易移植、耐修剪、耐粗放管理、生长缓慢的植物；为防止植物根系穿透防水层，应选择须根发达的植物，不选用根系穿刺性较强的植物；为适应叫寒冷地区的气候条件，应选择抗风、耐旱、节水、喜阳、耐高温植物；为保护环境，应选择抗污染性强，可耐受、吸收、滞留有害气体或污染物质的植物；为减少养护成本，选择低成本维护的植物[22]。

（一）屋顶草坪

平铺式屋顶绿化也是简式屋顶绿化或者轻质型屋顶绿化，是目前国内推广的主要形式。它利用草坪、地被植物或低矮灌木进行屋顶绿化，一般不允许非维修人员活动的生态绿化。这里主要指浅土种植型草坪屋顶，在屋面做好相应防水措施后，铺10mm左右轻质种植土，其上种植多为浅根性植物，它们一般为管理粗放的景天科、多年生地被植物，如佛甲草、狗牙根、台湾草、蕃薯藤等，以其用材简单、整齐美观、造价低廉为特点，是一种经济型屋面绿化模式。但由于其种植层较浅，隔热性能不高，夏季高温时，屋面温度灼热，为防止草皮枯死，需增多洒水次数来给草坪降温，造成管理成本增高；另外屋顶景观效果比较单一。这种屋顶绿化形式公共建筑绿化屋面采用较多，住宅屋顶绿化除非特别要求较轻荷载。

1. 平铺式种植屋面设计方案

（1）计算建筑屋面结构荷载　绿化植物应按植物在屋面环境下生长10年后的荷重估算，屋顶农作物种植应按植物在屋面环境下一个生长季的产量荷重估算。

（2）建筑物高度范围　该种植设施安装设计应保持在25m以下的建筑物；高度在25～40m的建筑物，女儿墙高度在1.5m以上可以使用该设施；高度超过40m以上的建筑物，不建议做该类设施的屋顶绿化工程。

（3）因地制宜设计屋面构造系统，水管、电缆线等设施　应铺设在防水层之上，屋面周边应有安全防护设施，灌溉可采用滴灌、喷灌和渗灌设施，新移植的植物宜采用遮阳、抗风、防寒和防倒伏支撑等设施。

（4）选择种植介质类型　建筑屋面种植宜选用轻型基质复合土或火山岩等。

（5）选择植物种类，制订配置方案　植被层应根据坡度、建筑高度、受光条件、绿化布局、观赏效果、产出效果、防风安全、水肥供给和后期管理等因素选择，并应符合下列要求：

①不宜选用速生乔木、灌木植物。

②该栽培设施适宜选用地被植物。

③适宜选择也用农作物。

④根据气候特点、屋面形式、宜选择适合当地种植的植物种类。

⑤平铺式种植屋面宜根据屋面面积大小和植物种类划分种植区，在一定空间内可以排列不同的图案组合。

⑥根据气候特点、屋面形式和植物种类确定设计图案。

（6）设计并绘制细部构造图。

2. 平铺式屋顶绿化施工的一般规定

（1）种植屋面工程必须遵照种植屋面总体设计要求施工。

（2）施工前应通过图纸会审，明确细部构造和技术要求，并编制施工方案。

（3）伸出屋面的管道和预埋件等，应在防水施工前完成安装。施工时不得破坏防水层和保护层。

（4）严禁在雨天、雪天施工。

（5）五级风及其以上时，不得施工。

（6）种植屋面施工，应遵守过程控制和质量检验程序，并有完整检查记录。

（二）屋顶花园

是指建造乔、灌、花草相搭配，亭榭花架、小桥流水、体育设施综合在一起的供人们休闲娱乐的屋顶绿色空间。这些由终年常绿、四季花开的亚热带花木配置所造成的景观，既适体宜人又节能环保，因此深受群众欢迎。景观丰富的屋顶花园构造层次多，有的要考虑高大乔木的固定措施，园林小品的安全建造等，对屋面能否满足较大荷载，以及严格做好防水措施要求甚高，因此一般需专业人士帮助设计施工，由此建造价格和维护成本都比较高。屋顶花园式的绿化形式目前在普通住宅屋顶应用的也比较多，大致分为3类：开敞型、半密集、密集型。

1. 屋顶花园的分类

（1）开敞型屋顶绿化　大多是一些老旧建筑屋顶的绿化改造，这些建筑在设计时并没有考虑在屋顶进行绿化，因此屋顶的荷载、防水和土层厚度都达不到进行复杂绿化的要求，所以开敞型屋顶绿化关键借助抗逆水平比较高的草本植被开展绿化工作，此类绿化方式存在重量小，能够推广普及，开支水平低等性质，不足的地方在于景观可塑水平非常低。在北方，常选择的种植品种是景天科的植物，如垂盆草、佛甲草等。景天科植物喜光、耐旱，是极佳的屋顶绿化植物材料。

（2）半密集型屋顶绿化　属于建筑屋顶因覆土和荷载有一定的余量，因此可以借助一些低矮灌木、浅根性小乔木还有不同类型的地被植物，可以产生错落有致的景观，不过应当按阶段进行修剪及补充水分。

（3）密集型屋顶绿化　则在充分考虑了建筑允许的荷载、防水和覆土厚度的情况下，能够借助不同的造景形式，涵盖了景观小品、建筑还有水体，从植被类型方面不断延伸拓展，能够种植高大乔木。这种屋顶绿化观赏性更强，人们的参与度也更大，置身其中，更可使人感觉与自然的亲近、融合。必须要关注的是刚刚开始发展的移动式屋顶绿化技术，此类技术主要从开敞型屋顶绿化基础之上演变产生的，借助能够移动的一体化屋顶绿化模块，实施难度比较低，同时能够拆卸替换优势推动了维护控制能够有效开展。

指根据屋顶的具体条件，选择相应的乔木、藤本植物、灌木和草坪、地被植物进行屋顶绿化植物配置，并设置园路、座椅和园林小品等，提供一定的游览和休憩活动空间所用的复杂绿化。前提是建筑具有足够的承载能力。

花园式种植屋面以突出生态效益和景观为原则，根据屋面具体条件，选择小型乔木、低矮灌木和草坪、地被等植物进行屋面绿化植物配置，设置园路、座椅和园林小品等，提供一定的游览和休息活动空间的复杂绿化。屋顶花园是必需品，而不是奢侈品，屋顶绿化是人类可持续发展战略的重要组成部分。

屋顶花园种植形式一般有以下3类：

（1）自由式种植　屋顶造园也应继承中国古典园林的手法，采取自由、变化、曲折为特点形成很小的绿化空间，产生层次丰富、色彩斑斓的植物造景效果。

（2）庭院式的屋顶花园　是将露地庭院小花园建到屋顶上。除露地庭院中较大的乔木、假山等外，庭院中的花灌木、浅水池、置石等均可在屋顶上建造。

（3）苗圃式种植　利用屋顶作为生产基地，种植果树、中草药、蔬菜和花木。这类苗圃式种植，除产生绿化效果外，亦产生了经济收益。

2. 屋顶花园的建造原则

（1）整体性原则　屋顶花园的建造，在设计时应综合考虑各种因素，将绿化设计与结构设计、构造设计、防水设计结合起来整体考虑，统一规划，统一设计，统一施工，统一管理。

（2）安全性原则　屋顶花园建造后首先应满足安全可靠的要求，它包括3方面内容：其一，种植区增加荷载应满足结构设计要求，这是屋顶花园能够建造的前提；其二，屋顶不渗漏是屋顶花园能正常使用的保证；其三，屋顶四周的围护、防雷等安全措施应到位。

（3）适用性原则　屋顶花园不同于露地造园，在建造时应根据其特点进行设计和施工，特别是应选择适合于屋顶花园建造条件的材料。如防水材料应选择能耐受水土的浸泡，经久耐用的防水材料；种植土应选择重量轻、持水量大、通风排水性好、营养适中的复合土；选择植物品种要考虑到防风、防晒、抗干燥、屋顶的荷重、根系对防水层的破坏等因素。

（4）美观实用性原则　建造屋顶花园的目的在于既能美化城镇，又能给人们提供休闲活动场所，这就要求屋顶花园建造须满足既美观又实用的功能，应根据不同的使用要求选择不同的种植形式进行设计与施工。花园式种植屋面设计方案主要包括下列条件内容：①计算建筑屋面结构荷载；②因地制宜设计屋面构造系统；③设计排水系统；④选择耐根穿刺防水材料、保温隔热材料；⑤选择种植土类型；⑥选择植物种类，制订配置方案；⑦设计并绘制细部构造图；⑧屋顶养护管理；⑨安全措施。

3. 选择植物种类

根据屋顶具体条件，植物选择以耐旱乔、灌、草植物为主，选择小型乔木、低矮灌木和草坪、地被植物进行屋顶绿化植物配置，设置园路、座椅和园林小品等，提供一定的游览和休憩活动空间的复杂绿化。

（1）选择耐旱、阳性、耐瘠薄的浅根性植物。

（2）选择抗风、不易倒伏、耐积水的植物种类。

（3）选择以常绿为主，冬季能露地越冬的植物。

（4）尽量选用乡土植物，适当引种绿化新品种。

4. 屋顶绿化养护管理技术

采取水肥控制的方法或抑制生长技术，防止植物生长过旺而加大建筑荷载和维护成本。并采取定期疏枝、除草和修剪方法，减少屋顶活荷载压力。可根据不同屋顶绿化的环境状况，适当提前浇灌解冻水，有利于植物返青。小气候条件较好的屋顶绿化，冬季应当补水以满足植物生长需要。屋顶绿化病虫害防治要采取对环境无污染或污染较小的措施，如人工防治、生物防治、环保型农药防治等。冬季根据植物抗风性和耐寒性的不同，要采取支防寒罩和包裹树干等措施进行防风防寒处理。

5. 安全措施

屋顶花园需防雷击。屋顶的景点立柱，不乏金属管材，也就存在防雷击问题。为保证花园建设的科学性，所有金属材料的构成物，均要以钢条、小扁钢作为连线，连接到原建筑设计的避雷系统上。屋顶花园施工时，避雷装置应先连通好全部景点，再和女儿墙上原有的避雷带连通。另一方面的安全问题是屋顶四周的防护。屋顶上建造花园必须设有牢固的防护措施，以防人、物落下伤人。屋顶女儿墙虽可以起到栏杆作用，但其高度应随种植土层的加高而相应增加。

6. 种植屋面施工

设计时以下条件应当要考虑：建筑物的位置，屋顶的朝向，屋顶的高度和大小，屋顶的承重，植物的选择，养护的强度和需要的植物功能。

施工时依次铺上支撑层、水蒸气控制层、隔热层、隔水层、排水层和过滤膜。

随着私家车的进一步普及，还有一种屋顶绿化形式已经越来越多的出现在人们的视线中，即地下车库屋顶绿化。这种屋顶绿化不易被人们察觉，因为大部分的地下车库屋顶绿化是与自然地面同一高度或进高出地面一点距离。但其实，这种绿化的技术措施与建筑顶层的屋顶绿化是相同的。而且，为了达到规定的绿地率，有的地下车库的覆土厚度会达到1.5m，甚至3m，比顶层的屋顶花园的覆土厚得多，这就对地下车库顶板的荷载要求更高。另外，地下车库顶部的屋顶花园在雨季时，除了要保证其投影面积上降落的雨水不能淤积外，还要考虑建筑外墙面承接的雨水量和屋顶排水管道的雨水的排出合理性。因此，除了建筑设计时所预留的排水设施外，在屋顶花园设计时往往还要增加一套排水系统。除了这些技术措施，这种屋顶花园需要考虑更多的是与周边建筑、园林的融合，要有一定的艺术品位。因此，对它的设计和施工的要求更高。屋顶花园能够提高生态环境质量。显而易见的优秀的室内空气质量能够推动居住者享受高水平的生活质量，同时能够维护居住者自身健康，从通风系统内考虑花园为"空中花园"类住宅不断提高空气质量还有管理居住环境温度及湿度的关键基础，从气候炎热地区特别的关键。屋顶花园为不同植物的介质，按照花园从建筑之内具有明显差异的位置分布，能够创建产生不同层次、立体化的植物体系，同时能够借助植物科学合理的控制建筑物附近地区小气候。除了可以提高外部视觉质量，非常关键的一点为绿化植物变作建筑物热缓冲层，能够有效降低恶劣天气造成的消极影响。同时，从雨季能够获得充足的水分，同时从旱季能够排放充足的水蒸气，推动附近空气湿度不会出现明显的变化。

新加坡的南洋理工大学艺术设计媒体学院的教学大楼——绿色屋顶的艺术教学楼，在环保建筑方面具备一定了解的人，在绿色屋顶建筑方面同样也会很了解，这一座在世界范围内都非常出名的绿化屋顶教学楼建筑为新加坡南洋理工大学艺术设计媒体学院的教学大楼，在远方进行观看，根本无法发现此为五层楼框架的建筑物，由于不管在颜色亦或在外观方面，均和附近的环境实现有机统一，大楼借助很多的玻璃幕墙装饰，能够保证室内自然光照条件，草地屋顶能够给学生准备非常优秀的活动场所。同时，绿色屋顶大量借助绝缘材料，从隔热降温过程中能够有效汇聚附近雨水开展灌溉工作。

（三）棚架绿化

是以种植藤蔓植物为主，利用植物攀爬形成的棚架获得阴凉，同时与前两种屋顶绿化形式结合，使景观不单调。这种形式的屋顶绿化设计最大限度地满足了人们既要求屋顶遮荫隔热，又能提供一定的户外活动场地的要求。在实施过程中证明这种屋顶绿化方式对原有建筑屋面构造改造较少，对于建筑防水防漏的影响也相对减少。为安全起见，一般在建筑主要结构柱子或屋顶主梁所在位置，设置一个或几个种植槽，藤本植物一般都根系发达，萌生力强，喜肥，槽内一定要设阻根性防水层。由于种植槽面积不大，防水防漏构造成本增加不会太大，一般能够负担得起。考虑到屋顶风力更为猛烈，植物和棚架的稳固性极为重要，安全性是设计建造的关键。棚架的支柱要尽可能安置在屋顶梁上，或者根据屋顶建筑形式找寻合适的支持结构，巧妙地利用伸出屋顶的建筑结构如：女儿墙、楼梯间或水箱等结构部分，作为固定棚架的几个支持点。棚架绿化主要种植的是多年生藤本植物，选择枝叶繁茂的品种为优，适合的藤本植物有葡萄等。目前建造的大量的住宅都以框架结构为主，且屋面构造基本上都是现浇钢筋混凝土结构，它的整体性、防水性都较原来的预制结构建筑强。在其上加建、改建屋顶绿化工程可操作性较以往砖混结构建筑而言提高了许多。如果各个专业环节协调配合，是有可能共同完成一个合格的屋顶绿化工程的。

首先屋顶绿化设计须从建筑设计开始，建筑的设计者对该建筑内部的功能要求最为了解，屋顶部分虽要开辟绿化和活动空间但仍然要保障顶层住户的使用和整体建筑的安全。设计者规划屋面活动区域与种植区域时，依据现有建筑平面并按照建筑的尺度用符合模数规律的网格划分屋顶平面。因为这样网格的着力位置才能够落在建筑的主梁或柱子上。例如每个网格尺寸为 1 200mm ×900mm，并像建造架空屋面一样依据网格尺寸架空 50～100mm，上部用轻质板材铺设，（还可依据伸出屋面的水管高度调整局部架空层高度），这种划分区间即称之为"网格式"的活动区域与种植区域，屋面的绿化规划只需在这些"格子"与"格子"之间分布即可。绿化区、活动区都是由若干个网格组成，园路可以依据网格的宽度 900mm 直接在架空层上行走。用网格的形式把活动区域与种植区域确定下来，是为了让后续专业进入构建一个工作平台。然后园林工作部分进场，他们只需整合园林各要素依次放入相应的网格当中。为保证整齐划一，他们还应该准备的是一种具备防水、隔离、储水以及配备了适宜常规植物生长基质的整体式种植容器，该容器同样按照建筑模数制而设计，其标注尺寸为 1 200mm ×900mm，刚好契合建筑预先划分的网格，由于规格变化统一，即可做到屋面绿化区域能够达到无缝或少缝拼接效果，遮阳程度高，隔热性能强。最后只要像普通花盆那样放置在建筑确定的绿化区域范围里面即可拼接成整体式的绿化屋面，而且还可随心所愿更换种植内容，灵活方便，又不必过多担心屋面防水层遭到植物根系破坏的危险。

第三节　城镇建筑物空间立体绿化技术示范及其应用效果评价

一、浙江安吉实验区

（一）示范工程地点选择

2012 年 11 月底完成了安吉科技创业园的建筑物空间立体绿化 60m² 墙体绿化技术示范。该示范点墙体绿化采用目前行业最先进的模块式拼装设备，根据当地气候和周边环境采用金边黄杨、迷迭香和麦冬三种植物搭配，并配置灌溉控制装备，达到省时省力省工省空间的目的，工程图如图 8-3、图 8-4、图 8-5 所示。

（二）示范效果评价

1. 墙体绿化

该示范点墙体绿化采用目前行业最先进的模块式拼装设备，并配置灌溉控制装备，达到省时省力省工省空间的目的。

图 8 - 3 安吉示范墙体种植现场施工图

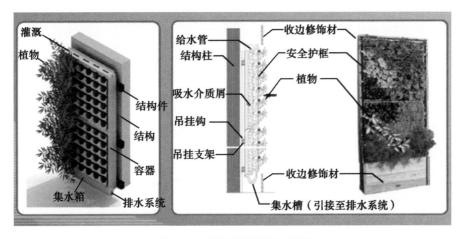

图 8 - 4 墙体种植刨面示意图

2. 防水防根

墙体绿化系统可以有效的提高墙面和屋顶的防水能力,并防止植物根穿透到墙体或屋顶结构中,进而能大幅度延长建筑的使用寿命,彻底让杜绝漏水。

3. 无须骨架

墙体绿化系统，可以在建筑物墙面上直接铺贴施工，安装高度更高，安装速度更快，杜绝坠落物伤人，外观效果更自然。

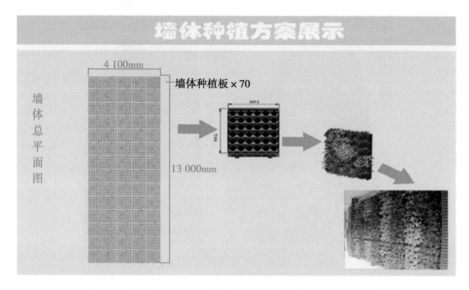

图 8 – 5　安吉科创园墙体绿化平面图

4. 超薄超轻

墙体绿化系统厚度可薄至 17cm（不含植物），每平方米重量可低至 35kg（含植物和水）。

5. 节水浇灌

墙体绿化系统采用了国际最先进的时间控制系统，保证在浇灌过程中覆盖所有植物，不浪费一滴水资源。

（三）关键技术

1. 植物筛选搭配技术

（1）小叶扶芳藤　不定根多，叶对生，薄革质，椭圆形，边缘有锯齿。喜阴湿环境，耐旱性强，适应性强，生长繁茂，冬季叶片变为鲜红色，地被高为15cm左右，是常绿藤本植物。茎匍匐或攀援，长可达10cm。叶革质，较小而厚。背面叶脉不如原种明显。

（2）瓜子黄杨　瓜子黄杨又称黄杨、千年矮，黄杨科常绿灌木或小乔木。树干灰白光洁，枝条密生，枝四棱形。叶对生，革质，全缘，椭圆或倒卵形，先端圆或微凹，表面亮绿色，背面黄绿色。

（3）吊竹梅 又名斑叶鸭趾草、水竹草。茎多分枝，匍匐性，节处生根。茎上有粗毛，茎叶略肉质。叶互生，基部鞘状，端尖，全缘，叶面银白色，中部及边缘为紫色，叶背紫色。花小，紫红色，苞片叶状，紫红色，小花数朵聚生在苞片内。叶面为深绿色和红葡萄酒色，没有白色条纹。

2. 低碳管理技术

针对低碳示范点的特点，本次设计以精准智能控制技术为核心基础，整合物联网技术模块，运用基于物联网应用的示范园管理系统，以主动式、低成本、高性能的优势对屋顶环境、植被、等参数进行全面感知、可靠传递、智慧处理，从而提高管理能力，降低人工成本。

3. 灌溉技术

采用滴针式灌溉方式。

4. 控制技术

系统通过三路土壤水分传感器，采集土壤含水量数据，通过有线传输到中央控制器，根据数据分析状况，做出相应的决策，并给出指令至三路电磁阀控制其开闭，达到精准智能浇灌的目的（图 8 – 6）。

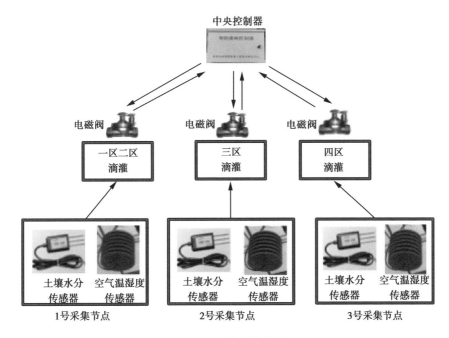

图 8 – 6 控制技术图

5. 宜农空间生态景观设计

要重点突出以人为本的空间整体感景观艺术创意设计技术。

二、示范工程实例—中国农业科学院农业资源与农业区划所

(一) 示范工程地点选择

示范工程选择中国农业科学院农业资源与农业区划研究所办公楼屋顶为试验地。

(二) 施工情况介绍

区划所办公楼为对称式混凝土结构办公楼，主楼 7 层，东西配楼各 3 层，面积与结构均一致，用于监测屋顶环境数据的温湿度记录仪分别位于两侧屋顶中部偏远于主楼位置，以避免早晚光照不同对监测结果的影响。区划所屋顶农业项目于 2013 年 10 月上旬开始施工，当月施工结束。

区划所屋顶工程共使用防腐木约 $1.4m^3$，龙骨 $1.1m^3$，简单式屋顶绿化种植槽 393 套，田园土约 2 300kg，草炭土约 200kg，宝绿素约 300kg。施工结束后移栽大叶黄杨约 520 株，铺设冬季草坪约 $110m^2$，播种冬小麦面积约 $5m^2$。

(三) 品种选择

选择北方地区常见蔬菜品种，按照作物历进行茬口搭配（表 8 − 2）。

表 8 − 2　北方蔬菜品种选择

	第一年										第二年											
	3月	4月	5月	6月	7月	8月	9月	10月	11月	12月	1月	2月	3月	4月	5月	6月	7月	8月	9月	10月	11月	12月
油菜																						
番茄																						
葫芦																						
黄瓜																						
丝瓜																						
冬小麦																						
小白菜																						
辣椒																						
菠菜																						
生菜																						

(四) 示范效果评价

1. 施工前

区划所屋顶在工程施工前是一片空旷的屋顶,并没有被利用起来,裸露屋顶夏日高温时节地面最高气温达到45~50℃,空气干燥且没有任何休闲体验感,施工前原区划所屋顶情况如图8-7。

图8-7　区划所屋顶施工前

2. 施工中

区划所屋顶工程施工材料中防腐木主要用于屋顶亭台景观和四周花槽的建造,龙骨用于屋面找平及排水空间的构建;简单式屋顶绿化种植槽是承载基质的主要载体,单位尺寸为53cm×53cm×13cm,加入以黄土、草炭土、宝绿素为主要成分的基质,饱和持水量为20~30kg。模块下部有孔洞,既能存储部分水量,保持一定湿度,又能使多余水分尽快排出,施工流程和过程如图8-8和图8-9所示。

3. 施工后

在经过1个月的施工过程后,区划所阳台屋顶建成了包括凉亭、过道、休息椅、自动喷灌系统等设备，种植了生菜、辣椒、番茄、丝瓜、黄瓜等不同作物按照作物历进行茬口搭配的常见蔬菜近 10 种，不同季节及时更新作物。建成后的屋顶现状如图 8 - 10 所示。

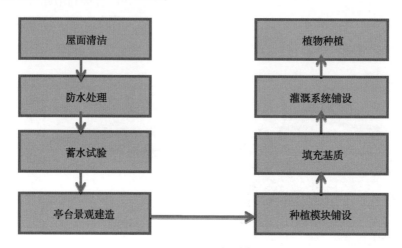

图 8 - 8   施工流程

图 8 - 9   施工过程

图 8 – 10　建成后的屋顶现状

　　经过一段时间的种植，区划所屋顶温度前后对比变化情况如图 8 – 11 所示。

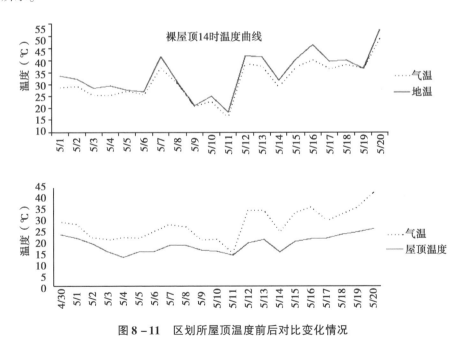

图 8 – 11　区划所屋顶温度前后对比变化情况

　　裸露屋顶（东屋顶）的日均温变化曲线要比种植屋顶温度变化曲线曲折，说明种植屋顶由于作物的存在起到了很好的保温效果，而且裸屋顶地表温度普遍比种植屋顶地表温度高出 10℃ 左右，而且相对于裸屋顶温度变化平稳。

　　同时，由于绿化屋顶不仅仅种植了草木等植物，而且种植了蔬菜瓜果和花草等不同作物的搭配，起到了一定的观赏休闲养生的效果，从 5 月初开始移栽播种，截至 7 月 30 日，区划所屋顶农业项目已陆续收获包括黄瓜、生菜、番茄等 11 种蔬菜，总产量近 100kg（番茄与大田露天自封顶栽培比较：亩产3 000kg；辣椒大田亩产 1 500kg；黄瓜大田亩产 6 000kg；茄子 5 000kg；生菜2 000kg，油菜 2 000kg，小白菜 1 500kg）。根据已有的统计数据分析，番茄、黄瓜等高株蔬菜产量不如大田，而小白菜、油菜等低矮地被蔬菜则长势良好，产量也高于大田。另外，绿化工程对屋顶的保护作用，对区域小环境的调节作用，降低室内空调负载，屋顶农业生产功能效益等方面都带来了积极的影响：

　　（1）对屋顶的保护作用，增加屋顶防水材料的使用年限　据 2014 年 5 月监测数据显示，覆绿屋顶温度变化比较平缓，保持在 10℃ 以内，而裸屋顶温度变化剧烈，5 月裸屋顶（东屋顶）表面温度日较差最高可达 35℃ 左右。说明屋顶覆绿有效缓和裸屋顶巨大的温差，可延缓建筑结构及屋面材料因热胀冷缩所导致的老化过程（图 8 – 12）。

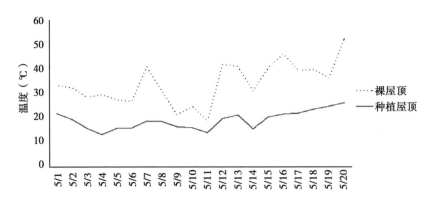

图 8 – 12　裸露屋顶与种植屋顶地表温度对比

　　（2）对区域小环境的调节作用　5 月气温变化较大，倒春寒、扬尘、狂风等恶劣天气发生频繁，气温上下波动明显。监测数据显示，5 月覆绿屋顶 14时气温要比裸屋顶低 2～10℃；并且种植屋顶气温变化平缓，在当月日平均气温差值达 13℃ 的情况下，种植屋顶平均气温变化不超过 10℃。需要特别指出的是，5 月 11 日前后，北京地区气温骤降，最低气温 8℃ 左右，12 日气温骤升，变动幅度达 86.1%，而种植屋顶温度始终保持在 13℃ 左右，变幅不超过 20%。可见，屋顶种植不但对小区域内气温减低明显，对屋顶小环境的保温效果也十分显著（图 8 – 13）。

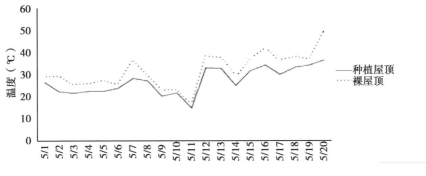

图 8 – 13　裸露屋顶与种植屋顶 14 时气温对比

（3）降低室内空调负载　即对建筑物能耗的降低效果。数据表明，种植屋顶对下方室内降温作用明显，6 月平均气温 28.3℃（27.2 ~ 29.8℃，差值 2.6℃），比裸屋顶下的室内气温低 1.3℃（28.1 ~ 32.4℃，差值 4.3℃）；当月裸屋顶下室内最高气温 32.4℃，相同条件下种植屋顶室内气温 29.4℃，若以空调日运行 12h 计，对照裸屋顶房间，平均每天空调冷负荷减少量为 1 411.02 Wh/m²，假设夏季空调运行 120 天，则冷负荷的减少量为 169.32kWh/m²，对于一间标准 18 平方米房间而言，可减少用电量 3 047.76 kWh，折合市价约为 1 494 元（按居民用电计）。可见，无论对于节能减排，还是对于缓解居民经济压力，屋顶农业都具有巨大价值（图 8 – 14、图 8 – 15）。

区划所屋顶绿化工程的成功实施不仅仅为单调的屋顶带来了一点绿色生机，而且在注重生态的同时，也加入了生活和生产元素，使得"生活、生产、生态"三生效应完美的结合在一起。减少了由于日渐减少的城镇土地问题所带来的城镇病症如热岛效应，也在一定程度上减弱了热岛环流，巩固了城镇生态环境，与此同时在建筑物上发展屋顶农业，使屋顶种菜成为可能，屋顶上土地面积相对较小，阳光充足，人为干扰较少，产量和品质也较高。城镇居民的蔬菜供应不再紧紧依赖于周边郊区农田的供给，闲暇时可以自己亲自采摘新鲜无污染的作物，这对丰富居民餐桌、促进食品安全、缓解蔬菜供应压力有着明显改善作用。而且也补偿并扩大了支撑建筑物所占的地面，使我们的城镇变得更漂亮，也开拓了城镇的空间，使城镇绿化面积大量增加，节省大量拆迁建绿地（广场）的资金，使城镇的绿化覆盖率大大提高，对解决我国人多地少，特别是城镇人口密集、绿地少的矛盾效果明显。

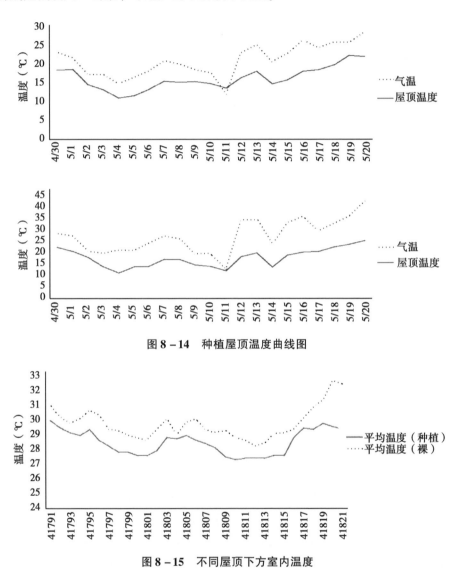

图 8 – 14 种植屋顶温度曲线图

图 8 – 15 不同屋顶下方室内温度

从经济的角度看，屋顶农业可以带来资本的良性运作。现如今，由于只投入、不产出，常规屋顶绿化仅作为城镇的公益性工程，个人很少投资，企业不会投资。换一个角度利用这个巨大的闲置空间，推广屋顶农业，成为城镇新菜篮子，这样就使屋顶绿化变成了一项产业运作和资本运作，可以回收成本甚至可以获得经济回报，这就为屋顶农业产生环境效应带来切实的可行性。

从环境的角度，屋顶农业是建设生态城镇的重要元素。屋顶农业除了具备常规城镇绿化的全部功能以外，最主要的是加入了生产功能，使得生活、生产、生态形成一个有机嵌套循环，对城镇小生态的改善有着重要意义。

从社会效应的角度，屋顶农业为城镇居民提供休闲娱乐空间。我国已进入老龄化社会，屋顶农业的发展也为众多老人提供一个锻炼、休憩的平台，充实生活，延年益寿。同时，通过屋顶农业也可以让更多的孩子参与到农业劳动中，体会到粮食的来之不易，促进其身心的健康发展。所以每天适时产出的蔬菜能使居民对屋顶绿化变被动为主动，真正成为全民参与的大型城镇景观建设。

屋顶农田使建筑占地与造地同步，边占边补，实现占补平衡，同时满足经济发展、耕地保护和优化城镇生态的要求。民以食为天，屋顶种植蔬菜，满足城镇居民的蔬菜需求，形成新型的生产、生活、生态一体的蔬菜供应链，屋顶菜园是离人们生活最近，城乡完全融合的休闲、观光与农作一体的菜篮子工程。并且城镇农业化的技术正在趋于完善，屋顶农业的性价比大大增加，在城镇环境问题日益突出的今天，正在给城镇农业化带来巨大的机遇。所以，发展屋顶农业，使建筑从单一的生活，扩大至生产、生活、生态三者的结合，让建筑最大限度接近自然，恢复生产、生态功能，即是屋顶农业的最大意义所在。

第四节　城镇建筑物空间碳汇保护与提升技术应用综合建议

综合分析上从整合控制性绿化作为落实城镇建筑物空间碳汇保护与提升技术应用之手段，对应城镇发展建设与控制上可分成以下步骤性策略。

一、策略一：整体城镇绿地分布控制主导性降温点

城镇热岛是一综合性城镇温热环境的结果，对于城镇当中的能量分布上，必须采取局部性大冷岛区域达成主要能量削减的作为，同时也积极创造城镇街道密集区的通风与洁净之作为。在依据小局部区域的屋顶绿化、区域降温处理等作为，达成削减尖端的局部性策略。图8-16即为研究所得中国现代城镇指认必要之空间里提绿色之创造，以达成建筑物空间碳汇保护与提升的效果。

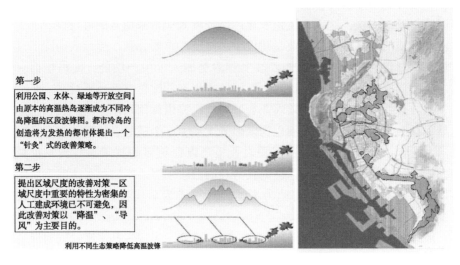

第一步
利用公园、水体、绿地等开放空间，由原本的高温热岛逐渐成为不同冷岛降温的区段波锋图。都市冷岛的创造将为发热的都市体提出一个"针灸"式的改善策略。

第二步
提出区域尺度的改善对策——区域尺度中重要的特性为密集的人工建成环境已不可避免，因此改善对策以"降温"、"导风"为主要目的。

利用不同生态策略降低高温波锋

图 8-16　以城镇建筑物空间为主导性降温点

二、城镇公共空间铺面材料管制与都市设计审议开发控制

根据前述研究成果，城镇空间铺面与立面材料的选用，为城镇温热环境的直接贡献来源，尤其对应具备高热容量之积热材质，如混凝土等，更是对于夜间城镇降温之一大阻碍，因此如何对应铺面与表面材料控制并积极应用都市设计审议开发控制，以符合城镇直接载体的热通量控制是重要的。具透水性与蒸散性之铺面更为城镇控制的首选。

三、城镇空间立体绿化在多领域具有提升城镇碳汇的功能

城市空间立体绿化是指利用城市地面以上的各种不同立地条件，选择各类适宜植物，栽植于人工创造的环境，使绿色植物覆盖地面以上的各类建筑物、构筑物及其他空间结构的表面，利用植物向空间发展的绿化方式。目前广泛使用的形式有屋顶绿化、墙体绿化、挑台绿化、柱廊绿化、立交绿化和围栏、棚架绿化等。

四、城市立体绿化建设的关键技术

（一）适生植物选择

设计合理的绿化基盘，并且选择合适的植物，可以降低立体环境对技术条

件和后期养护的要求，大大降低建设和维护成本。例如屋顶在白天和夜晚的极端温度与地表相差很大，选择对于极端温度耐受性强的景天类植物，才能良好生长并抵御住夏季的炎热天气。

（二）栽培基质选择

立体绿化的最大问题就是荷载。为能支撑植物，且能持续为植物提供稳定的水分和养分，选用轻质高效的人工基质就显得尤为重要。应寻找一种轻质、高效的栽培基质，可以减少建设费用，并且实现真正的环保理念。

（三）系统化配套技术

随着立体绿化产业的兴起，屋顶、阳台以及墙面等特殊场所的绿化材料和技术应运而生，产生了"特殊绿化产业"，同时也推动了一批新技术、新材料的发展，如透水材料、排水材料及浇灌装置等，以及利用乔灌木进行立体绿化的"墙面贴植技术"，还有一部分植物和组合为整体的轻质化施工产品等，这些都促进了特殊绿化产业的发展。

主要参考文献

［1］　冷平生. 园林生态学［M］.北京：中国农业出版社，2006.

［2］　叶明擎. 屋顶绿化系统建造技术：以南宁市高新区中国东盟科技企业孵化基地为例［J］.安徽农业科学，2010，38（16）：8 800 － 8 803.

［3］　李全润. 大力发展城市立体绿化的几点思考［J］.城市，2008（5）：22 － 23.

［4］　莫凌. 城市空间立体绿化研究综述［J］.城市建设，2010（8）：33 － 35.

［5］　蔡丽敏，孙大明，王有为. 浅议建筑垂直绿化［J］.城市环境与城市生态，2009（4）：16 － 23.

［6］　殷丽峰，李树华. 清华大学超低能耗示范楼绿化屋面的温度分布特征［J］.林业科学，2007（8）：143 － 147.

［7］　Akbafi H，Kum D M，Bretz S E，et a1. Peak power and coolingenergy savings of shade trees［J］. Energyand Buildings，1997，25（2）：139 － 148.

［8］　Onmura S，Matsumoto M，Hokoi S. Study on evaporative coolingeffect of roof lawn gardens [J]. Energy and Buildings, 2001, 33 (7): 653 – 666.

[9]　　唐鸣放, 白雪莲. 城市屋面绿化生态热效应[J]. 城市环境与城市生态, 2000, 13 (3): 9 – 10.

[10]　　赵定国, 唐鸣放, 章正民. 轻型屋顶绿化对屋面温度的影响研究[J]. 中国建筑防水, 2010 (11): 5 – 8.

[11]　　官伟, 韩辉, 刘晓东, 等. 哈尔滨市垂直绿化植物降温增湿效应研究[J]. 国土与自然资源研究, 2009 (4): 69 – 70.

[12]　　孟平. 城市农业的可持续发展[J]. 世界农业, 2001 (7): 11 – 13.

[13]　　檀学文. 城市农业与可持续城市化[J]. 世界农业, 2001 (3): 21 – 23.

[14]　　俞菊生. 国际大都市上海郊区的"三农"问题与农业现代化研究[J]. 农业现代化研究, 2003 (11): 401 – 405.

[15]　　张宝鑫. 城市立体绿化[J]. 北京: 中国林业出版社, 2004.

[16]　　毛龙生, 王晓春, 刘广, 等. 人工地面植物造景[J]. 垂直绿化, 江苏: 东南大学出版社, 2002.

[17]　　成堂春. 高速公路边坡绿化[J]. 湖南交通科技, 2003, 29 (3): 51 – 53.

[18]　　何健聪, 张太平, 李跃林, 等. 我国城市垂直绿化现状与垂直绿化新技术[J]. 城市环境与城市生态, 2003, 16 (6): 289 – 291.

[19]　　候德恒. 城市街道绿化树种的选择[J]. 科技情报开发与经济, 2003, 13 (8): 277 – 278.

[20]　　黄世典. 城市街道绿化树种的选择与配置[J]. 中国林业, 2001: 29 – 30.

[21]　　吴可, 邢广萍, 李景涛. 城市道路绿化植物的选择与配置[J]. 林业实用技术, 2002 (4): 14 – 16.

[22]　　孔海燕, 张启翔, 贾桂霞. 北京市秋冬季节植物配置与造景浅析[J]. 中国园林, 2003 (1): 65 – 68.

第九章　结语与展望——城市空间农业：打造绿色城市的尚方宝剑

　　我国城镇化大势所趋，也是历史的必然。中国的城市化与美国的高科技发展将是深刻影响 21 世纪人类发展的两大课题。2008—2015 年，我国城镇化率从 47% 增长到 56.1%，预计到 2030 年将达到 65% 左右，2050 年将达到 70% ~ 80%[1]。

　　从历史的演变趋势分析，城镇化是影响全球土地利用与覆盖的主要因素[2]。伴随着城镇化进程，我国城市生态承载力、土地利用格局变化和城市人口增多、环境恶化；农业用地进一步被压缩，预计到 2020 年将低至人均 1.23 亩，不足世界水平的一半[3]。如何协调城市和农业的发展是我们面临的十分迫切和严峻的课题。2015 年，中华人民共和国农业部在"适应现代农业发展的新型农业经营体系研究"中明确提出，在大城市和城市群地区，发展都市化服务型多功能农业[4]。城市空间农业作为都市农业发展的新形态，成为解决城市生态问题、农业用地受挤压问题、居民农业休旅不便问题的新良方，也是打造具有"生产、生活、生态"功能的绿色城市的新抓手。大力发展城市空间农业是社会绿色发展的必然趋势，是国家农业政策导向的生态风向标，既缓解了农业压力，又是治愈"城市病"的一剂良方。

第一节　简介

　　都市农业最早于 20 世纪上半叶率先出现在欧、美、日等发达国家，以期在城市内部和周围保留足够的绿色空间，以调节人与自然的平衡[5]，其主要研究的是城市边缘和近城市区域的农业形态。我国的都市农业发展起步较晚，于 20 世纪 90 年代开始研究，以城郊农业为主，占地主要是城市和农业用地之间的参差不齐的交界地带，如北京都市农业的发展即以"沟域经济"为主题[6]。

　　城市空间农业（Urban Space Agriculture）这一概念，由中国农科院"空间农业规划"创新团队于 2014 年最早提出[7]。城市空间农业是在城市中以现有建筑物为基础，从地面到屋顶，充分利用屋顶、阳台、墙体、室内和楼间等城市空间，并将农业生产与空间利用有机结合起来，凸显其生产、生活、生态价值的一种农业生产方式。城市空间农业作为新兴的农业研究范畴，其旨在强调城市空间和农业的耦合，它既是一种城市景观，又是人们在探索农业生产方式的新思路中产生的以获取食物、改善环境为主要目的，在城市中充分利用各种空间来发展农业生产的一种可持续的、高效集约的农业生产形态。

城市空间农业的提出是在都市农业概念的基础上，融入了智慧农业理论、创意农业理论、建筑学理论、经济学理论等主要要素，聚焦了都市农业概念中较为模糊的城市空间和农业的耦合问题，使研究范畴更明确，智慧化、科技化、集约化更明显，也更贴近人们的生活，对于城市和农业二者的可持续发展贡献巨大。

第二节　科学争论

都市农业研究范畴与城市空间农业的研究范畴相交又相离，且二者具有本质的不同。主要表现在以下几点：第一，在学术研究层面上二者具有本质的区别。前者主要是占据城市与外部农业用地之间的过渡地带开展的产业形态，在景观生态学范畴上为景观的填充和串联，以农业景观填充和串联了城市景观和外部农业景观之间的空白地带，此种关系较为单一；后者主要是利用城市形态本身的闲置空间，在景观生态学上为景观的覆盖和叠加，用农业景观覆盖和叠加在城市景观本身，在景观多样性和异质性上更复杂。第二，在空间利用维度上具有明显不同。前者利用城市周围的空闲地带，主要在水平维度上进行生产；后者充分利用城市内部建筑物之间和建筑物本身的空间，如城市公园、屋顶、墙体、阳台等三维空间进行生产。第三，在智慧农业和创意农业发展上具有很大差距。前者主要是以大田或温室等传统的农业作业方式来组织生产，在智慧性上表现不足，创意性也收到一定的局限；而后者由于空间的局限和特殊性，要求更多的引入智慧农业的因素，如自动遮光、水肥监控、全自动播种采收、全自动灌溉等技术体系，且可以随时随地融入到人们的日常生活中，创意性得到体现。第四，在"三生"功能体现上具有明显区别。前者占地主要在城市周围，与人们生产生活的距离较远，很难随时随地参与和体验农业生产过程；后者主要占地与人们生产和生活的区域基本重叠，可以随时随地参与到农业生产中，更好地体现了城市与农业融合的优势。

城市空间农业作为一种新兴的农业产业形态，在发展的利弊上也存在一定的争论。利：①城市空间农业对于促进发展"三生融合"的"绿色城市"有着重要作用；②与"美丽乡村"建设结合，提出城市发展的新模式。弊：①其发展对现有建筑物安全的影响评估需要加大工作；②管理和运行成本较高，需要开发一系列的智慧型技术。本研究认为，城市空间农业的发展还有大量的工作要做，如：①所产出农产品的安全性评价；②农作物生长的保障措施和技术以及基础性研究；③农业生产的面源污染问题以及农业废弃物的处理；④城市空间利用的制度问题也是目前城市农业发展的重点之一，如国家和地方政策性补贴如何、产权归属、管理主体确定、获利分配等。

第三节　研究预期

2010 年，欧盟在"里斯本战略"落幕的同时启动了新的十年经济发展规划—"欧洲 2020 战略"[8,9]。本研究涉及欧盟"地平线 2020 计划"的三个战略优先领域之一"社会挑战领域"中的第 2 个战略项目—"粮食安全、可持续农业、海洋海事和内陆水研究及生物经济"之"都市农业、林业和园艺主题"(Urban agriculture, forestry and horticulture)。根据项目建议书的内容，以后将继续提供的研究如下：

一、研究方法

（一）开展农业与城市空间耦合模式的研究

研究农业与不同的城市空间形式的耦合的可能性，提出最新的耦合模式，从农业的角度出发，探索如何利用现有的城市空间，最大程度的提高城市空间农业的经济、社会和生态效益。

（二）建立城市空间农业技术体系

开发一系列城市空间农业适用的技术，并集成和建立为城市空间农业技术体系，是非常必要的。主要开发的技术体系范畴包括：屋顶农业技术体系、墙体农业技术体系、小空间立体农业技术体系、城市空间农业病虫害防治技术体系、城市空间农业灾害气候预防技术体系等方面。

（三）建立城市空间农业废弃物循环利用技术体系

开发和集成一系列的安全、无味、高效的废弃物处理技术和模式是解决城市空间农业的废弃物处理的关键手段。

（四）开展农业与城市空间的耦合机制的研究

从城市空间农业的不同模式出发，在农业引入城市空间的政策导向、规则规范、管理主体、产品分配等方面进行研究和探索。分析城市空间农业在我国推行的前景和可行性，并对政策制定给出建议。

（五）开展城市空间农业的效益评估

经济效益方面，其可以就近为城市提供食物或原料，缩短了食物里程，降低了运输和库存成本，在创造直接经济效益的同时，还缩短了人们的旅游里程，节省了交通成本和时间；社会效益方面，为社会提供了大量的就业机会，同时城市空间农业也可作为旅游目的地，为居民提供了休闲观光环境；生态效益方面，农业形态替代传统绿化，形成了特色的城市景观，丰富了城市的景观格局，增大了城市的绿化面积，缩短了生态里程，增加了碳汇，另外，食物里程和旅游里程的缩短，也降低了碳的排放，间接提高了其生态效益。

（六）开展城市微环境对城市空间农业生产的影响和农产品的安全性研究

由于城市中污染物含量明显高于农村，这些污染物是否会进入到农产品中，对农产品的品质和安全性是否会造成影响也是需要探索和研究的。另外城市微环境特殊，如疾风大风较多、温室效应、CO_2 和 O_3 含量较高等因素，对植物的生长有一定影响。因此选择和培育抗寒、抗旱、抗盐，抗倒伏的适合城市空间农业发展的作物品种也是重要的研究内容。

二、技术路线图

技术路线如图 9 - 1 所示。

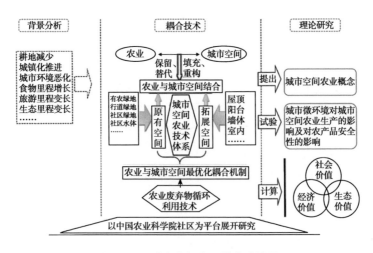

图 9 - 1　城市空间农业技术路线图

三、案例研究

测试、分析和报告成熟城市的城市空间农业发展案例，为其他国家和地区提供方法学和结论性的建议和支持[10,11]。在全球城市空间农业发展中，美、欧、日等国家和地区发展较成熟[12]。典型案例和模式如表9-1。

表9-1　全球典型城市空间农业案例和模式

名称	提出人	国家	实施地点	面积（m²）	完工时间
垂直森林	Boeri Studio	意大利	米兰	50 000	2014
神内植物工厂	迪克逊	美国	浦臼町	8 828	2001
鸟巢温室垂直农场	崔桂宏	韩国	水原	706	2014
Verti-Crop	克里斯托弗	加拿大	温哥华	5 700	2012
荷兰垂直农场	赫特扬	荷兰	鹿特丹	13 000	2012

Source：Authors' compilation

四、出版物

《中国城市空间农业的发展评估报告》。

五、研讨会和展示

1. 就目前现有的城市空间项目和实体模型，邀请国内外城市和农业专家进行实地考察和交流，并在政策上、模式上、技术上和发展前景上提出意见和建议。

2. 将现有项目开发和集成的耦合模式、实用新型产品、技术体系等工具和研究成果通过世界城市论坛、人居三等活动向国际推介。

第四节　效益评估

根据现有研究，对城市空间农业小试模型的综合功能进行评价，在一个生长季内的"生产、生活、生态"三种属性构成比例分别为19.95%、33.03%和47.02%（表9-2）。

表9-2　城市空间农业"生产、生活、生态"三种属性构成比例

属性	因素	折合CO_2量（kg）	总计（kg）	比例（%）	理论总计（kg）	理论比例（%）
生产	产量价值	1 765	1 765	14.30	3 424	19.95
生活	空调能耗	5 668	5 668	45.91	5 668	33.03
	食物里程	10.14		39.79		
生态	休闲里程	3 669	4 914		8070	47.02
	碳贮量	61.09				
	其他碳汇	1 173				

主要参考文献

[1]　中国行业咨询网.2015年中国城镇化率或达到58%［EB/OL］. (2013-3-21). http://www.china-consulting.cn/news/20130321/s85273.html.

[2]　Jonathan A, Foley. Global Consequences of Land Use［J］. Science, 2005, 309 (5 734): 570-574.

[3]　叶剑平, 张有会.2010. 城镇化所引发的问题.求是理论网［EB/OL］. http://www.qstheory.cn/ts/zxyd/byydtd/201003/t20100325_25146.htm.

[4]　中国农业部计划司.适应现代农业发展的新型农业经营体系研究, 2015.

[5]　姜恒.中国城镇化对农业发展的影响[J].农村与农民问题研究, 2010, 1 (22).

[6]　郝利, 王苗苗, 钟春艳.北京沟域经济发展模式与政策建议[J].农业现代化研究, 2010, 31 (5).

[7]　于涛, 吴永常.城镇化进程中的新概念：城市空间农业［J］.中国可持续发展论坛, 2014.

[8]　Reserach Gate. Horizon 2020-The EU Framework Programme for Research and Innovation［R］. Brussels: K Peters, 2011.

[9]　European Commission. EUROPE 2020-A strategy for smart, sustainable and inclusive growth［R］. Belgium: Brussels, 2010. (http://ec.europa.eu/health/europe_2020_en)

［10］ Dickson Despommier. The vertical farm：controlled environment agriculture carried out in tall buildings would create greater food safety and security for large urban populations.［J］. Journal of Consumer Protection and Food Safety，2011（6）：233－236.

［11］ Dickson Despommier. Farming up the city：the rise of urban vertical farms［J］. Trends in Biotechnology，2013，6（7）：388－389.

［12］ 赵继龙，张玉坤. 西方城市农业与城市空间的整合实验［J］.新建筑，2012（4）：27－31.

附　　表

附表1 国家和 IPCC 碳计量木材密度与生物量扩展因子参考值

树种森林类型	木材密度（t D M/m³）	BEF
红松	0.396	1.45
冷杉	0.366	1.72
云杉	0.342	1.72
柏木	0.478	1.80
落叶松	0.490	1.40
樟子松	0.375	1.88
油松	0.360	1.59
华山松	0.396	1.96
马尾松	0.380	1.46
云南松	0.483	1.74
铁杉	0.442	1.84
赤松	0.414	1.68
黑松	0.493	—
油杉	0.448	—
思茅松	0.454	1.58
高山松	0.413	—
杉木	0.307	1.53
柳杉	0.294	1.55
水杉	0.278	1.49
水胡黄	0.464	1.29
樟树	0.460	1.42
楠木	0.477	1.42
栎类	0.676	1.56
桦木	0.541	1.37
椴树类	0.420	1.41
檫树	0.477	1.70

（续表）

树种森林类型	木材密度（t D M/m³）	BEF
硬阔类	0.598	1.79
桉树	0.578	1.48
杨树	0.378	1.59
桐树	0.239	3.27
杂木	0.515	1.30
软阔类	0.443	1.54

数据来源：《中国初始国家信息通报》（2004），土地利用变化和林业温室气体清单

附表2 全国优势树种（组）异速生长方程

根据《国家森林资源清查主要技术规定》（××××年）树种（组）划分方法，对全国目前已经正式发表的树木异速生长方程分别按省（市）进行分类整理，并筛选除去部分变异较大树木异速生长方程，通过整理与优化，编制了全国优势树种（组）异速生长方程。

树种（组）	地上生物量公式	地下生物量公式	全树生物量公式	适用省份
红松	$W_S = 0.0417D^{2.579}$；$W_B = 0.0178D^{2.417}$； $W_L = 0.0037D^{2.282} + 0.003D^{2.207}$，$W_T = W_S + W_B + W_L$			辽宁
	$W_S = 0.02357 (D^2H)^{0.9660}$ $W_B = 0.0138 (D^2H)^{0.7304}$； $W_L = 0.0663 (D^2H)^{0.5011}$；$W_T = W_S + W_B + W_L$	$W_R = 0.02588 (D^2H)^{0.844}$		吉林
	$W_T = 0.07557D^{2.5705}$；$W_B = 0.1676D^{1.7632}$； $W_L = 0.3574D^{0.9985}$，$W_T = W_S + W_B + W_L$			黑龙江
冷杉	$W_T = 0.0387 (D^2H)^{0.9293}$	$W_R = 0.1530 (D^2H)^{0.5208}$		四川
	$W_S = 0.3274 (D - 3.6998)^2$；$W_B = 2.6259 + 0.0633D^2$； $W_L = 3.5207 \times 10^{-4} (15.9739 + D)^3$； $W_P = 0.054124 (D - 3.502)^2$；$W_T = W_S + W_B + W_L + W_P$	$W_R = 3.5112 \times 10^{-4} (D - 0.7762)^2 + 0.061369 (D + 3.662)^2$		云南
	$W_T = 2.8048 (D^2H)^{0.5729}$	$W_R = 0.8356 (D^2H)^{0.5091}$		西藏
云杉	$W_S = 0.10730 (D^2H)^{0.7528}$；$W_B = 0.04940 (D^2H)^{0.8138}$； $W_L = 0.04172 (D^2H)^{0.6923}$；$W_T = W_S + W_B + W_L$			内蒙古
	$W_T = 5.2883 - 2.3268D + 0.5775D^2$	$W_R = 1.9580 - 1.3556D + 0.1834D^2$		黑龙江
	$W_S = 0.02091 (D^2H)^{0.9285}$；$W_B = 0.1336 (D^2H)^{0.8870}$； $W_L = 0.007974 (D^2H)^{0.8998}$；$W_P = 0.011332 (D^2H)^{0.9285}$； $W_T = W_S + W_B + W_L + W_P$			四川
	$W_S = 0.018791 (D^2H)^{0.9434}$；$W_B = 0.00971 (D^2H)^{0.9257}$； $W_L = 0.002634 (D^2H)^{0.9753}$；$W_P = 0.003854 (D^2H)^{0.893}$； $W_T = W_S + W_B + W_L + W_P$	$W_R = 0.005097 (D^2H)^{0.9457}$	$W = 0.03689 (D^2H)^{0.9501}$	甘肃
	$W_S = 0.0478 (D^2H)^{0.8665}$；$W_B = 0.0122 (D^2H)^{0.8905}$； $W_L = 0.265 (D^2H)^{0.4701}$；$W_T = W_S + W_B + W_L$	$W_R = 3.3756 (D^2H)^{0.2725}$		青海
	$W_S = 0.04747 (D^2H)^{0.88217}$；$W_B = 0.00189 (D^2H)^{1.0398}$； $W_L = 0.014514 (D^2H)^{0.78914}$；$W_T = W_S + W_B + W_L$			新疆

（续表）

树种（组）	地上生物量公式	地下生物量公式	全树生物量公式	适用省份
柏木	$W_T = 0.12531 (D^2H)^{0.733}$			北京
	$W_T = 0.02479D^{2.0333}$	$W_R = 0.0261D^{2.1377}$		江苏
	$W_S = 0.2682D^{1.9161}$；$W_B = 0.0103D^{2.4304}$；$W_L = 0.0414e^{0.3376D}$；$W_T = W_S + W_B + W_L$	$W_R = 0.0261D^{2.1377}$		福建
	$W_S = 1.034885 + 0.0223 (D^2H)$；$W_B = 0.095 (D^2H)^{0.571}$；$W_L = 0.714 (D^2H)^{0.583}$；$W_T = W_S + W_B + W_L$	$W_R = 0.036 + 0.0098 (D^2H)$		山东
	$W_T = 0.12703 (D^2H)^{0.79775}$	$W_R = 0.1155 (D^2H)^{0.56696}$	$W = 0.1224 (D^2H)^{0.8169}$	贵州
	$W_S = 0.2738 (D^2H)^{0.6912}$；$W_B = 0.0061 (D^2H)^{0.9455}$；$W_L = 0.0042 (D^2H)^{0.8986}$；$W_T = W_S + W_B + W_L$	$W_R = 8.7356 (D^2H)^{0.2274}$	$W = 0.8932 (D^2H)^{0.6307}$	青海
落叶松	$W_S = 0.119769D^{2.269352}$；$W_B = 0.106747D^{1.750152}$；$W_L = 0.291676D^{1.066997}$；$W_T = W_S + W_B + W_L$	$W_R = 0.071271D^{2.085668}$	$W = 0.328988D^{2.095846}$	河北
	$W_T = 0.2387114 (D^2H)^{0.6784}$	$W_R = 0.03086291D^{2.0885}$		山西
	$W_S = 0.04607 (D^2H)^{0.8722}$；$W_B = 0.0356 (D^2H)^{0.5624}$；$W_L = 0.01397 (D^2H)^{0.5628}$；$W_T = W_S + W_B + W_L$	$W_R = 0.007534 (D^2H)^{0.9725}$	$W = 0.5526 (D^2H)^{0.6050}$	内蒙古
	$W_S = 0.01594D^{2.949}$；$W_B = 0.05577D^{2.483}$；$W_L = 0.00011D^{4.293}$；$W_P = 0.6301D^{0.759}$；$W_T = W_S + W_B + W_L + W_P$	$W_R = 0.20003D^{1.495}$		吉林
	$W_T = 0.039464D^{2.442532}$；	$W_R = 0.09848D^{2.2313}$		黑龙江
	$W_S = 0.099496 (D^2H)^{0.786530}$；$W_B = 0.098620 (D^2H)^{0.598367}$；$W_L = 0.294136 (D^2H)^{0.357506}$；$W_T = W_S + W_B + W_L$	$W_R = 0.060741 (D^2H)^{0.721508}$		湖北
	$W_T = 0.0204 (D^2H)^{0.9719}$	$W_R = 0.0019 (D^2H)^{1.0951}$		四川
	$W_S = 0.01367 (D^2H)^{0.99794}$；$W_B = 0.07802D^{2.04597}$；$W_L = 0.03184D^{1.90488}$；$W_P = 0.01072 (D^2H)^{0.80398}$；$W_T = W_S + W_B + W_L + W_P$	$W_R = 0.03136D^{2.18625}$		陕西
	$W_S = 0.06262D^{2.4048}$；$W_B = 0.00198D^{3.1639}$；$W_L = 3.011 \times 10^{-5}D^{3.8032}$；$W_P = 0.0174D^{2.19}$；$W_T = W_S + W_B + W_L + W_P$	$W_R = 0.02082D^{2.3669}$	$W = 0.09592D^{2.4419}$	甘肃
	$W_S = 0.03984 (D^2H)^{0.8718}$；$W_B = 0.03389 (D^2H)^{0.5511}$；$W_L = 0.1388 (D^2H)^{0.8438}$；$W_T = W_S + W_B + W_L$	$W_R = 0.00698 (D^2H)^{0.9724}$		新疆
樟子松	$W_S = 0.3364D^{2.0067}$；$W_B = 0.2983D^{1.144}$；$W_L = 0.2931D^{0.8486}$；$W_T = W_S + W_B + W_L$			内蒙古
	$W_T = 0.15279 (D^2H)^{0.74238}$	$W_R = 0.675305e^{0.156762D}$		黑龙江
黑松	$W_T = 0.0462 (D^2H)^{0.9446}$	$W_R = 0.0064 (D^2H)^{1.0427}$		安徽
	$W_S = -25.244 + 4.7759D$；$W_B = 1.0395 + 0.0140D2H$；$W_L = 0.4234 + 0.0122D^2H$；$W_T = W_S + W_B + W_L$	$W_R = 0.0180D^{2.7546}$	$W = 0.1425 (D^2H)^{0.9181}$	山东

（续表）

树种 （组）	地上生物量公式	地下生物 量公式	全树生物 量公式	适用 省份
油松	$W_S = 0.0475 \ (D^2H)^{0.8539}$；$W_B = 0.0017 \ (D^2H)^{1.1515}$； $W_L = 0.0134 \ (D^2H)^{0.8099}$；$W_T = W_S + W_B + W_L$	$W_R = 0.0027 \ (D^2H)^{1.0917}$	$W = 0.0482$ $(D^2H)^{0.9401}$	北京
	$W_S = 0.14187 \ (D^2H)^{0.8728}$；$W_B = 0.0147083$ $(D^2H)^{0.9157}$； $W_L = 0.066901 \ (D^2H)^{0.8017}$；$W_T = W_S + W_B + W_L$	$W_R = 0.36362 \ (D^2H)^{0.7508}$		山西
	$W_T = 0.16025D^{2.205}$	$W_R = 0.7092e^{0.1771D}$		内蒙古
	$W_S = 0.946835 + 0.0214 \ (D^2H)$；$W_B = 0.077 \ (D^2H)^{0.679}$； $W_L = 0.848 \ (D^2H)^{0.594}$；$W_T = W_S + W_B + W_L$	$W_R = 0.12 \ (D^2H)^{0.533}$		山东
	$W_S = 0.06920 \ (D^2H)^{0.9520}$；$W_B = 0.005229 \ (D^2H)^{0.9884}$； $W_L = 0.003619 \ (D^2H)^{0.9376}$；$W_T = W_S + W_B + W_L$	$W_R = 0.001597 \ (D^2H)^{1.0722}$		四川
	$W_S = 0.009741 \ (D^2H)^{1.04086}$；$W_B = 0.01690D^{2.57733}$； $W_L = 0.00599D^{2.57495}$；$W_P = 0.010723 \ (D^2H)^{0.80398}$；$W_T$ $= W_S + W_B + W_L + W_P$	$W_R = 0.015891D^{2.28692}$		陕西
	$W_S = 0.02059 \ (D^2H)^{0.9359}$；$W_B = 0.00169 \ (D^2H)^{1.1242}$； $W_L = 0.004855 \ (D^2H)^{0.8812}$；$W_P = 0.00602 \ (D^2H)^{0.8649}$； $W_T = W_S + W_B + W_L + W_P$	$W_R = 0.0086025 \ (D^2H)^{0.9204}$	$W = 0.0295$ $(D^2H)^{0.9655}$	甘肃
华山松	$W_S = 0.04513 \ (D^2H)^{0.826400}$；$W_B = 0.02983$ $(D^2H)^{0.814591}$；$W_L = 0.00647 \ (D^2H)^{1.042855}$；$W_P =$ $0.02224 \ (D^2H)^{0.632578}$；$W_T = W_S + W_B + W_L + W_P$	$W_R = 0.0247 \ (D^2H)^{0.785732}$		云南
	$W_S = 0.01308 \ (D^2H)^{1.0038}$；$W_B = 0.0055 \ (D^2H)^{1.0439}$； $W_L = 0.0011 \ (D^2H)^{1.12566}$；$W_T = W_S + W_B + W_L$	$W_R = 0.0033 \ (D^2H)^{1.0148}$		陕西
	$W_S = 0.04294D^{2.4567}$；$W_B = 0.0260D^{2.438}$； $W_L = 0.0121D^{2.0955}$；$W_P = 0.0184D^{2.0589}$；$W_T = W_S + W_B$ $+ W_L + W_P$	$W_R = 0.002223D^{3.0376}$	$W = 0.10064$ $D^{2.4119}$	甘肃

（续表）

树种（组）	地上生物量公式	地下生物量公式	全树生物量公式	适用省份
马尾松	$W_T = 0.02634 (D^2H)^{2.7751}$	$W_R = 0.0417D^{2.2618}H^{-0.078}$		浙江
	$W_T = 0.01672 (D^2H)^{0.8559}$			安徽
	$W_S = 0.01747 (D^2H)^{0.998299}$; $W_B = 0.00003 (D^2H)^{1.5717}$; $W_L = 0.00025 (D^2H)^{1.2615}$; $W_P = 0.004736 (D^2H)^{0.876541}$; $W_T = W_S + W_B + W_L + W_P$	$W_R = 0.004736 (D^2H)^{0.876541}$	$W = 0.00951 (D^2H)^{1.138668}$	福建
	$W_S = 0.0367 (D^2H)^{0.8937}$; $W_B = 0.0024 (D^2H)^{1.04}$; $W_L = 0.145 (D^2H)^{0.7156}$; $W_P = 0.0081 (D^2H)^{1.093}$; $W_T = W_S + W_B + W_L + W_P$	$W_R = 0.00885 (D^2H)^{0.8896}$	$W = 0.0657 (D^2H)^{0.8896}$	江西
	$W_S = 0.0459 (D^2H)^{0.8867}$; $W_B = 0.0127 (D^2H)^{0.7886}$; $W_L = 0.0283 (D^2H)^{0.6012}$; $W_T = W_S + W_B + W_L$	$W_R = 0.0298 (D^2H)^{0.7415}$		湖北
	$W_S = 0.1369 (D^2H)^{0.7123}$; $W_B = 0.0469 (D^2H)^{0.6699}$; $W_L = 0.0173 (D^2H)^{0.7125}$; $W_P = 0.0147 (D^2H)^{0.7512}$; $W_T = W_S + W_B + W_L + W_P$	$W_R = 0.2525 (D^2H)^{0.4965}$		湖南
	$W_S = 7.916D^{0.5521}$; $W_B = 0.3515D^{1.402}$; $W_L = 0.0055D^{2.5631}$; $W_T = W_S + W_B + W_L$	$W_R = 0.13D^{1.8237}$		广东
	$W_S = 0.038120 (D^2H)^{0.8794}$; $W_B = 0.002917 (D^2H)^{1.0638}$; $W_L = 0.001161 (D^2H)^{0.9994}$; $W_P = 0.004785 (D^2H)^{0.8823}$; $W_T = W_S + W_B + W_L + W_P$	$W_R = 0.002205 (D^2H)^{1.0590}$		广西
	$W_T = 0.0973 (D^2H)^{0.8285}$	$W_R = 0.0091D^{1.9114}H^{0.6755}$		贵州
云南松	$W_S = 0.0105 (D^2H)^{1.0652}$; $W_B = 0.8775 (D^2H)^{0.9894}$; $W_L = 0.033 (D^2H)^{0.9352}$; $W_P = 0.043 (D^2H)^{0.6628}$; $W_T = W_S + W_B + W_L + W_P$	$W_2 = \dfrac{(D^2H)}{0.2703 (D^2H) + 110.4367}$		云南
思茅松	$W_S = 0.01218 (D^2H)^{0.9998}$; $W_B = 0.00028 (D^2H)^{1.2526}$; $W_L = \dfrac{(D^2H)}{0.0235 (D^2H) + 196.767}$; $W_P = 0.0234D^{2.4247}$; $W_T = W_S + W_B + W_L + W_P$	$W_R = 0.0016 (D^2H) + 1.809$		云南
高山松	$W_S = 0.02443D^{2.622401}$; $W_B = 0.0106D^{2.600282}$; $W_L = -4.8472 + 0.729D$; $W_P = 0.01742D^{2.271812}$; $W_T = W_S + W_B + W_L + W_P$	$W_R = 0.01646D^{2.250535} + 0.0844D^{2.35953}$		云南
火炬松	$W_S = 0.02765 (D^2H)^{0.9236}$; $W_B = 0.00751D^{2.6463}$; $W_L = 0.03432D^{2.0606}$; $W_T = W_S + W_B + W_L$	$W_R = 0.0343D^{2.2313}$	$W = 0.06227 (D^2H)^{2.5244}$	江苏
	$W_T = 0.06548 (D^2H)^{0.8506}$			浙江
	$W_T = 0.019805 (D^2H)^{1.0272}$	$W_R = 0.012692 (D^2H)^{0.9305}$		安徽
	$W_S = 0.02765 (D^2H)^{0.92356}$; $W_B = 0.00751D^{2.64633}$; $W_L = 0.03432D^{2.06055}$; $W_T = W_S + W_B + W_L$	$W_R = 0.03431784D^{2.23133}$		福建

（续表）

树种（组）	地上生物量公式	地下生物量公式	全树生物量公式	适用省份
湿地松	$W_S = 0.0357 (D^2H)^{0.9003}$；$W_B = 0.00294 (D^2H)^{1.0638}$；$W_L = 0.1639 (D^2H)^{0.6101}$；$W_T = W_S + W_B + W_L$	$W_R = 0.007024 (D^2H)^{1.0138}$	$W = 0.07672 (D^2H)^{0.8971}$	江苏
	$W_T = 0.01016 (D^2H)^{1.098}$			浙江
	$W_S = 0.0220 (D^2H)^{0.9260}$；$W_B = 0.0002 (D^2H)^{1.2824}$；$W_L = 0.0220 (D^2H)^{0.9260}$；$W_P = 0.0343 (D^2H)^{0.6859}$；$W_T = W_S + W_B + W_L + W_P$	$W_R = 0.0071 (D^2H)^{0.9064}$	$W = 0.0469 (D^2H)^{0.9064}$	江西
鸡毛松	$W_S = 0.0396 (D^2H)^{0.9718}$；$W_B = 0.00021 (D^2H)^{1.4847}$；$W_L = 0.0226 (D^2H)^{0.740}$；$W_P = 0.0011 (D^2H)^{1.1297}$；$W_T = W_S + W_B + W_L + W_P$	$W_R = 0.8304 (D^2H)^{0.3542}$	$W = 0.0350 D^{0.9449}$	海南
杉木	$W_S = 0.0367 (D^2H)^{0.8937}$；$W_B = 0.0024 (D^2H)^{1.04}$；$W_L = 0.145 (D^2H)^{0.7156}$；$W_P = 0.0081 (D^2H)^{1.093}$；$W_T = W_S + W_B + W_L + W_P$	$W_R = 0.00885 (D^2H)^{0.8896}$	$W = 0.0657 (D^2H)^{0.8896}$	浙江
	$W_S = 0.0513 (D^2H)^{0.8796}$；$W_B = 0.0243 (D^2H)^{0.7821}$；$W_L = 0.261 (D^2H)^{0.4811}$；$W_P = 0.2238 (D^2H)^{0.5146}$；$W_T = W_S + W_B + W_L + W_P$	$W_R = 1.2314 (D^2H)^{0.2915}$		福建
	$W_S = 0.1225 (D^2H)^{0.9771}$；$W_B = 0.00002 (D^2H)^{1.509}$；$W_L = 0.0001 (D^2H)^{1.295}$；$W_P = 0.0029 (D^2H)^{0.9326}$；$W_T = W_S + W_B + W_L + W_P$	$W_R = 0.0071 (D^2H)^{0.9064}$	$W = 0.0469 (D^2H)^{0.9064}$	江西
	$W_S = 0.00849 (D^2H)^{1.107230}$；$W_B = 0.00175 (D^2H)^{1.091916}$；$W_L = 0.00071 D^{3.88664}$；$W_T = W_S + W_B + W_L$	$W_R = 0.008964 (D^2H)^{0.64621}$		湖北
	$W_S = 0.0163 (D^2H)^{0.99583}$；$W_B = 0.0028 (D^2H)^{1.0036}$；$W_L = 0.0058 (D^2H)^{0.8890}$；$W_P = 0.3813 (D^2H)^{0.3344}$；$W_T = W_S + W_B + W_L + W_P$	$W_R = 0.0436 (D^2H)^{0.6464}$	$W = 0.119 (D^2H)^{0.7910}$	湖南
	$W_S = 0.0413 D^{2.4315}$；$W_B = 0.005 D^{2.6872}$；$W_L = 0.0105 D^{2.3283}$；$W_T = W_S + W_B + W_L$	$W_R = 0.033 D^{2.0744}$		广东
	$W_S = 0.02950 (D^2H)^{0.8805}$；$W_B = 0.2895 + 0.002125 (D^2H)$；$W_L = 1.0544 + 0.001487 (D^2H)$；$W_P = 0.0108 (D^2H)^{0.77998}$；$W_T = W_S + W_B + W_L + W_P$	$W_R = 0.794 + 0.0032 (D^2H)$		广西
	$W_T = 0.10301 (D^2H)^{0.7773}$	$W_R = 0.0255 (D^2H)^{0.8041}$	$W = 0.1541 (D^2H)^{0.7470}$	贵州

（续表）

树种（组）	地上生物量公式	地下生物量公式	全树生物量公式	适用省份
油杉	$W_T = 0.0729 (D^2H)^{0.9334}$	$W_R = 0.1783 (D^2H)^{0.5754}$	$W = 0.2029 (D^2H)^{0.8024}$	贵州
柳杉	$W_S = 0.2716 (D^2H)^{0.7379}$; $W_B = 0.0326 (D^2H)^{0.8472}$; $W_L = 0.0250 (D^2H)^{1.1778}$; $W_P = 0.0379 (D^2H)^{0.7328}$; $W_T = W_S + W_B + W_L + W_P$	$W_R = 10.329 + 0.009D^2H$		江苏
水杉	$W_S = -0.656 + 0.028D^2H$; $W_B = -1.258 + 0.007D^2H$; $W_L = 0.004 + 0.001D^2H$; $W_P = 0.135 + 0.003D^2H$; $W_T = W_S + W_B + W_L + W_P$	$W_R = 0.522 + 0.006D^2H$	$W = -5.826 + 0.047D^2H$	江苏
	$W_T = 0.08004 (D^2H)^{0.8026}$	$W_R = 0.03585D^{2.0887}$	$W = 0.1525 D^{2.1549}$	浙江
	$W_S = 0.03576 (D^2H)^{0.8895}$; $W_B = 0.01743 (D^2H)^{0.7449}$; $W_L = 0.0004283 (D^2H)^{0.8782}$; $W_T = W_S + W_B + W_L$			福建
水胡黄	$W_S = 1.416D^{1.71}$; $W_B = 1.154D^{1.549}$; $W_L = 0.7655D^{0.886}$; $W_T = W_S + W_B + W_L$			辽宁
	$W_S = 0.02511 (D^2H)^{0.9271}$; $W_B = 0.00957 (D^2H)^{0.9740}$; $W_L = 0.8725 (D^2H)^{0.2634}$; $W_T = W_S + W_B + W_L$	$W_R = 0.0303 (D^2H)^{0.8058}$		黑龙江
樟树	$W_S = 0.05560 (D^2H)^{0.850193}$; $W_B = 0.00665 (D^2H)^{1.051841}$; $W_L = 0.05987 (D^2H)^{0.574327}$; $W_P = 0.01476 (D^2H)^{0.808395}$; $W_T = W_S + W_B + W_L + W_P$	$W_R = 0.1754 (D^2H)^{0.819874}$	$W = 0.05560 (D^2H)^{0.850193}$	湖南
	$W_S = 0.812 + 0.012D^2H$; $W_B = -0.246 + 0.012 (D^2H)$; $W_L = 0.153 + 0.006 (D^2H)$; $W_T = W_S + W_B + W_L$	$W_R = 0.218 + 0.007 (D^2H)$	$W = 0.937 + 0.037 (D^2H)$	贵州
楠木	$W_S = 0.0642 (D^2H)^{0.8596}$; $W_B = 0.0514 (D^2H)^{0.6781}$; $W_L = 0.3124 (D^2H)^{0.4511}$; $W_P = 0.2632 (D^2H)^{0.5317}$; $W_T = W_S + W_B + W_L + W_P$	$W_R = 2.1468 (D^2H)^{0.221}$		福建
	$W_S = 0.04709 (D^2H)^{0.9429}$			江西
	$W_T = 0.04271 (D^2H)^{0.9599}$	$W_R = 1.72624 \times 10^{-5} (D^2H)^{1.7222}$		四川

（续表）

树种（组）	地上生物量公式	地下生物量公式	全树生物量公式	适用省份
栎类	$W_S = 0.0369 (D^2H)^{0.9165}$; $W_B = 0.00051 (D^2H)^{1.3377}$; $W_L = 0.00021 (D^2H)^{1.171}$; $W_T = W_S + W_B + W_L$	$W_R = 0.0778 (D^2H)^{0.7301}$		北京
	$W_S = 0.0215 (D^2H)^{0.9630}$; $W_B = 0.0063 (D^2H)^{0.9949}$; $W_L = 0.0052 (D^2H)^{0.8202}$; $W_P = 0.0084 (D_2H)^{0.8848}$; $W_T = W_S + W_B + W_L + W_P$	$W_R = 0.0096 (D^2H)^{0.9412}$		河北
	$W_S = 0.1069 D^{2.51353}$; $W_B = 0.0176 D^{2.65462}$; $W_L = 0.0495 D^{1.84438}$; $W_T = W_S + W_B + W_L$	$W_R = 2.91599 e^{0.14465D}$		黑龙江
	$W_S = 0.3108 (D^2H)^{0.67428}$; $W_B = 0.0293 (D^2H)^{0.75662}$; $W_L = 0.0922 (D^2H)^{0.39445}$; $W_P = 93685 (D^2H)^{0.614021}$; $W_T = W_S + W_B + W_L + W_P$	$W_R = 0.1672284 (D^2H)^{0.64106}$		河南
	$W_S = 0.00888 (D^2H)^{1.08}$; $W_B = 0.01 (D^2H)^{0.90}$; $W_L = 0.00378 (D^2H)^{0.94}$; $W_T = W_S + W_B + W_L$	$W_R = 0.00641 (D^2H)^{0.99}$		湖北
	$W_S = \dfrac{1}{0.6159 - 0.2372 \ln D}$; $W_B = 0.3058 \times 1.3373 D$; $W_L = 0.124309 \times 1.36856^D$; $W_T = W_S + W_B + W_L$	$W_R = -5.216876 + 1.5859 D$		四川
	$W_T = 0.16625 (D^2H)^{0.7821}$	$W_R = 0.01977 (D^2H)^{0.88233}$	$W = 0.10141 (D^2H)^{0.8771}$	贵州
	$W_S = 0.1286 D^{2.368575}$; $W_B = 0.00864 D^{2.76158}$; $W_L = 3.3698 \times 10^{-4} D^{3.1455}$; $W_P = 58.5659 (1.7953 \times 10^{-12})^{1/D}$; $W_T = W_S + W_B + W_L + W_P$	$W_R = 0.4443 \times 1.1801^D$		云南
	$W_S = 0.04930 (D^2H)^{0.8514}$; $W_B = 0.004917 D^{3.09503}$; $W_L = 0.018504 D^{2.1740}$; $W_P = 0.03355 (D^2H)^{0.7263}$; $W_T = W_S + W_B + W_L + W_P$	$W_R = 0.1449 D^{1.7971}$	18	陕西
	$W_S = 0.02364 (D^2H)^{0.9679}$; $W_B = 0.00787 (D^2H)^{1.0013}$; $W_L = 0.03484 (D^2H)^{0.605}$; $W_P = 0.0385 (D^2H)^{0.7156}$; $W_T = W_S + W_B + W_L + W_P$	$W_R = 0.05466 (D^2H)^{0.8144}$	$W = 0.13453 (D^2H)^{0.8579}$	甘肃
桦木	$W_S = 0.0319 (D^2H)^{0.9356}$; $W_B = 0.00063 (D^2H)^{1.2781}$; $W_L = 0.00016 (D^2H)^{1.1688}$; $W_T = W_S + W_B + W_L$	$W_R = 0.0093 (D^2H)^{0.9396}$		北京
	$W_S = 0.0494 (D^2H)^{0.9011}$; $W_B = 0.0142 (D^2H)^{0.7686}$; $W_L = 0.0109 (D^2H)^{0.6472}$; $W_T = W_S + W_B + W_L$	$W_R = 0.0110 (D^2H)^{0.9209}$		吉林
	$W_T = 0.1193 (D^2H)^{0.8372}$			黑龙江
	$W_S = 0.0684 (D^2H)^{0.8328}$; $W_B = 0.016 (D^2H)^{0.8214}$; $W_L = 0.0047 (D^2H)^{0.7606}$; $W_T = W_S + W_B + W_L$	$W_R = 0.8221 (D^2H)^{0.341}$	$W_{总} = 0.2679 (D^2H)^{0.71}$	云南
	$W_S = 0.02275 (D^2H)^{0.91035}$; $W_B = 0.002645 D^{3.35934}$; $W_L = 0.003813 D^{2.3901}$; $W_P = 0.01388 (D^2H)^{0.8102}$; $W_T = W_S + W_B + W_L + W_P$	$W_R = 0.01309 D^{2.6888}$		陕西
	$W_S = 0.02232 (D^2H)^{0.9631}$; $W_B = 0.00272 (D^2H)^{1.0903}$; $W_L = 0.02002 (D^2H)^{0.6104}$; $W_P = 0.00293 (D^2H)^{0.9682}$; $W_T = W_S + W_B + W_L + W_P$	$W_R = 0.03779 (D^2H)^{0.7692}$	$W = 0.05866 (D^2H)^{0.9222}$	甘肃

（续表）

树种（组）	地上生物量公式	地下生物量公式	全树生物量公式	适用省份
马褂木	$W_S = 0.02426$ $(D^2H)^{0.9423}$; $W_B = 0.000349$ $(D^2H)^{1.268207}$; $W_L = 0.000419$ $(D^2H)^{1.048786}$; $W_P = 0.004283$ $(D^2H)^{0.88245}$; $W_T = W_S + W_B + W_L + W_P$	$W_R = 0.023475$ $(D^2H)^{0.770223}$	$W = 0.039934$ $(D^2H)^{0.938578}$	江西
木荷	$W_S = 0.013369$ $(D^2H)^{1.0569}$; $W_B = 1.086042$ $(D^2H)^{0.98964}$; $W_L = 0.000411$ $(D^2H)^{1.308806}$; $W_T = W_S + W_B + W_L$		$W = 0.031103$ $(D^2H)^{1.019796}$	江西
	$W_S = 0.04188$ $(D^2H)^{0.9426}$; $W_B = 0.01208$ $(D^2H)^{0.8687}$; $W_L = 0.00313$ $(D^2H)^{0.9418}$; $W_T = W_S + W_B + W_L$	$W_R = 0.01645$ $(D^2H)^{0.9002}$		广东
海南木莲	$W_T = 0.06927$ $(D^2H)^{0.8337}$			海南
木榄	$W_S = 0.04167$ $(D^2H)^{0.9687}$; $W_B = 0.02202$ $(D^2H)^{1.2596}$; $W_L = 0.00607$ $(D^2H)^{1.0746}$; $W_P = 0.0.02203$ $(D^2H)^{0.6760}$; $W_T = W_S + W_B + W_L + W_P$	$W_R = 0.3697$ $(D^2H)^{0.6226}$		海南
海南粗榧	$W_T = 0.10458$ $(D^2H)^{0.7824}$			海南
硬阔类	$W_S = 0.0179D^{2.857}$; $W_B = 0.00002D^{4.292}$; $W_L = 0.000037D^{3.49}$; $W_T = W_S + W_B + W_L$			辽宁
	$W_S = 0.3274$ $(D^2H)^{0.7218}$; $W_B = 0.01347$ $(D^2H)^{0.7198}$; $W_L = 0.02347$ $(D^2H)^{0.6929}$; $W_T = W_S + W_B + W_L$	$W_R = 0.0976$ $(D^2H)^{0.6925}$		吉林
	$W_T = 0.03451$ $(D^2H)^{1.0037}$	$W_R = 0.0549H^{0.1068}D^{2.0953}$		浙江
	$W_T = 0.07112$ $(D^2H)^{0.910358078}$			安徽
	$W_S = -80.049 + 50.0544lnD$; $W_B = -30.5257 + 18.6683lnD$; $W_L = -11.905 + 7.247lnD$; $W_P = -8.2984 + 5.366lnD$; $W_T = W_S + W_B + W_L + W_P$	$W_R = -22.963 + 14.698lnD$		福建
	$W_S = 0.0125$ $(D^2H)^{1.05}$; $W_B = 0.000933$ $(D^2H)^{1.23}$; $W_L = 0.000294$ $(D^2H)^{1.20}$; $W_T = W_S + W_B + W_L$	$W_R = 0.00322$ $(D^2H)^{1.13}$		湖北
	$W_S = 0.0311D^{2.714}$; $W_B = 0.212D^{1.644}$; $W_L = 0.0181D^{1.9945}$; $W_T = W_S + W_B + W_L$		$W = 0.0319D^{2.2582}$	广东
	$W_S = 0.3507(D - 1.1948)^2$; $W_B = 0.03017D^{2.3643} + 0.051$; $W_L = 0.01813D^2 - 0.2477$; $W_T = W_S + W_B + W_L$	$W_R = 0.1278(D - 0.05)^2$	$W_{总} = 0.6131(D - 0.9678)^2$	云南
	$W_S = 0.02054$ $(D^2H)^{0.9803}$; $W_B = 0.00357$ $(D^2H)^{1.0851}$; $W_L = 0.01076$ $(D^2H)^{0.7377}$; $W_P = 0.0117$ $(D^2H)^{0.7713}$; $W_T = W_S + W_B + W_L + W_P$	$W_R = 0.00023$ $(D^2H)^{1.3456}$	$W = 0.04253$ $(D^2H)^{0.7758}$	甘肃
椴树类	$W_S = 0.098D^{2.353}$; $W_B = 0.00287D^{2.99}$; $W_L = 0.469D^{0.714}$; $W_T = W_S + W_B + W_L$			辽宁
	$W_S = 0.01275$ $(D^2H)^{1.0094}$; $W_B = 0.00182$ $(D^2H)^{0.9746}$; $W_L = 0.00024$ $(D^2H)^{0.9907}$; $W_T = W_S + W_B + W_L$	$W_R = 0.1473$ $(D^2H)^{0.5099}$		吉林

（续表）

树种（组）	地上生物量公式	地下生物量公式	全树生物量公式	适用省份
桉树	$W_S = 0.0761D^{2.4275}$; $W_B = 0.0088D^{2.7829}$; $W_L = 0.0117D^{2.5951}$; $W_T = W_S + W_B + W_L$			福建
	$W_S = 0.004886 (D^2H)^{1.207994}$; $W_B = 0.00289 (D^2H)^{1.002944}$; $W_L = 0.4381 (D^2H)^{0.292688}$; $W_P = 0.00188 (D^2H)^{1.004247}$; $W_T = W_S + W_B + W_L + W_P$	$W_R = 0.00332 (D^2H)^{1.016668}$		湖南
	$W_T = 0.05165D^{2.86136}$		$W = 0.0703 D^{2.8036}$	广东
	$W_S = 0.02407389 (D^2H)^{0.9768058}$; $W_B = 0.00492556 (D^2H)^{0.8449044}$; $W_L = 0.0007088 (D^2H)^{0.935545}$; $W_P = 0.0063525 (D^2H)^{0.8738162}$; $W_T = W_S + W_B + W_L + W_P$	$W_R = 0.00348 (D^2H)^{1.013413}$		广西
	$W_T = 0.0180 (D^2H)^{1.0283}$	$W_R = 0.0273 (D^2H)^{0.7318}$		四川
木麻黄	$W_S = 1.6128455 (D^2H)^{0.515}$; $W_B = 1.794991 (D^2H)^{0.248}$; $W_L = 4.0755267 (D^2H)^{0.141}$; $W_P = 0.0655462 (D^2H)^{0.685}$; $W_T = W_S + W_B + W_L + W_P$	$W_R = 2.225541 (D^2H)^{0.251}$		福建
	$W_S = 0.047 (D^2H)^{0.9383}$; $W_B = 0.00021 (D^2H)^{1.4847}$; $W_L = 0.0226 (D^2H)^{0.740}$; $W_P = 0.0011 (D^2H)^{1.1297}$; $W_T = W_S + W_B + W_L + W_P$	$W_R = 6.166 + 4.944 * 10^{-6} (D^2H)^2$		广西
	$W_T = 1.4256 (D^2H)^{0.568}$			广东
马占相思	$W_S = 0.1174013D^{2.27933}$; $W_B = 0.067161D^{1.76728}$; $W_L = 0.057264D^{1.67667}$; $W_T = W_S + W_B + W_L$		$W = 0.313344 D^{1.93709}$	海南
杨树	$W_S = 0.0231 (D^2H)^{0.9258}$; $W_B = 0.00121 (D2H)^{1.1337}$; $W_L = 0.00063D^{1.1706}$; $W_T = W_S + W_B + W_L$			北京
	$W_S = 0.07363 (D^2H)^{0.7745}$; $W_B = 0.1136 + 0.00603 (D^2H)$; $W_L = -1.5367 + 0.4316\ln (D^2H)$; $W_T = W_S + W_B + W_L$	$W_R = -2.1388 + 0.7219\ln (D^2H)$		山西
	$W_S = 0.2286 (D^2H)^{0.6933}$; $W_B = 0.0247 (D^2H)^{0.7378}$; $W_L = 0.0108 (D^2H)^{0.8181}$; $W_T = W_S + W_B + W_L$	$W_R = 0.1553 (D^2H)^{0.5951}$		吉林
	$W_T = 0.02884D^{2.8785}$			黑龙江
	$W_S = 0.0074046 (D^2H)^{1.069}$; $W_B = 0.0041773 (D^2H)^{0.9911}$; $W_L = 0.071532 (D^2H) 0.4489$; $W_T = W_S + W_B + W_L$	$W_R = 0.055106 (D^2H)^{0.7061}$		江苏
	$W_S = 0.02582 (D^2H)^{0.9084}$; $W_B = 0.0873 (D^2H)^{0.6279}$; $W_L = 0.03258 (D^2H)^{0.5855}$; $W_P = 0.0643 (D^2H)^{0.6160}$; $W_T = W_S + W_B + W_L + W_P$	$W_R = 0.04176 (D^2H)^{0.69713}$	$W = 0.13513 (D^2H)^{0.802003}$	安徽

（续表）

树种（组）	地上生物量公式	地下生物量公式	全树生物量公式	适用省份
杨树	$W_S = 0.03456 (D^2H)^{0.9273}$；$WB = 0.00744 (D^2H) 0.9767$；$WL = 0.8861 (D^2H)^{1.20}$；$W_T = W_S + W_B + W_L$	$W_R = 0.0190 (D^2H)^{0.8566}$	$W = 0.07688 (D^2H)^{0.8964}$	山东
	$W_S = 0.006 (D^2H)^{1.098}$；$W_B = 0.001 (D^2H)^{1.157}$；$W_L = 0.012 (D^2H)^{0.685}$；$W_T = W_S + W_B + W_L$	$W_R = 0.083 (D^2H)^{0.636}$		河南
	$W_S = 0.03 (D^2H)^{0.8734}$；$W_B = 0.0174 (D^2H)^{0.8574}$；$W_L = 0.4562 (D^2H)^{0.3193}$；$W_P = 0.0028 (D^2H)^{0.9675}$；$W_T = W_S + W_B + W_L + W_P$	$W_R = 0.004 (D^2H)^{0.9035}$		湖北
	$W_S = 0.0527 (D^2H)^{0.8023}$；$W_B = 0.0377 (D^2H)^{0.6679}$；$W_L = 0.0089 (D^2H)^{0.7269}$；$W_P = 0.0069 (D^2H)^{0.8449}$；$W_T = W_S + W_B + W_L + W_P$	$W_R = 0.0445 (D^2H)^{0.7596}$	$W = 0.1535 (D^2H)^{0.7601}$	四川
	$W_T = 0.07052 (D^2H)^{0.9381716}$			西藏
	$W_S = 0.03388 (D^2H)^{0.87652}$；$W_B = 0.0042 (D^2H)^{1.38703}$；$W_L = 0.0031 (D^2H)^{1.20433}$；$W_T = W_S + W_B + W_L$	$W_R = 0.02153 (D^2H)^{0.77569}$		青海
	$W_T = 0.1221 (D^2H)^{0.7813}$	$W_R = 0.1059 (D^2H)^{0.6185}$	$W_R = 0.5162 (D^2H)^{0.5985}$	新疆
胡杨	$W_S = 0.0611 (D^2H)^{0.7858}$；$W_B = 0.0679 (D^2H)^{0.6698}$；$W_L = 2.40 \times 10^{-4} (D^2H)^{3.34}$；$W_T = W_S + W_B + W_L$	$W_R = 0.0548 (D^2H)^{0.6767}$		新疆
桐类	$W_S = 0.01693 (D^2H)^{0.9234}$；$W_B = 0.00247 (D^2H)^{1.0977}$；$W_L = 0.145 (D^2H)^{0.7156}$；$W_P = 0.004105 (D^2H)^{0.9296}$；$W_T = W_S + W_B + W_L + W_P$	$W_R = 0.06457 (D^2H)^{0.6966}$	$W = 0.0574 (D^2H)^{0.8925}$	安徽
	$W_S = 0.086217 D^{2.00297}$；$W_B = 072497 D^{2.011502}$；$W_L = 0.035183 D^{1.63929}$；$W_T = W_S + W_B + W_L$	$W_R = 0.016865 D^{2.3294227}$		河南
刺槐	$W_S = 0.05527 (D^2H)^{0.8576}$；$W_B = 0.02425 (D^2H)^{0.7908}$；$W_L = 0.0545 (D^2H)^{0.4574}$；$W_T = W_S + W_B + W_L$	$W_R = 0.1145 (D^2H)^{0.6328}$		河北
	$W_S = 0.0681 (D^2H)^{0.9865}$；$W_B = 12.020 + 0.009 (D^2H)$；$W_L = -0.549 + 0.007 (D^2H)$；$WP = 4.217 + 0.008 D^2H$；$W_T = W_S + W_B + W_L + W_P$	$W_R = 0.0087 (D^2H)^{1.0513}$		江苏
	$W_S = 0.312 + 0.016 (D^2H)$；$W_B = 0.161 + 0.003 (D^2H)$；$W_L = 0.091 + 0.003 (D^2H)$；$W_T = W_S + W_B + W_L$	$W_R = 0.150 + 0.008 (D^2H)$	$W = 0.714 + 0.029 (D^2H)$	贵州
	$W_S = 0.02583 (D^2H)^{0.6841}$；$W_B = 0.00464 D^{3.2181}$；$W_L = 0.02340 D^{1.9277}$；$W_P = 0.00763 (D^2H)^{0.0447}$；$W_T = W_S + W_B + W_L + W_P$	$W_R = 0.01779 D^{2.6448}$		陕西
榆树	$W_S = 0.0709 D^{2.42}$；$W_B = 4.924 D^{0.976}$；$W_L = 1.163 D^{0.64}$；$W_T = W_S + W_B + W_L$			辽宁

248

（续表）

树种（组）	地上生物量公式	地下生物量公式	全树生物量公式	适用省份
软阔类	$W_S = 0.0444H^{0.7197}L^{1.7095}$；$W_B + W_L = 0.02453H^{0.2881}L^{1.7101}$（L 为冠长）；$W_T = W_S + W_B + W_L$	$W_R = 0.0459H^{0.1067}D^{2.0247}$		安徽
	$W_S = 0.012541(D^2H)^{1.144}$；$W_B = 0.004786(D^2H)^{1.006}$；$W_L = 0.047180(D^2H)^{0.769}$；$W_T = W_S + W_B + W_L$	$W_R = 0.004808(D^2H)^{1.119}$		福建
	$W_S = 0.02739(D^2H)^{0.898869}$；$W_B = 0.01497(D^2H)^{0.875639}$；$W_L = 0.01059(D^2H)^{0.813953}$；$W_P = 0.0121(D^2H)^{0.854295}$；$W_T = W_S + W_B + W_L + W_P$	$W_R = 0.03623(D^2H)^{0.728875}$	$W = 0.09517(D^2H)^{0.847291}$	云南
红海榄	$W_S = 0.01604(D^2H)^{1.08189}$；$W_B = 0.00586(D^2H)^{0.65625}$；$W_L = 0.05940(D^2H)^{0.66681}$；$W_P = 0.01126(D^2H)^{1.04682}$；$W_T = W_S + W_B + W_L + W_P$			广西
厚朴	$W_T = 0.02820(D^2H)^{0.9682}$	$W_R = 0.00831(D^2H)^{0.9700}$	$W = 0.03872(D^2H)^{0.9589}$	浙江
杜仲	$W_S = 0.118194D^{2.047788}$；$W_B = 0.013137D^{2.919738}$；$W_L = 0.033970D^{0.001548}$；$W_T = W_S + W_B + W_L$			河南
	$W_S = 0.20071(D^2H)^{0.5013}$；$W_B = 0.0663(D^2H)^{0.6023}$；$W_L = 0.04876(D^2H)^{0.6019}$；$W_P = 0.07754(D^2H)^{0.5013}$；$W_T = W_S + W_B + W_L + W_P$	$W_R = 0.0650(D^2H)^{0.8760}$	12	陕西
橡胶	$W_T = 0.05712(D^2H)^{0.94760}$	$W_R = 0.0004406(D^2H)^{1.18543}$	$W = 0.08280(D^2H)^{0.928894}$	广东
阔叶混	$W_T = 0.042086(D^2H)^{0.9703}$			海南
	$W_T = 0.17322D^{2.3458}$			贵州

注：W_S 树干生物量，W_B 树枝生物量，W_L 树叶生物量，W_T 地上部分总生物量，W_R 地下部分生物量，W 全树总生物量，D 树木胸径，H 树木树高

附表3 中华人民共和国国家标准——原木材积表

本标准适用于所有树种的原木材积计算。

1. 检尺径自 4~12cm 的小径原木材积由公式 0.7854L（D + 0.45L + 0.2）2 ÷ 10 000确定。

2. 检尺径自 14cm 以上的原木材积见下式：

$V = 0.7854L$｛D + 0.5L + 0.005L2 + 0.000125L·（14 − L）2·（D − 10）2 ÷ 10 000确定。

式中，V 为材积（m^3）；L 为检尺长（m）；D 为检尺径（cm）。

3. 原木的检尺长、检尺径按 144.2 − 84《原木检验尺寸检量》的规定检量。

4. 检尺径 4~6cm 的原木材积数字保留 4 位小数，检尺径自 8cm 以上的原木材积数字，保留 3 位小数。

检尺径（cm）	检尺长（m）								
	2.0	2.2	2.4	2.5	2.6	2.8	3.0	3.2	3.4
	材积（m^3）								
4	0.0041	0.0047	0.0053	0.0056	0.0059	0.0066	0.0073	0.008	0.0088
6	0.0079	0.0089	0.01	0.0105	0.0111	0.0122	0.0134	0.0147	0.016
8	0.013	0.015	0.016	0.017	0.018	0.02	0.021	0.023	0.025
10	0.019	0.022	0.024	0.025	0.026	0.029	0.031	0.034	0.037
12	0.027	0.03	0.033	0.035	0.037	0.04	0.043	0.047	0.05
14	0.036	0.04	0.045	0.047	0.049	0.054	0.058	0.063	0.068
16	0.047	0.052	0.058	0.06	0.063	0.068	0.075	0.081	0.087
18	0.059	0.065	0.072	0.076	0.079	0.086	0.093	0.101	0.108
20	0.072	0.08	0.088	0.092	0.097	0.105	0.114	0.123	0.132
22	0.086	0.096	0.106	0.111	0.116	0.126	0.137	0.147	0.158
24	0.102	0.114	0.125	0.131	0.137	0.149	0.161	0.174	0.186

（续表）

检尺径（cm）	检尺长（m）								
	2.0	2.2	2.4	2.5	2.6	2.8	3.0	3.2	3.4
	材积（m³）								
26	0.12	0.133	0.146	0.153	0.16	0.174	0.188	0.203	0.217
28	0.138	0.154	0.169	0.177	0.185	0.201	0.217	0.234	0.25
30	0.158	0.176	0.193	0.202	0.211	0.23	0.248	0.267	0.286
32	0.18	0.199	0.219	0.23	0.24	0.26	0.281	0.302	0.324
34	0.202	0.224	0.247	0.258	0.27	0.293	0.316	0.34	0.364
36	0.226	0.251	0.276	0.289	0.302	0.327	0.353	0.38	0.406
38	0.252	0.279	0.307	0.321	0.335	0.364	0.393	0.422	0.451
40	0.278	0.309	0.34	0.355	0.371	0.402	0.434	0.466	0.498
42	0.306	0.34	0.374	0.391	0.408	0.442	0.477	0.512	0.548
44	0.336	0.372	0.409	0.428	0.447	0.484	0.522	0.561	0.599
46	0.367	0.406	0.447	0.467	0.487	0.528	0.57	0.612	0.654
48	0.399	0.442	0.486	0.508	0.53	0.574	0.619	0.665	0.71
50	0.432	0.479	0.526	0.55	0.574	0.622	0.671	0.72	0.769
52	0.467	0.518	0.569	0.594	0.62	0.672	0.724	0.777	0.83
54	0.503	0.558	0.613	0.64	0.668	0.724	0.78	0.837	0.894
56	0.541	0.599	0.658	0.688	0.718	0.777	0.838	0.899	0.96
58	0.58	0.642	0.705	0.737	0.769	0.833	0.898	0.963	1.028
60	0.62	0.687	0.754	0.788	0.822	0.89	0.959	1.029	1.099
62	0.661	0.733	0.804	0.841	0.877	0.95	1.023	1.097	1.172
64	0.704	0.78	0.857	0.895	0.934	1.011	1.089	1.168	1.247
66	0.749	0.829	0.91	0.951	0.992	1.074	1.157	1.241	1.325
68	0.794	0.88	0.966	1.009	1.052	1.14	1.227	1.316	1.405
70	0.841	0.931	1.022	1.068	1.114	1.207	1.3	1.393	1.487
72	0.89	0.985	1.081	1.129	1.178	1.276	1.374	1.473	1.572
74	0.939	1.04	1.141	1.192	1.244	1.347	1.45	1.554	1.659
76	0.99	1.096	1.203	1.257	1.311	1.419	1.528	1.638	1.748
78	1.043	1.154	1.267	1.323	1.38	1.494	1.609	1.724	1.84
80	1.096	1.214	1.332	1.391	1.451	1.571	1.691	1.812	1.934
82	1.151	1.274	1.399	1.461	1.523	1.649	1.776	1.903	2.03
84	1.208	1.337	1.467	1.532	1.598	1.73	1.862	1.995	2.129
86	1.265	1.401	1.537	1.605	1.674	1.812	1.951	2.09	2.23
88	1.325	1.466	1.609	1.68	1.752	1.896	2.042	2.187	2.334

（续表）

检尺径（cm）	检尺长（m）								
	2.0	2.2	2.4	2.5	2.6	2.8	3.0	3.2	3.4
	材积（m³）								
90	1.385	1.533	1.682	1.757	1.832	1.983	2.134	2.287	2.439
92	1.447	1.601	1.757	1.835	1.913	2.071	2.229	2.388	2.548
94	1.51	1.671	1.833	1.915	1.997	2.161	2.326	2.492	2.658
96	1.574	1.742	1.911	1.996	2.082	2.253	2.425	2.598	2.771
98	1.64	1.815	1.991	2.08	2.169	2.347	2.526	2.706	2.996
100	1.707	1.889	2.073	2.165	2.257	2.443	2.629	2.816	3.004
102	1.776	1.965	2.156	2.252	2.348	2.54	2.734	2.928	3.123
104	1.846	2.042	2.24	2.34	2.44	2.64	2.841	3.043	3.246
106	1.917	2.121	2.327	2.43	2.534	2.742	2.95	3.16	3.37
108	1.99	2.202	2.415	2.522	2.629	2.845	3.062	3.279	3.497
110	2.064	2.283	2.504	2.615	2.727	2.95	3.175	3.4	3.626
112	2.139	2.367	2.596	2.711	2.826	3.058	3.29	3.524	3.758
114	2.216	2.451	2.688	2.808	2.927	3.167	3.408	3.65	3.892
116	2.294	2.537	2.783	2.906	3.03	3.278	3.527	3.777	4.028
118	2.373	2.625	2.879	3.007	3.135	3.391	3.649	3.908	4.167
120	2.454	2.714	2.977	3.109	3.241	3.506	3.773	4.04	4.308

检尺径, cm	检尺长（m）								
	3.6	3.8	4.0	4.2	4.4	4.6	4.8	5	5.2
	材积（m³）								
4	0.0096	0.0104	0.0113	0.0122	0.0132	0.0142	0.0152	0.0163	0.0175
6	0.0173	0.187	0.0201	0.0216	0.0231	0.0247	0.0263	0.028	0.0298
8	0.027	0.029	0.031	0.034	0.033	0.038	0.04	0.043	0.045
10	0.04	0.042	0.045	0.048	0.051	0.054	0.058	0.061	0.064
12	0.054	0.058	0.062	0.065	0.069	0.074	0.078	0.082	0.086
14	0.073	0.078	0.083	0.089	0.094	0.1	0.105	0.111	0.117
16	0.093	0.1	0.106	0.113	0.12	0.126	0.134	0.141	0.148
18	0.116	0.124	0.132	0.14	0.148	0.156	0.165	0.174	0.182
20	0.141	0.151	0.16	1.17	0.18	0.19	0.2	0.21	0.221
22	0.169	0.18	0.191	0.203	0.214	0.226	0.238	0.25	0.262
24	0.199	0.212	0.225	0.239	0.252	0.266	0.279	0.293	0.308
26	0.232	0.247	0.252	0.277	0.293	0.308	0.324	0.34	0.356
28	0.267	0.284	0.302	0.319	0.337	0.354	0.372	0.391	0.409

（续表）

检尺径，cm	检尺长（m）								
	3.6	3.8	4.0	4.2	4.4	4.6	4.8	5	5.2
	材积（m³）								
30	0.305	0.324	0.344	0.364	0.383	0.404	0.424	0.444	0.465
32	0.345	0.367	0.389	0.411	0.433	0.456	0.479	1.502	0.525
34	0.388	0.412	0.437	0.461	0.486	0.511	0.539	0.562	0.588
36	0.433	0.46	0.487	0.515	0.542	0.57	0.598	0.626	0.655
38	0.481	0.51	0.541	0.571	0.601	0.632	0.663	0.694	0.725
40	0.531	0.564	0.597	0.63	0.663	0.697	0.731	0.765	0.8
42	0.583	0.619	0.656	0.692	0.729	0.766	0.803	0.84	0.877
44	0.638	0.678	0.717	0.757	0.797	0.837	0.877	0.918	0.959
46	0.696	0.739	0.782	0.825	0.868	0.912	0.955	0.999	1.043
48	0.756	0.802	0.849	0.896	0.942	0.99	1.037	1.084	1.132
50	0.819	0.869	0.919	0.969	1.02	1.071	1.122	1.173	1.224
52	0.884	0.938	0.992	1.046	1.1	1.155	1.21	1.265	1.32
54	0.951	1.009	1.067	1.125	1.184	1.242	1.301	1.36	1.419
56	1.021	1.083	1.145	1.208	1.27	1.333	1.396	1.459	1.522
58	1.094	1.16	1.226	1.293	1.36	1.427	1.494	1.561	1.629
60	1.169	1.239	1.31	1.381	1.452	1.524	1.595	1.667	1.739
62	1.246	1.321	1.397	1.472	1.548	1.624	1.7	1.776	1.853
64	1.326	1.406	1.486	1.566	1.647	1.728	1.808	1.889	1.97
66	1.409	1.493	1.578	1.663	1.749	1.834	1.92	2.005	2.091
68	1.494	1.583	1.673	1.763	1.854	1.944	2.034	2.125	2.216
70	1.581	1.676	1.771	1.866	1.961	2.057	2.152	2.248	2.344
72	1.671	1.771	1.871	1.972	2.072	2.173	2.274	2.375	2.476
74	1.764	1.869	1.975	2.08	2.186	2.292	2.399	2.505	2.611
76	1.859	1.969	2.081	2.192	2.303	2.415	2.527	2.638	2.75
78	1.956	2.073	2.189	2.306	2.424	2.541	2.658	2.775	2.893
80	2.056	2.178	2.301	2.424	2.457	2.67	2.793	2.916	3.039
82	2.158	2.287	2.415	2.544	2.673	2.802	2.931	3.06	3.189
84	2.263	2.398	2.532	2.667	2.802	2.937	3.072	3.207	3.342
86	2.371	2.511	2.652	2.793	2.934	3.076	3.217	3.358	3.499
88	2.48	2.627	2.775	2.992	3.07	3.217	3.365	3.512	3.66
90	2.593	2.746	2.9	3.054	3.208	3.362	3.516	3.67	3.824
92	2.707	2.868	3.028	3.189	3.35	3.51	3.671	3.831	3.992

（续表）

检尺径，cm	检尺长（m）								
	3.6	3.8	4.0	4.2	4.4	4.6	4.8	5	5.2
	材积（m³）								
94	2.825	2.992	3.159	3.327	3.494	3.662	3.829	3.996	4.163
96	2.945	3.119	3.293	3.467	3.642	3.816	3.99	4.164	4.338
98	3.067	3.248	3.429	3.611	3.792	3.974	4.155	4.336	4.517
100	3.192	3.38	3.569	3.757	3.946	4.135	4.323	4.511	4.699
102	3.319	3.515	3.711	3.907	4.103	4.299	4.494	4.69	4.885
104	3.449	3.652	3.855	4.059	4.263	4.466	4.669	4.872	5.074
106	3.581	3.792	4.003	4.214	4.425	4.636	4.847	5.058	5.267
108	3.716	3.934	4.153	4.372	4.591	4.81	5.028	5.247	5.464
110	3.853	4.08	4.306	4.533	4.76	4.987	5.213	5.439	5.664
112	3.992	4.227	4.462	4.697	4.932	5.167	5.401	5.635	5.868
114	4.135	4.378	4.621	4.864	5.107	5.35	5.592	5.834	6.076
116	4.279	4.531	4.782	5.034	5.285	5.536	5.787	6.037	6.287
118	4.426	4.686	4.947	5.207	5.466	5.726	5.985	6.244	6.502
120	4.576	4.845	5.113	5.382	5.651	5.919	6.186	6.453	6.72

检尺径，cm	检尺长（m）								
	5.4	5.6	5.8	6.0	6.2	6.4	6.6	6.8	7
	材积（m³）								
4	0.0186	0.0199	0.0211	0.0224	0.0238	0.0252	0.0266	0.0281	0.0297
6	0.0316	0.0334	0.0354	0.0373	0.0394	0.0414	0.0436	0.0458	0.0481
8	0.048	0.051	0.053	0.056	0.059	0.062	0.065	0.068	0.071
10	0.068	0.071	0.075	0.078	0.082	0.086	0.09	0.094	0.098
12	0.091	0.095	0.1	0.105	0.109	0.114	0.119	0.124	0.13
14	0.123	0.129	0.136	0.142	0.149	0.156	0.162	0.169	0.176
16	0.155	0.163	0.171	0.179	0.187	0.195	0.203	0.211	0.22
18	0.191	0.201	0.21	0.219	0.229	0.238	0.248	0.258	0.268
20	0.231	0.242	0.253	0.264	0.275	0.286	0.298	0.309	0.321
22	0.275	0.287	0.3	0.313	0.326	0.339	0.352	0.365	0.379
24	0.322	0.336	0.351	0.366	0.38	0.396	0.411	0.426	0.442
26	0.373	0.389	0.406	0.423	0.44	0.457	0.474	0.491	0.509
28	0.427	0.446	0.465	0.484	0.503	0.522	0.542	0.561	0.581
30	0.486	0.507	0.528	0.549	0.571	0.592	0.614	0.636	0.658
32	0.548	0.571	0.595	0.619	0.643	0.667	0.691	0.715	0.74

（续表）

检尺径，cm	检尺长（m）								
	5.4	5.6	5.8	6.0	6.2	6.4	6.6	6.8	7
	材积（m³）								
34	0.614	0.64	0.666	0.692	0.719	0.746	0.772	0.799	0.827
36	0.683	0.712	0.741	0.77	0.799	0.829	0.858	0.888	0.918
38	0.757	0.788	0.82	0.852	0.884	0.916	0.949	0.981	1.014
40	0.834	0.869	0.903	0.938	0.973	1.008	1.044	1.079	1.115
42	0.915	0.953	0.99	1.028	1.067	1.105	1.143	1.182	1.221
44	0.999	1.04	1.082	1.123	1.164	1.206	1.247	1.289	1.331
46	1.088	1.132	1.177	1.221	1.266	1.311	1.356	1.401	1.446
48	1.18	1.228	1.276	1.324	1.372	1.421	1.469	1.518	1.566
50	1.276	1.327	1.379	1.431	1.483	1.535	1.587	1.639	1.691
52	1.375	1.431	1.486	1.542	1.597	1.653	1.709	1.765	1.821
54	1.478	1.538	1.597	1.657	1.716	1.776	1.835	1.895	1.955
56	1.586	1.649	1.712	1.776	1.839	1.903	1.967	3.03	2.094
58	1.696	1.764	1.832	1.899	1.967	2.035	2.102	2.17	2.238
60	1.811	1.883	1.955	2.027	2.099	2.171	2.243	2.315	2.387

检尺径，cm	检尺长（m）		
	5.4	5.6	5.8
	材积（m³）		
62	1.929	2.005	2.082
64	2.051	2.132	2.213
66	2.177	2.263	2.348
68	2.306	2.397	2.487
70	2.439	2.535	2.631
72	2.576	2.677	2.778
74	2.717	2.823	2.929
76	2.862	2.973	3.084
78	3.01	3.127	3.244
80	3.162	3.284	3.407
82	3.317	3.446	3.574
84	3.477	3.611	3.745
86	3.64	3.78	3.921
88	3.807	3.953	4.1
90	3.977	4.13	4.283

（续表）

检尺径，cm	检尺长（m）		
	5.4	5.6	5.8
	材积（m³）		
92	4.152	4.311	4.471
94	4.33	4.496	4.662
96	4.512	4.685	4.857
98	4.697	4.877	5.057
100	4.887	5.073	5.26
102	5.08	5.274	5.467
104	5.276	5.478	5.679
106	5.477	5.686	5.894
108	5.681	5.898	6.113
110	5.889	6.113	6.337
112	6.101	6.333	6.564
114	6.316	6.556	6.795
116	6.536	6.784	7.031
118	6.759	7.015	7.27
120	6.985	7.25	7.514

检尺径，cm	检尺长（m）								
	7.2	7.4	7.6	7.8	8.0	8.5	9	9.5	10
	材积（m³）								
4	0.0313	0.033	0.0347	0.0364	0.0382	0.043	0.0481	0.0536	0.0594
6	0.0504	0.0528	0.0552	0.0578	0.0603	0.0671	0.0743	0.0819	0.0899
8	0.074	0.077	0.081	0.084	0.087	0.097	0.1	0.116	0.127
10	0.102	0.106	0.111	0.115	0.12	0.131	0.144	0.156	0.17
12	0.135	0.14	0.146	0.151					
14	0.184	0.191	0.199	0.206					
16	0.229	0.238	0.247	0.256	0.265	0.289	0.314	0.34	0.367
18	0.278	0.289	0.3	0.31	0.321	0.349	0.378	0.408	0.44
20	0.333	0.345	0.353	0.37	0.383	0.415	0.448	0.483	0.519
22	0.393	0.407	0.421	0.435	0.45	0.487	0.525	0.564	0.604
24	0.457	0.473	0.489	0.506	0.522	0.564	0.607	0.651	0.697
26	0.527	0.545	0.563	0.581	0.6	0.647	0.695	0.744	0.795
28	0.601	0.621	0.642	0.662	0.683	0.735	0.789	0.844	0.9
30	0.681	0.703	0.726	0.748	0.771	0.83	0.889	0.95	1.012

（续表）

检尺径，cm	检尺长（m）								
	7.2	7.4	7.6	7.8	8.0	8.5	9	9.5	10
	材积（m³）								
32	0.765	0.79	0.815	0.84	0.865	0.93	0.995	1.062	1.131
34	0.854	0.881	0.909	0.937	0.965	1.035	1.107	1.181	1.255
36	0.948	0.978	1.008	1.039	1.069	1.147	1.225	1.305	1.387
38	1.047	1.08	1.113	1.146	1.18	1.264	1.349	1.436	1.525
40	1.151	1.186	1.223	1.259	1.295	1.387	1.479	1.574	1.669
42	1.259	1.298	1.337	1.377					
44	1.373	1.415	1.457	1.5					
46	1.492	1.537	1.583	1.628					
48	1.615	1.664	1.713	1.762					
50	1.743	1.796	1.848	1.901					
52	1.877	1.933	1.989	2.045					
54	2.015	2.075	2.135	2.195					
56	2.158	2.222	2.286	2.349					
58	2.306	2.374	2.442	2.51					
60	2.459	2.531	2.603	2.675					

圆材材积计算公式：

A.1 检尺长超出原木材积表所列范围而又不符合原条标准的特殊用途圆材，其材积按下式计算：

$V = 0.8L (D + 0.5L) 2 \div 10\ 000$

A.2 圆材的检尺长、检尺径按 GB144.2 – 84《原木检验尺寸检量》的规定检量。

A.2.1 尺寸进级及公差。

A.2.1.1 检尺径：按 2cm 进级。

A.2.1.2 检尺长的进级范围及长级公差允许范围由供需双方商定。

A.3 缺陷限度及分级标准由供需双方商定。

A.4 地方煤矿用的坑木材积按下表计算：

检尺径，cm	检尺长（m）		
	1.4	1.6	1.8
	材积（m³）		
8	0.008	0.010	0.011
10	0.013	0.015	0.017

附加说明：

本标准由中华人民共和国林业部提出

本标准由木材基础标准起草小组起草

附表4　我国主要乔木树种平均实验形数表

平均实验形数		适用树种
针叶树	0.45	云南松、冷杉及一般耐阴针叶树种
	0.43	实生杉木、云杉及一般耐阴针叶树种
	0.42	杉木（不分起源）、红松、华山松、黄山松、及一般喜光稍荫针叶树种
	0.41	插条杉木、天山云杉、柳杉、兴安岭落叶松、新疆落叶松、樟子松、赤松、黑松、油松及一般喜光针叶树种
	0.39	马尾松及一般喜光针叶树种
阔叶树	0.4	杨桦、柳、水曲柳、蒙古栎、栎、青冈、刺槐、榆、樟、桉及其他一般阔叶树种：海南、云南等地混交林